實戰Excel 人力資源管理工作現場

前言

本書主要介紹 Excel 在人力資源管理中的應用。全書共分 7 章，涵蓋了人力資源管理中的招聘與培訓管理、員工關係管理、績效管理、考勤與假期管理、薪酬與福利管理以及人力資源規劃中的人員調度等模組。本書緊密結合人力資源管理中的實際案例，深入淺出地講解 Excel 中的基本操作、函數與公式、樞紐分析表、圖表以及資料的獲取與轉換等功能的應用。書中的各案例均源自人力資源管理中的實際案例，並且絕大部分案例都提供了兩種解題方法，可供讀者自主選擇。

本書特色

本書以人力資源管理中的實際案例為出發點，系統全面地介紹 Excel 在人力資源管理中的應用。除此之外，本書還介紹了 Power Query 和 Power Pivot 的使用，即資料取得與轉換功能、資料建模與分析功能。書中的公式與函數、圖表、Power Query 等內容適用於實際工作中的絕大多數場景，讀者可以直接移植、套用。

讀者可根據自身的情況，選擇性地閱讀其中某一個適合自身需求的章節，或者選擇自己感興趣的章節進行閱讀和學習。

讀者對象

本書適合有一定 Excel 基礎的人力資源管理人員學習，也可供人力資源管理專業的在校學生、行政管理人員、Excel 愛好者、Excel 培訓人員以及其他與人力資源管理相關的人員閱讀和學習。

本書約定

本書中提到的 HR 指的是人力資源管理人員。

對於本書中“按 <F5> 鍵”之類的操作，若讀者使用的是筆記型電腦，則需要檢查是否已開啟 <Fn> 鍵：如果已經開啟 <Fn> 鍵，則需要同時按 <Fn> 鍵與 <F5> 鍵；如果未開啟 <Fn> 鍵，那麼直接按 <F5> 鍵即可。

軟體版本

本書基於 Windows 10 家用版作業系統與中文版 Microsoft 365 以及 Office 2019 中的 Excel 進行講解。當然，本書中的絕大部分內容也適用於 Excel 的早期版本，如 Excel 2019、Excel 2016、Excel 2013、Excel 2010 等。為了能夠順利學習書中的內容，建議讀者使用中文版 Excel 2013 之後的版本。另外，要特別說明的是，不同版本間的 Excel，對於選項名稱的敘述會有些微差異。例如，「資料」頁籤底下的「從表格 / 範圍」，在某些版本的 Excel 中，名稱是「從表格」，還請讀者諸君多加留意。

閱讀指南

本書共包括 7 章內容。第 1 章是概述內容，後面的 6 章都是獨立章節，讀者可根據實際需求有選擇性地閱讀。

- 第 1 章　介紹 Excel 與人力資源管理的關係以及 Excel 的學習方法和新功能。
- 第 2 章　介紹 Excel 在招聘與培訓管理中的應用，重點講解基本操作與簡單的函數和公式。
- 第 3 章　介紹 Excel 在員工關係管理中的應用，重點講解資料規範、資料分析與統計以及圖表的應用。
- 第 4 章　介紹 Excel 在績效管理中的應用，重點講解排名、搜尋匹配、線性插值以及圖表的應用。
- 第 5 章　介紹 Excel 在考勤與假期管理中的應用，重點講解日期與時間函數的使用技巧。

- 第 6 章　介紹 Excel 在薪酬與福利管理中的應用，重點講解個人所得稅的計算、Power Query 彙總報表以及圖表的應用。
- 第 7 章　介紹 Excel 中的規劃求解在人力資源規劃中的應用，重點講解人員調度實例。

範例檔下載

本書範例檔可至以下網址下載：

http://books.gotop.com.tw/download/ACI034600

致謝

在本書的寫作過程中，得到了許多朋友與同事的幫助。

感謝電子工業出版社的編輯李利健和李雲靜的信任和認真審稿。

感謝鄭毅、高嫱、王雪梅、李佳、吳香榮為本書提供案例素材。

感謝黃雪嬌、鄭毅、李明聰、席靜、張行行、車大慶、李潔、王芳、田豔娣、吳香榮、汪瑞廷對本書的校對以及在校對過程中提出寶貴意見。

感謝郅龍、白永乾等老師分享的建議和對本書部分案例提出的解決對策。

感謝父母在本書的寫作過程中給予我的關心，感謝好友在本書的寫作過程中對我的鼓勵和督促，感謝同事在本書的寫作過程中對我的理解與支持。

感謝為本書撰寫推薦語的各位老師與朋友，感謝你們對本書的支持與推薦。

要感謝的人很多，心存感恩，相伴同行。

目錄

HR 的職場「利器」—— Excel

CHAPTER 02

Excel 與招聘、培訓

CHAPTER 03

Excel 與員工關係管理

CHAPTER 04

Excel 與績效管理

CHAPTER 05

Excel 與考勤、假期管理

CHAPTER 06

Excel 與薪酬、福利管理

CHAPTER 07

Excel 與人力資源規劃

EXCEL

CHAPTER 01

HR的職場「利器」——Excel

本章主要介紹三方面的內容：一是 Excel 在人力資源管理中的應用；二是在 Excel 的使用過程中應避免的不良習慣，以及如何選擇 Excel 軟體版本；三是 Excel 的新功能介紹。

1.1 Excel 與人力資源管理

隨著網路的飛速發展，各行各業都在發生著巨大的變化，資料越來越受到重視。Excel 作為一個入門比較容易的資料管理工具，受到了上班族的青睞。

1.1.1 Excel 在人力資源管理中的應用

在人力資源管理中，最常用的資料管理工具非 Excel 莫屬，幾乎可說是無處不在。Excel 滲透在工作的各個環節中，除了承載日常的報表、核算與報告的功能，還承載著資料儲存與傳遞的功能。Excel 在人力資源管理中的應用主要表現在以下幾個方面。

（1）資料的取得與整理

作為一款「平民化」的資料軟體，Excel 所擁有的靈活性、易用性與強大的資料處理功能，使得其成為很多職場人員辦公的首選工具。在日常工作中，資料主要以 Excel 工作表的方式進行傳遞與儲存；而對於這些資料的再加工，也都是透過 Excel 來實現的。

（2）核算統計與報表製作

用 Excel 進行資料統計與報表製作，具有門檻低、靈活性高、普及程度高的優點。人力資源管理人員每天幾乎約 60% 的時間會花費在 Excel 上面，比如進行績效資料的整理與核算、獎金計算、考勤資料的核對，以及填報並彙總報表、薪資表、員工名冊、人事月報表、招聘月報表、成本預算表……

（3）數據視覺化

在人力資源管理中，人力資源管理人員經常使用圖表進行人力資源資料的視覺化呈現。比如，使用折線圖表示月度績效的變化情況，使用散佈圖表示人力成本投入與業績產出的相關性，使用圓形圖表示各個季度招聘管道簡歷投遞的比例等。更進階的用法是使用基礎圖表來製作人力資源分析儀表板，提升資料的可讀性，以便監控業務的變化。

（4）輔助人力資源管理人員的日常決策

在人力資源管理人員的日常決策中，透過資料建模與分析，提供決策者更加深入的參考。透過資料建模與分析，能夠深度剖析與挖掘事件背後的規律，讓管理工作更加科學、合理。

在 Excel 中，可供人力資源管理人員使用的分析功能主要有模擬分析、預測分析、分析工具箱以及 Power Pivot 建模分析等。

1.1.2 HR 為什麼要學好 Excel

現在是一個效率至上的時代，而 Excel 正好是一個效率工具。所以，學好 Excel 是非常必要的。

(1) 高效工作不求人

有這樣一個例子：公司薪資核算專員小玲，每個月會根據不同職務與排班情況來計算每個人的應出勤天數。小玲每個月都會抽出一天時間核對每個人的排班情況，然後逐一數日曆上的天數，確定每一個人的應出勤天數。

如果小玲熟悉 Excel 中的 NETWORKDAYS 函數，則只需要 10 分鐘左右的時間就能完成這項工作，根本不用浪費一天的時間。

還有一個例子：某公司職能部門有員工 250 人，在每個月的固定時間，該職能部門都會將每個人的考核表提交給小玲。小玲的工作是逐一打開這些工作表，將表裡的人員資訊與考核成績進行記錄彙總，這幾乎要花費小玲半天的時間。如果小玲會使用 Excel 中的 Power Query 功能，那麼只要做好一個查詢，每次將新的資料放在指定的資料夾下，在結果表中進行更新，即可完成這項工作。

(2) 資料和圖表更有說服力

「用資料說話」可以讓描述更加客觀。比如，人員的結構分析、績效分析、投入與產出分析、招聘管道與週期分析等，使用資料衡量可以更加準確與客觀地衡量結果。

「字不如表，表不如圖」，是彙報工作時首要考慮的因素。如果你的報告是大篇幅的文字，相信大多數人不會耐心讀完，而結構化的圖形、圖像、圖表則可以讓人在短時間內留下深刻印象。

(3) 提升邏輯思維方式

主要表現在以下兩個方面：

- 學習 Excel，可以提升邏輯思考能力、分析系統能力與空間想像能力。
- 學習 Excel，可以體會資料的魅力與資料的嚴肅性，並尊重資料，尊重資料背後的事實與規律。

1.1.3 HR 如何有效率地學習 Excel

經常有人問我：「怎樣才可以快速地學會 Excel ？」、「Excel 函數和公式太難了，怎樣可以快速學會？」，這些問題的答案是，學習 Excel 沒有速成法，但是有高效的學習方法，主要從以下兩方面著手。

（1）結合實際工作，以實戰為主

任何工具均以實戰為主要目的。大家在學習的過程中，可以結合實際工作，將最需要掌握的知識點優先學習，解決當前問題，以提高自身的工作效率。需要注意以下三個方面：

- 學會舉一反三。比如，YEAR 函數可以取得一個日期的年份，那麼是不是還有可以獲得月份與天數的函數？然後帶著疑問再學習、求證。
- 學會逆向思考。比如，在查詢比對時，VLOOKUP 函數只能從左往右搜尋。如果目標來源在左邊，又該用哪種方法或者使用哪種函數，怎樣才能實現從右往左的查詢比對？
- 保持良好的心態。學習是一個不斷累積的過程，要有耐心，並要注重實用性。

（2）善於使用各種管道與工具

關於 Excel 的教學非常多，讀者可以根據實際需求選擇適合自己的書籍。除此之外，網路上也有很多相關的資源（像是相關論壇或 Facebook 上的社群、Youtube 上的教學影片或是部落格教學文章）。

對於論壇、自媒體平臺上的免費內容，大家要注意甄別，選擇優質並且適合自己的內容。必要的時候可以做筆記，最好使用電子筆記（像是 Evernote、OneNote 等）或心智圖（如 XMind 以及 MindManager 等），以便快速地將碎片化的東西進行整理與總結。另外，要積極回答論壇上其他用戶提出的問題。不管自己的水準如何，都要參與進去。對於同一個問題，將別人的解答與自己的解答進行比較，找到自己與他人的差距，快速汲取相關知識。

圖書和網路上的收費課程都經過了系統化的總結與編排，是成熟的知識系統，其內容比較有系統性，並且針對性強。在自己的經濟能力許可範圍之內，建議大家選擇適合自己的圖書與課程。這也是一個快速學習的捷徑。

1.1.4 大數據背景下對 HR 資料能力的要求

在大數據的背景下的人力資源管理中，資料化管理的重要性不言而喻，尤其是人力資料分析越來越受到重視。那麼，這對 HR 又有哪些新的要求呢？

（1）資料取得與處理能力

傳統的 HR 基本上依靠企業的 IT 部門或者 ERP 系統來獲得資料；而在大數據時代，HR 應該具備基本的從內部與外部自主取得資料以及進行資料清洗與整理的能力。

（2）資料建模與分析能力

資料建模與分析指的是，將複雜的業務關係進行結構化處理，建立資料關係模型進行分析，從而為領導層的業務決策提供有效的參考。這一點尤其重要。

（3）資料視覺化能力

資料視覺化指的是，將獲得的資料進行清洗與整理，並進行建模與分析後，資料的各個屬性與變數之間的關係與結果的呈現。資料視覺化（比如大家經常採用的圖表和資料看板等）在日常的人力資源管理中是比較常見的。

1.2 HR 如何有效率地使用 Excel

1.2.1 改掉影響 HR 高效工作的十個 Excel 操作壞習慣

Excel 是一個靈活性很高的軟體。正因為這項特點，大家在使用時容易養成一些壞習慣，導致自己的工作效率低下。這主要有以下十個方面的表現。

（1）濫用合併儲存格

經過合併的儲存格，在使用公式以及其他操作時有諸多的不便，並且會導致使用者的工作效率低下。所以，除最終呈現的結果外，大家應盡可能地減少使用合併儲存格的頻率。

（2）標題不規範

重複標題與多重表頭 / 標題導致樞紐分析表彙總結果出現偏差；同樣，使用公式進行查詢比對時會造成查詢結果錯誤。

（3）資料類型混亂

在 Excel 中，大家可以對工作表中的任何一個儲存格設定單獨的資料類型。資料類型的設定不當會導致計算結果出錯。比如，將數值與文字混合使用，以致查詢比對時頻頻出錯；時間類型使用了不正確的格式，導致 Excel 不能識別和計算；員工編號的文字與數值相混合，造成查詢比對出錯等。

（4）把Excel當成記事本

把 Excel 工作表當成記事本或 Word 文件使用，資料沒有維度與結構，資料類型以及欄位沒有遵循正確的格式，增加資料清洗的難度，降低了工作效率。

（5）濫用空格

儲存格中有大量文字，換行時使用了很多空格，甚至在文字字串的首尾或者中間位置多輸入了空格。

（6）濫用格式

濫用格式主要發生在以下三個方面：

- 一是毫無規劃地使用框線、色彩填充、批註、儲存格樣式、對齊方式、字型等，影響報表的整潔度與可讀性。
- 二是條件式格式使用不當，使得工作表比較混亂。條件式格式是工作表中基於一定的條件對儲存格進行格式化處理的一個重要功能。濫用條件式格式，會造成資料表達的資訊被錯誤地理解。
- 三是「表」的混亂使用。在工作表中，可以使用多種方式建立「表」。「表」是一種規範的資料結構，可以藉由選取資料區域，按 <Ctrl+T> 組合鍵來建立。在一張工作表中如果建立了多張「表」，就會導致資料發生錯亂。

（7）低效公式

函數和公式是 Excel 的核心。在實際使用過程中，低效冗長的公式會導致資料的維護性與可讀性較差。比如，該使用 SUMIFS 函數進行條件求和時，卻使用了單一儲存格相加的算術公式。

（8）圖表使用不當

圖表有著特定用途，正確使用圖表可以快速、準確地傳達資料背後的資訊。恰當的圖表更加直觀，資料閱讀起來更加的方便。圖表使用不當主要有以下表現：

- 圖表類型選擇錯誤，即沒有根據資料特徵選擇合適的圖表類型。
- 圖表的座標軸使用不當。藉由修改座標軸，隱藏真實資料，偽造資料對比關係。
- 圖表不夠簡潔，混淆了要表達的重點，無法直觀地傳遞自己所要表述的資訊。
- 圖表的配色不合理，導致圖表所表達的資訊失真且不易分辨。

（9）工作表「過勞」，頻繁卡死

工作表「過勞」問題的主要表現為工作表運行的速度慢、Excel 無回應，以及單個工作簿的大小往往可以達到幾十百萬位元組，並且水平捲軸與垂直捲軸非常短。導致工作表「過勞」問題的原因主要是由於使用者個人的操作習慣造成的，主要有以下三點：

- 使用陣列函數的同時，整行整列地參照資料。
- 整行整列地設定儲存格格式、填充色彩與設定條件式格式。
- 頻繁地複製 / 貼上時，某些隱藏的物件也被複製 / 貼上多次。

（10）不規範的資料編排

不規範的資料編排是工作表中最難處理的問題，這類工作表結構容易在資料的整理、基本操作、樞紐分析、函數使用、圖表製作以及資料建模時發生錯誤。比如，錯綜複雜的隸屬關係的標題中帶有合併儲存格。記錄中有各種小計等資料編排格式，就容易出現問題。

大家只有改掉這些壞習慣，才能高效地使用 Excel。

1.2.2 選擇適合的 Excel 版本

微軟的 Excel 軟體目前在市場上存在的版本從舊到新主要有 Excel 2003、Excel 2007、Excel 2010、Excel 2013、Excel 2019、Microsoft 365（原名 Office 365）等六種版本。目前在市場上使用最多的版本是 Excel 2013 與 Excel 2016，而最好用的版本則是 Excel 2016 及以上版本。選擇合適的 Excel 版本對於學習 Excel 十分重要，同時也受以下幾個因素的影響。

（1）個人經濟負擔

微軟的 Excel 各版本都是要收費的，使用者可以根據自己的經濟能力與實際需要，選擇其中任意一個版本的軟體。從整體上來說，版本宜選高，不選低。

（2）電腦系統

Excel 2019 及以上版本要求在 Windows 10 作業系統中使用，所以大家應根據自己使用的電腦作業系統選擇相對應的版本。

（3）辦公需要

在日常的工作中，除特殊需要外，建議不要使用 Excel 2007 與 Excel 2003。在此推薦大家使用正版的 Microsoft 365 或者 Excel 2016 及以上版本。若無法滿足這項要求，則至少是 Excel 2013 版本。新版本軟體的功能強大，可以提高工作效率，並且具有良好的使用體驗與安全性。

本書基於 Windows 家用版作業系統中的 Microsoft 365 訂閱版的 Excel 進行講解，同時向下相容到 Excel 2010。

1.3 Excel 的新功能介紹

本節主要介紹 Excel 的兩個重要新功能：一個是資料取得與處理功能，即 Power Query 功能；另外一個是資料建模與分析功能，即 Power Pivot 功能。

1.3.1 Excel Power Query 介紹

Power Query 是一種資料連接技術，可用於發現、連接、合併和優化資料來源，以滿足分析需要。

若想使用 Power Query，則在 Excel 2010 與 Excel 2013 中需要從官方網站下載對應的外掛程式；而在 Excel 2016 及以上版本中 Power Query 屬於內建的功能。

在 Excel 2016 及以上版本中，可以在【資料】頁籤下的【取得及轉換資料】組中啟用該功能。

與之前的版本相比，Excel 2016 及以上版本中的按鈕名稱稍有不同，表現在功能的位置與名稱上。圖 1-1 是 Microsoft 365 中 Power Query 所在的位置。

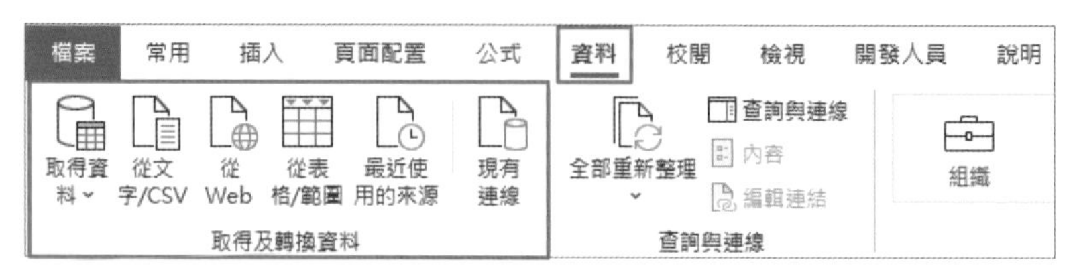

▲ 圖 1-1

Power Query 不管採用外掛程式形式還是內建的功能，編輯器的介面基本上是一樣的，如圖 1-2 所示。

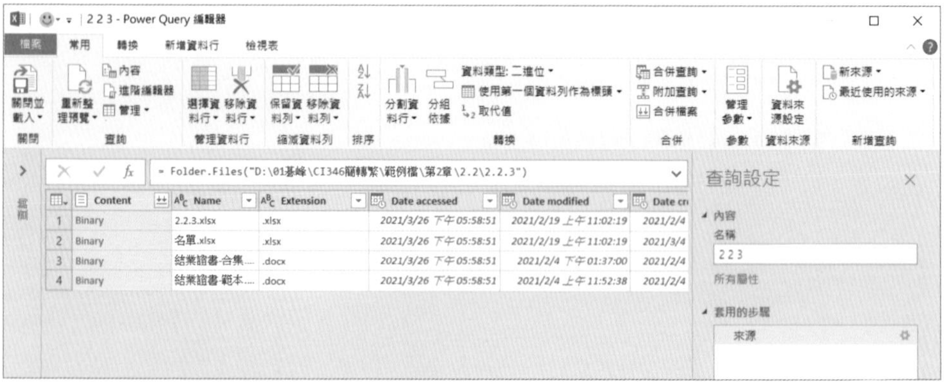

```
= Folder.Files("D:\01碁峰\CI346簡轉繁\範例檔\第2章\2.2\2.2.3")
```

	Content	Name	Extension	Date accessed	Date modified	Date cr
1	Binary	2.2.3.xlsx	.xlsx	2021/3/26 下午 05:58:51	2021/2/19 上午 11:02:19	2021/2/4
2	Binary	名單.xlsx	.xlsx	2021/3/26 下午 05:58:51	2021/2/19 上午 11:02:19	2021/3/4
3	Binary	結業證書-合集...	.docx	2021/3/26 下午 05:58:51	2021/2/4 下午 01:37:00	2021/2/4
4	Binary	結業證書-範本...	.docx	2021/3/26 下午 05:58:51	2021/2/4 上午 11:52:38	2021/2/4

▲ 圖 1-2

本書將會對 Power Query 中的重要功能做具體案例講解，主要集中在員工關係管理、績效管理、考勤管理以及薪酬管理等模組。

Power Query 中的每一步操作都會產生對應的公式，此類公式就叫 M 公式。Power Query 的強大功能都是透過 M 公式來實現的，如圖 1-3 所示。

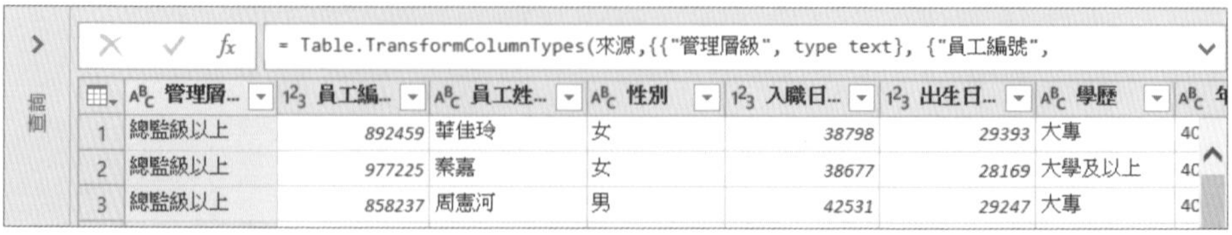

```
= Table.TransformColumnTypes(來源,{{"管理層級", type text}, {"員工編號",
```

	管理層...	員工編...	員工姓...	性別	入職日...	出生日...	學歷
1	總監級以上	892459	華佳玲	女	38798	29393	大專
2	總監級以上	977225	秦嘉	女	38677	28169	大學及以上
3	總監級以上	858237	周憲河	男	42531	29247	大專

▲ 圖 1-3

Power Query 中的 M 公式有固定的語法與參數，但在功能上其實要比工作表中的函數強大。

1.3.2 Excel Power Pivot 介紹

Excel 中除了提供具有資料取得與處理功能的 Power Query 外，還提供了強大的資料建模與分析功能，即 Power Pivot。

Power Pivot 是一種資料建模技術，可處理大型資料集，構建廣泛的關係，進行複雜（或簡單）的計算。這些操作可以在你所熟悉的 Excel 內執行。

在 Excel 2013 及以上版本中，這屬於隱藏式的內建功能，初次使用時需要載入它。主要步驟如下：選擇【開發人員】頁籤，之後按一下【COM 增益集】按鈕，打開【COM 增益集】對話方塊。在此勾選【Microsoft Power Pivot for Excel】核取方塊，最後按一下【確定】按鈕，如圖 1-4 所示（編注：以下版本不支援 Power Pivot：Office 專業版 2016、Office 家用版 2013、Office 家用版 2016、Office 家用及中小企業版 2013、Office 家用及中小企業版 2016、Mac 版 Office、Android 版 Office、Office RT 2013、Office 標準版 2013、Office 專業版 2013、2013 以前的所有 Office 版本）。

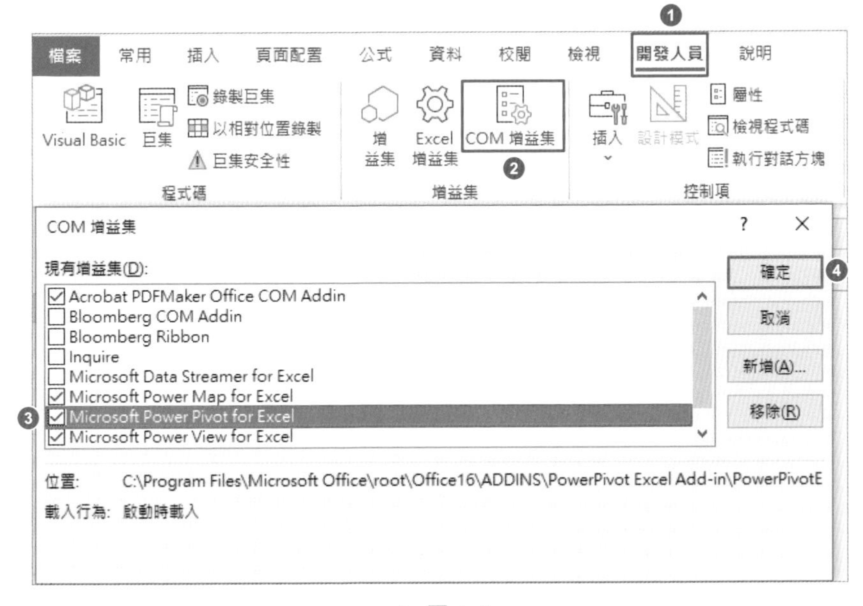

▲ 圖 1-4

載入成功後即可在【Power Pivot】頁籤中看到相應的功能，如圖 1-5 所示。

▲ 圖 1-5

按一下【Power Pivot】頁籤中的【管理】按鈕，可進入編輯器介面，如圖 1-6 所示。

適用於 Excel 的 Power Pivot - 6.1.4.xlsx
檔案 主資料夾 設計 進階
貼上 貼上新增 貼上取代 複製
剪貼簿
從資料庫 從 Data Service 從其他來源 現有連接
取得外部資料
重新整理
樞紐分析表
資料類型: 格式: 一般 $ % ,
格式化
從 A 到 Z 排序 從 Z 到 A 排序 清除排序 清除全部篩選 依資料行排序
排序和篩選
尋找
尋找
Σ 自動加總 建立 KPI
計算
資料檢視 圖表檢視 顯示隱藏項 計算區域
檢視
[薪資總額] fx 算數平均值:=AVERAGE([薪資總額])

	部門	員工編號	姓名	職位	薪資總額	加入資料行
1	人力資...	10264795	孔梅香	招聘主...	6027.32	
2	人力資...	10213964	施瑾	人事主...	7489	
3	人力資	10293833	許柔	薪酬主	5988.12	

人數: 56
最大值: 9052.32
最小值: 5006.95
算數平均值: 6382.22982142857
表格1
記錄 56 個中的第 1 個

▲ 圖 1-6

與 Power Query 中的 M 公式不同的是，在 Power Pivot 中可以使用資料分析運算式（DAX，即 Data Analysis Expressions）來解決許多資料建模與分析問題。透過 Power Pivot 對多個資料集或者資料來源建立關係與度量值，然後可以將報表載入至樞紐分析表中進行分析，進而實現一般樞紐分析表無法實現的功能。

1.3.3 HR 的資料化管理之路——從 Excel 到 Power BI

微軟的 BI 商業分析產品——Power BI 主要有三個元件，前兩個元件分別是 1.3.1 節中提到的 Power Query 與 1.3.2 節中提到的 Power Pivot，第三個是視覺化功能組件 Power View。

Power BI 是一款專業的商業資料分析軟體，它結合了一流的互動式視覺化效果和業界領先的內建資料查詢與建模功能，可以製作報告並進行發佈。Power BI 的介面跟 Office 的介面非常相似，並且 Power Query 元件、Power Pivot 元件和 Excel 中的 Power Query、Power Pivot 絕大多數功能保持一致。

如何有效率地對人力資源資料進行分析？首選的產品是 Excel。透過對 Excel 的基本功能與新功能的學習，相信很多用戶可以輕鬆地過渡到學習 Power BI 的階段，以建立更加專業的人力資源資料分析報告。

綜上所述，大數據時代背景下的 HR，是能將人力資源管理、業務運營、資料分析、工具進行整合，真正地發揮人力資源戰略性作用的管理型人才。

數位化人力資源管理終將到來。現在，讓我們從學習 Excel 開始……

Excel 與招聘、培訓

招聘與培訓模組在實際工作中對 Excel 的依賴程度並沒有人力資源管理中的其他模組高，但大家仍然需要儲備 Excel 的一些基礎知識。本節將藉由一些實際案例來講解 Excel 在招聘與培訓工作中的使用。

2.1 Excel 在招聘上的應用

本節主要講解 Excel 中的記錄時間、交叉分析篩選器使用、條件格式設定，以及招聘漏斗圖製作等相關知識點。

2.1.1 快速記錄應徵者的筆試答題時間

某企業在一次招聘中，需要對財務類職務的應徵者進行筆試。招聘專員需要對每位應徵者的筆試開始時間與交卷時間進行記錄，並計算每位應徵者答題所用的時間，如圖 2-1 所示。

	A	B	C	D	E
1	財務類職務筆試登記表				
2	姓名	面試職務	開始時間	交卷時間	考試時間
3	吳麗	會計	2020/11/12 13:10	2020/11/12 13:55	0:45:00
4	蔣平夏	會計主管	2020/11/12 13:20	2020/11/12 14:02	0:42:00
5	褚燕	出納	2020/11/12 14:00	2020/11/12 14:45	0:45:00
6	荀婭	財務經理	2020/11/12 14:10	2020/11/12 15:04	0:54:00
7	蔣優優	資金主管	2020/11/12 14:23	2020/11/12 15:17	0:54:00

▲ 圖 2-1

操作步驟如下。

Step 01 在 E3 儲存格中輸入時間差的計算公式：=D3-C3，然後向下填滿至 E8 儲存格，並且將資料範圍 E3:E8 的儲存格格式設定為【時間】，如圖 2-2 所示。

▲ 圖 2-2

Step 02 在 G2 儲存格中輸入公式：=NOW()，接著選擇範圍 C3:D8，之後選擇【資料】頁籤，按一下【資料驗證】按鈕，開啟【資料驗證】對話方塊。切換到【設定】頁籤，在【儲存格內允許】下拉式清單方塊中選擇【清單】選項，之後在【來源】編輯方塊中用滑鼠選擇 G2 儲存格，最後按一下【確定】按鈕，如圖 2-3 所示。

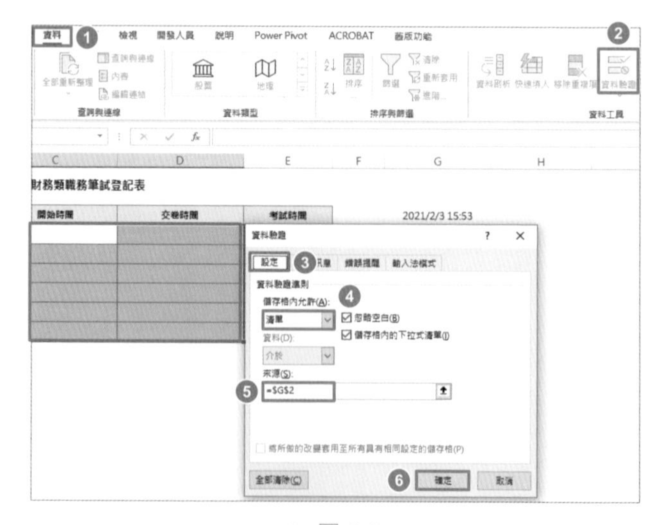

▲ 圖 2-3

Step 03 在需要輸入記錄日期的儲存格中下拉選擇目前的日期，如圖 2-4 所示。

財務類職務筆試登記表

姓名	面試職務	開始時間	交卷時間	考試時間		2021/2/3 15:56
吳麗	會計	2020/11/12 13:10	2020/11/12 13:55	0:45:00		
蔣平夏	會計主管	2020/11/12 13:20	2020/11/12 14:02	0:42:00		
褚燕	出納	2020/11/12 14:00	2020/11/12 14:45	0:45:00		
荀婭	財務經理	2020/11/12 14:10	2020/11/12 15:04	0:54:00		
蔣優優	資金主管		2021/2/3 15:56	0:00:00		
呂景玉	結算主管			0:00:00		

▲ 圖 2-4

補充說明 如果直接在某個儲存格中輸入公式：=NOW()，則當再次啟動該儲存格的時候，日期就會變成系統目前的日期；而此時使用下拉式功能表來記錄時，日期就不會動態變化。

2.1.2 使用交叉分析篩選器篩選招聘月報

交叉分析篩選器是一個很有用的功能，可以利用它來直接篩選資料。

圖 2-5 展示了某公司某個月面試人員的名單。透過右側的交叉分析篩選器按鈕可以快速地實現「應徵職務」與「應徵管道」的交叉篩選，還可以顯示彙總人數。

應徵職務	姓名	性別	應徵管道	學歷	工作經驗
樓層管理員	程犁	男	yes123	大專	無
樓層管理員	王宇陽	男	yes123	大學	無
樓層管理員	張天順	男	yes123	大學	有
樓層管理員	米蕾	女	yes123	大學	無
樓層管理員	高琳	女	yes123	其他	無
樓層管理員	張月	女	yes123	高職/高中	無
樓層管理員	韓宇光	男	yes123	高中以下	有
樓層管理員	李岩	男	yes123	大專	無
樓層管理員	李文博	男	yes123	其他	有
樓層管理員	侯亮	男	yes123	大專	有
彙總					10

應徵職務
樓層管理員 企劃專員
收銀員 行銷外拓專員
行銷專員 招商專員

應徵管道
104 518
BOSS直聘 Linkedin
yes123 鐵支人力

▲ 圖 2-5

操作步驟如下。

Step 01 選擇資料範圍 A1:F77，之後選擇【插入】頁籤，按一下【表格】按鈕，在開啟的【建立表格】對話方塊中按一下【確定】按鈕，如圖 2-6 所示。如果沒有合併儲存格或者標題，則取消【我的表格有標題】核取方塊的勾選狀態，Excel 會自動加上標題。

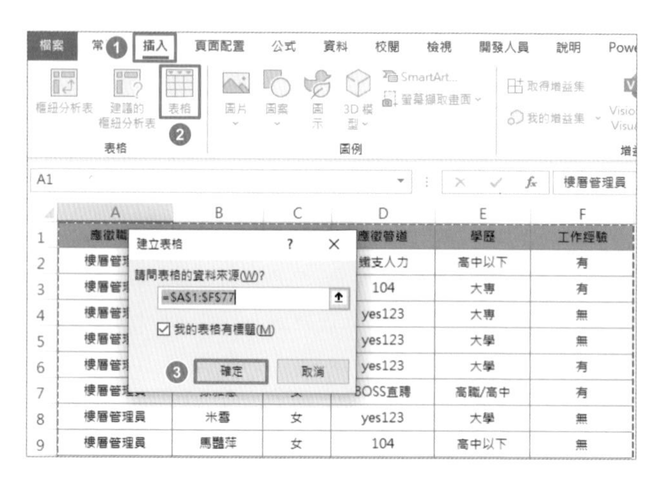

▲ 圖 2-6

Step 02 選擇資料範圍中的任意一個儲存格，選擇【表格設計】頁籤，勾選【合計列】核取方塊。這樣，資料範圍的最後一列下面就會出現關於列數的合計，這是對除標題外所有列的計數，如圖 2-7 所示。

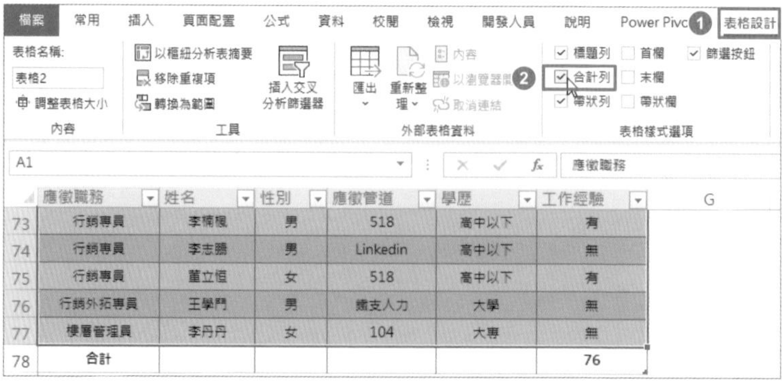

▲ 圖 2-7

Step 03 選擇【表格設計】頁籤，按一下【插入交叉分析篩選器】按鈕，在開啟的【插入交叉分析篩選器】對話方塊中分別勾選【應徵職務】核取方塊與【應徵管道】核取方塊，最後按一下【確定】按鈕，如圖 2-8 所示。

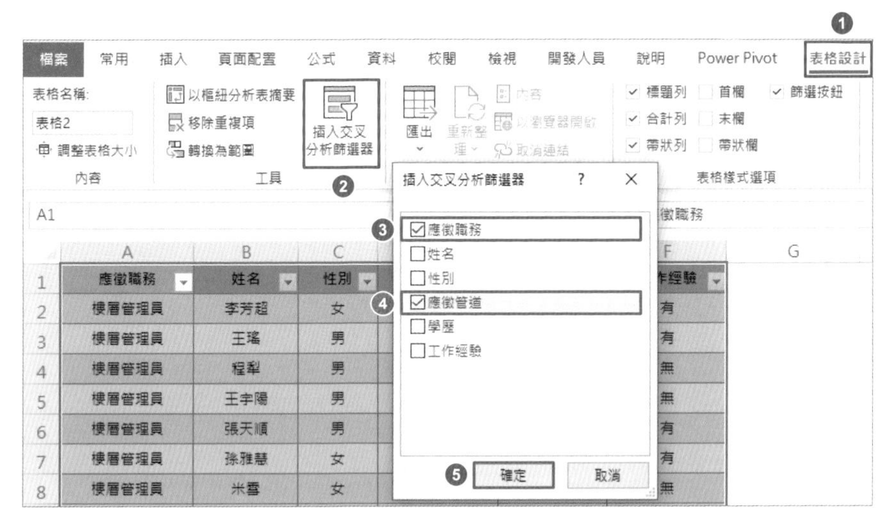

▲ 圖 2-8

Step 04 選取已經插入的「應徵職務」交叉分析篩選器，在【交叉分析篩選器】頁籤下的【欄】文字方塊中輸入「3」，如圖 2-9 所示。按照同樣的方法，將「應徵管道」的欄設定為 2。之後調整樣式，完成基本設定。

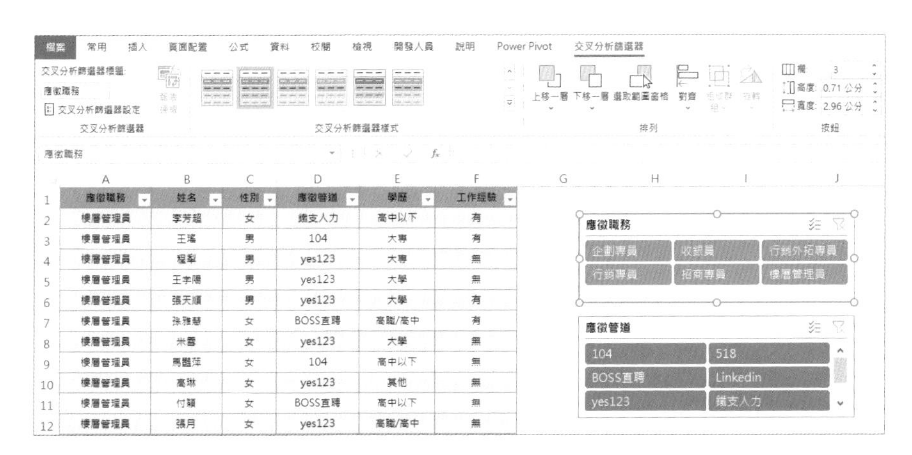

▲ 圖 2-9

Step 05 篩選時按一下交叉分析篩選器中的按鈕即可。需要注意的是，如果要在一個交叉分析篩選器中選擇多個條件，則可以按住 <Ctrl> 鍵，然後用滑鼠按一下選擇各條件；或者先按一下右上角的【多重選取】按鈕 （見圖 2-10）選擇所有條件後，用滑鼠按一下來取消不需要的條件。若想取消選取的條件，則在交叉分析篩選器的右上角選擇【清除篩選器】按鈕 即可。

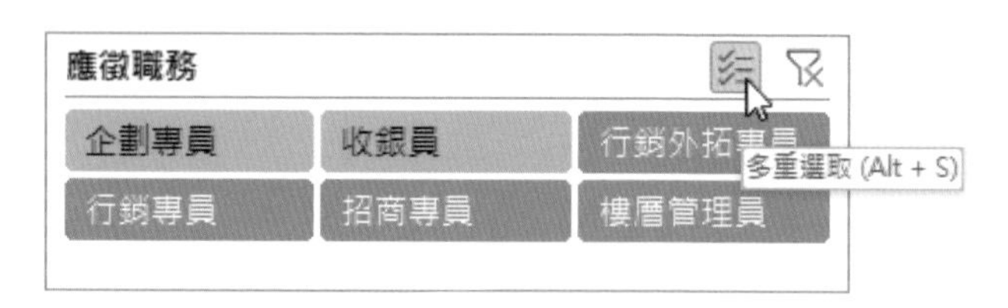

▲ 圖 2-10

補充說明 交叉分析篩選器不僅可以應用於一般的表格中，還可以在樞紐分析表中使用，以達到快速篩選的目的。更重要的是，可以透過交叉分析篩選器來製作動態圖表。Excel 2010 及以下版本均無法使用交叉分析篩選器功能。

2.1.3 條件式格式讓資料更加清晰直觀

本節主要講解如何設定條件式格式，以便讓資料更加清晰直觀。

圖 2-11 展示了某企業各招聘管道 11 月的招聘預算與招聘成本（單位：元）。將「同期比」（E 欄）的資料以 0 為分隔點，對上升（大於 0）、持平（等於 0）、下降（小於 0）進行標記；費用進度（F 欄）使用進度橫條進行標記。（注：本節中的同期招聘成本指的是去年 11 月的招聘成本。）

	A	B	C	D	E	F
1	招聘管道	11月招聘預算	11月招聘成本	同期招聘成本	同比	進度
2	BOSS	13000	13089	14091	▼ -7.1%	100.7%
3	518	10000	9800	9800	▬ 0.0%	98.0%
4	Linkedin	6800	5200	7821	▼ -33.5%	76.5%
5	鑽支人力	7500	6512	5523	▲ 17.9%	86.8%

▲ 圖 2-11

操作步驟如下。

Step 01 選擇資料範圍 E2:E5，之後選擇【常用】頁籤，按一下【條件式格式設定】按鈕，接著選擇【新增規則】選項，如圖 2-12 所示。

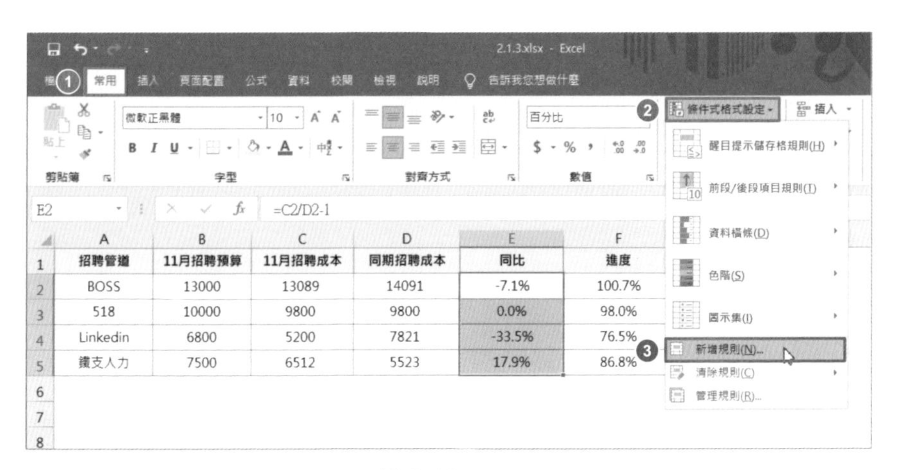

▲ 圖 2-12

Step 02 在開啟的【新增格式化規則】對話方塊的【選擇規則類型】清單中選擇【根據其值格式化所有儲存格】選項，下拉選擇【格式樣式】為【圖示集】，【圖示樣式】的選擇如圖 2-13 中的❸所示。在【圖示】中設定前兩個圖示的條件，向上三角形圖示的設定條件為「>」，【值】為 0，【類型】為數值；矩形圖示的設定條件為「>=」，【值】為 0，【類型】為數值。最後按一下【確定】按鈕，如圖 2-13 所示。

▲ 圖 2-13

Step 03 選擇資料範圍 F2:F5，之後選擇【常用】頁籤，按一下【條件式格式設定】選項，依次選擇【資料橫條】→【漸層填滿】→【藍色資料橫條】選項，如圖 2-14 所示。

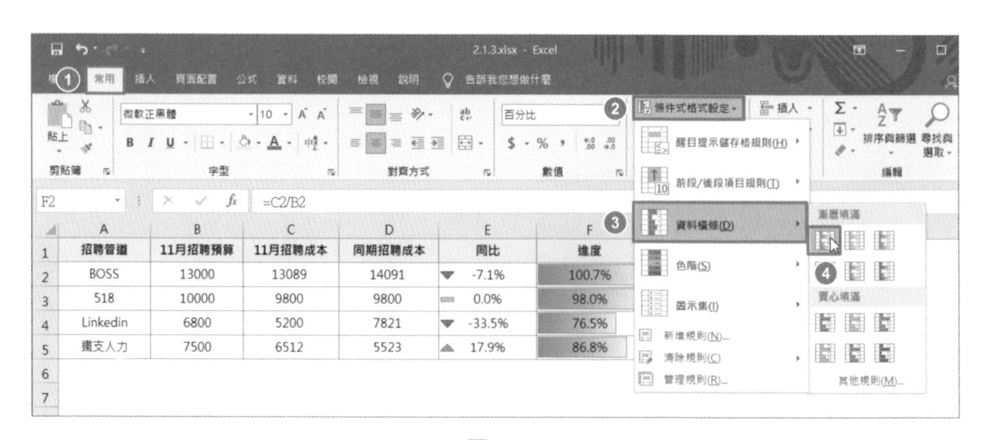

▲ 圖 2-14

條件式格式化的運用可以讓資料閱讀起來更加清晰、直觀。

2.1.4 使用漏斗圖分析招聘各環節應徵人員的留存情況

一般情況下，一個完整的招聘過程可以分為收集簡歷、篩選簡歷、邀請面試、初試、複試、發放 offer 以及新員工入職等環節。我們如何充分地展示該過程中的資料呢？本節將透過漏斗圖來呈現招聘過程中各環節應徵人員的留存情況。

圖 2-15 展示了某企業 2019 年第三季度（Q3）招聘各環節的應徵留存人數與應徵留存率漏斗圖。

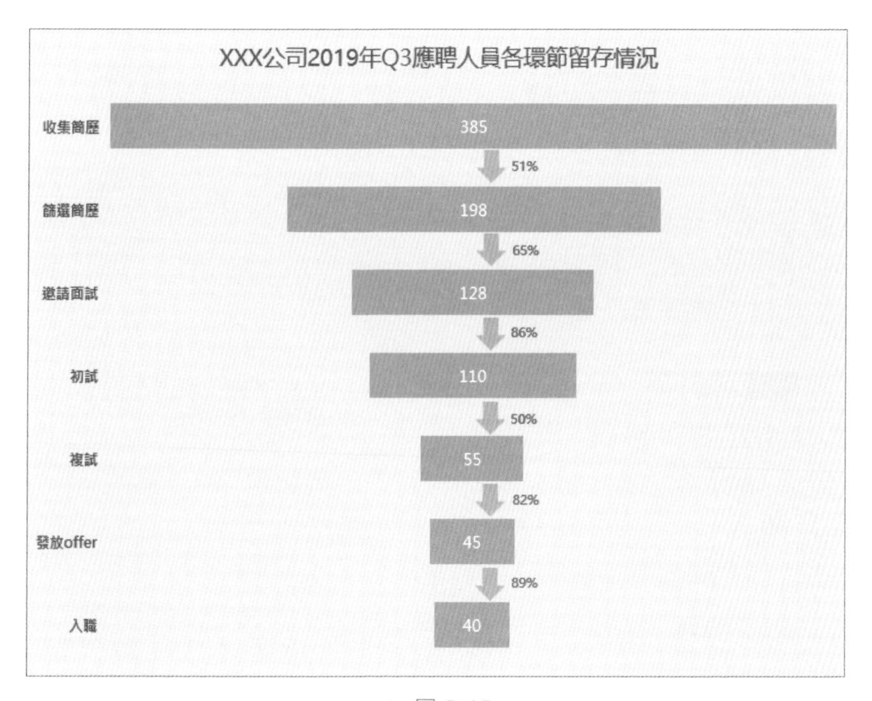

▲ 圖 2-15

操作步驟如下。

Step 01 計算留存率。在 C3 儲存格中輸入公式：=B3/B2，向下填滿至 C8 儲存格，如圖 2-16 所示。

C3 =B3/B2

	A	B	C
1	環節	數量	比率
2	收集簡歷	385	
3	篩選簡歷	198	51%
4	邀請面試	128	65%
5	初試	110	86%
6	複試	55	50%
7	發放offer	45	82%
8	入職	40	89%

▲ 圖 2-16

Step 02 選擇資料範圍 A1:B8，之後選擇【插入】頁籤，按一下【插入瀑布圖、漏斗圖、股價圖、曲面圖或雷達圖】按鈕，隨後選擇【漏斗圖】選項，插入漏斗圖，如圖 2-17 所示。

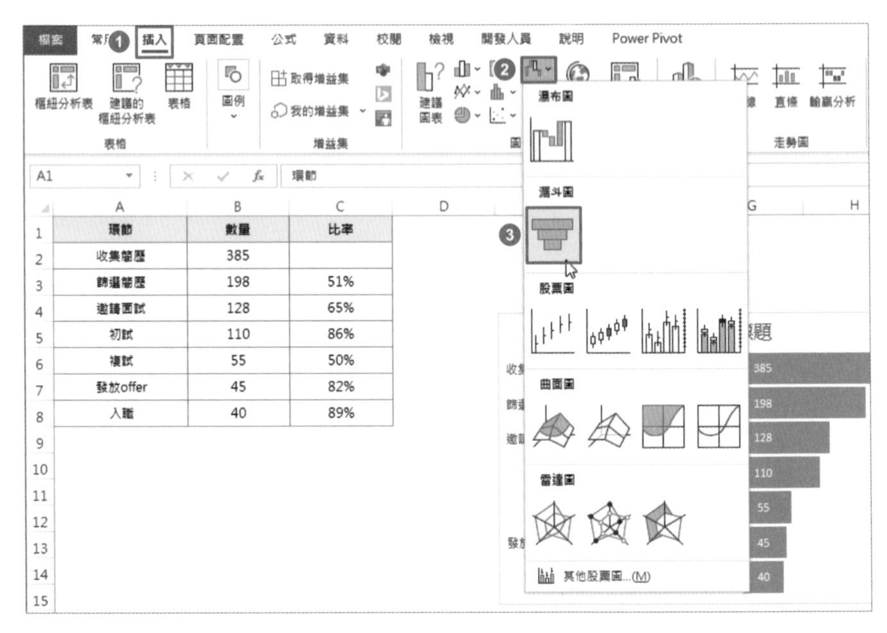

▲ 圖 2-17

Step 03 選取圖形，按兩下資料數列，開啟【資料數列格式】窗格，切換到【數列選項】頁籤，調整【類別間距】為 80%，如圖 2-18 所示。

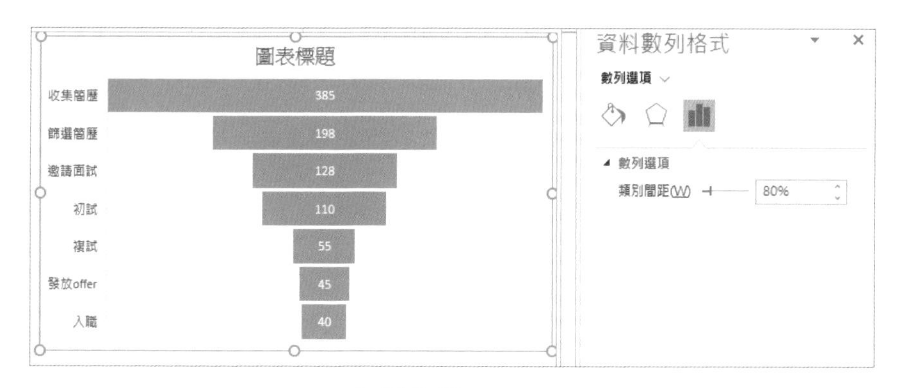

▲ 圖 2-18

Step 04 在「收集簡歷」與「篩選簡歷」條形中間使用圖案工具插入一個向下的箭頭，填滿色設定為 40% 的淡藍色，箭頭為無輪廓形式。在箭頭右邊再插入一個文字方塊，設定該文字方塊的形狀輪廓為「無輪廓」形式，形狀填滿為「無填滿」形式。選取此文字方塊，在公式編輯欄中輸入「=」後用滑鼠選擇 C3 儲存格，按 <Enter> 鍵完成操作，如圖 2-19 所示。按照同樣的方法分別為招聘的其他環節加上箭頭與留存率。

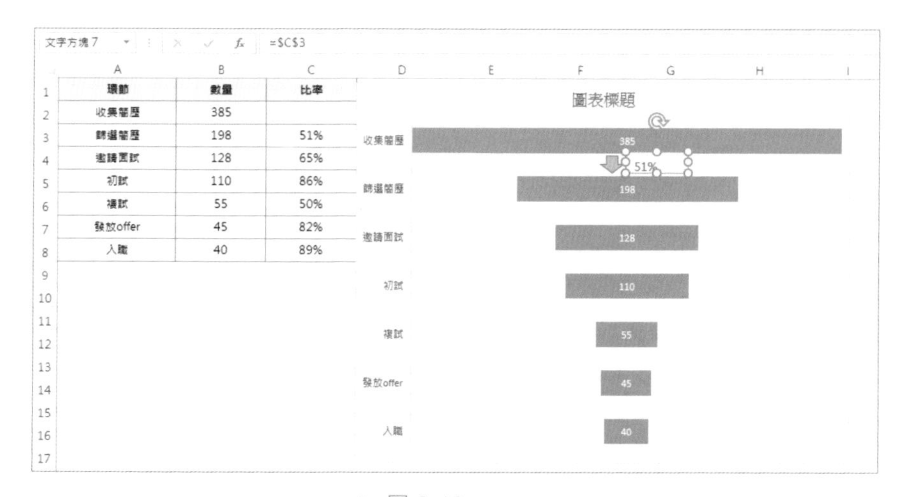

▲ 圖 2-19

Step 05 按兩下座標軸，開啟【座標軸格式】窗格，切換到【填滿與線條】頁籤，在【線條】欄中選擇【無線條】選項，取消座標軸的邊線，如圖 2-20 所示。

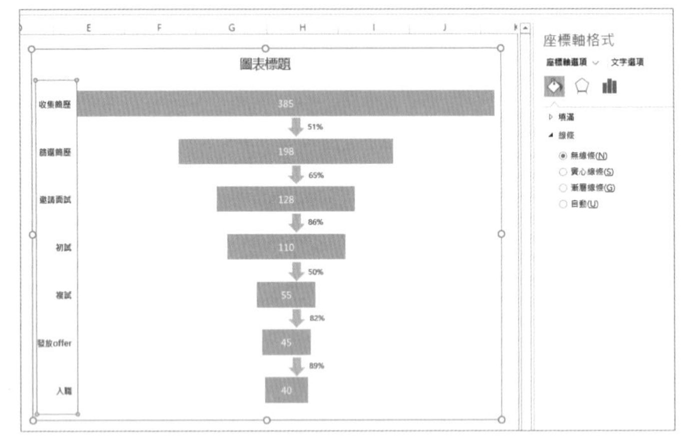

▲ 圖 2-20

Step 06 選擇資料數列，設定填滿色彩為淺藍色，圖表的底色設定為 80% 的淡藍色，然後加上圖表的標題。

Step 07 選取所插入的所有箭頭形狀、文字方塊和圖表後，按一下滑鼠右鍵，在彈出的快顯功能表中依次選擇【組成群組】→【組成群組】選項，將圖表與圖形組合成一個整體，完成圖表的製作，如圖 2-21 所示。

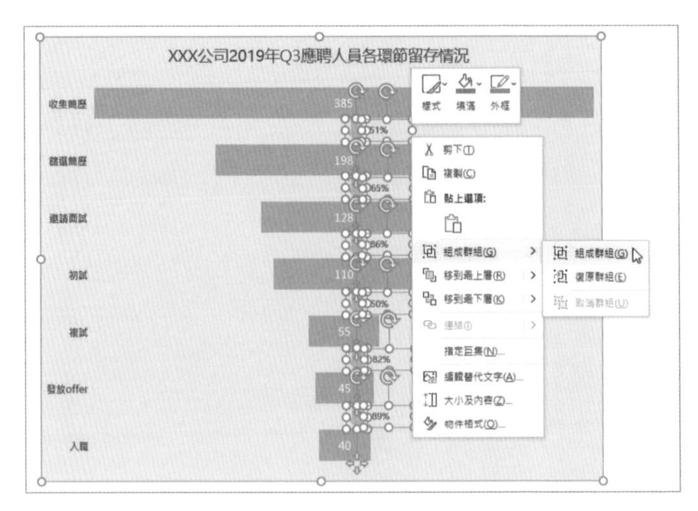

▲ 圖 2-21

在 Excel 2016 及更早之前的版本中沒有直接可以插入的漏斗圖，但可以構造資料，透過橫條圖間接地達到漏斗圖的效果。

2.2 Excel 在培訓上的應用

2.2.1 列印參與培訓人員的培訓評估表

列印設定是 Excel 中比較簡單也是比較實用的操作之一。

圖 2-22 展示了某企業組織的大型培訓專案的培訓評估表。現在為該表設定列印範圍，每頁均列印標題、自訂頁碼以及公司的 Logo。

	A	B	C	D	E	F	G	H	I	J	K
1	培訓評估表										
2	學員姓名	學習態度50%			課堂表現50%						總計分值
3		認真聽講30%	積極參與50%	紀律良好20%	認真記錄10%	學習能力20%	分析能力20%	踴躍提問10%	團隊協作20%	答題測試20%	
4	曹凝	91	89	97	91	98	100	93	99	88	93.3
5	鄭肇琪	80	99	93	87	81	83	87	80	91	88.25
6	沈翠紅	85	85	85	92	91	81	91	80	81	84.95
7	陳昭東	80	81	93	87	98	91	83	95	83	86.75
8	馮有菊	90	89	87	90	84	84	84	100	84	88.35
9	何香秀	80	94	96	96	95	98	87	84	95	91.45
55	許如霜	84	91	91	88	100	98	95	91	98	92.3
56	楊如霜	87	87	81	90	92	82	84	91	87	86.8
57	融紅戀	85	97	93	91	85	89	94	97	100	92.65
58	薑香薇	94	84	96	82	82	85	99	99	80	88.35
59	錢丹	97	99	93	92	83	83	89	85	87	91.45

▲ 圖 2-22

操作步驟如下。

Step 01 設定列印範圍與每頁均顯示列標題。選擇【頁面配置】頁籤，按一下【列印標題】按鈕，開啟【版面設定】對話方塊。切換到【工作表】頁籤，在【列印範圍】編輯方塊中選擇列印範圍為資料範圍 A1:K59，在【列印標題】欄下的【標題列】編輯方塊中選擇標題所在的列，即 \$2:\$3（見圖 2-23），最後按一下【確定】按鈕。

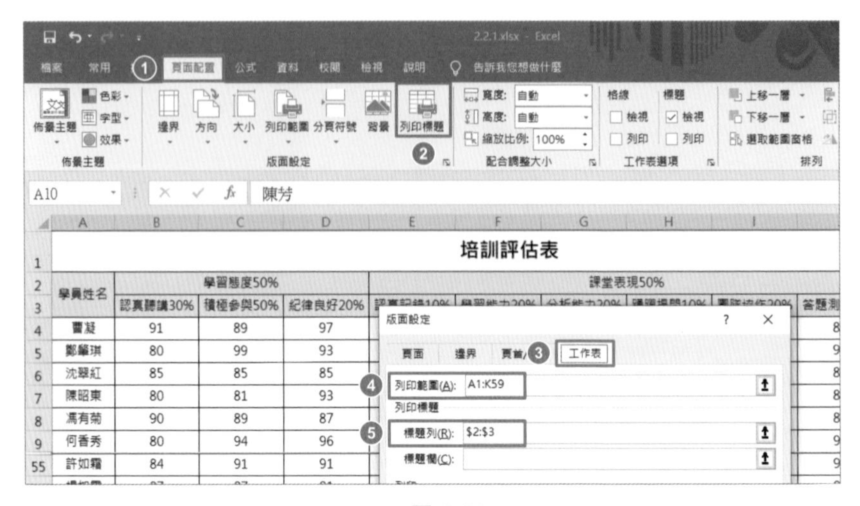

▲ 圖 2-23

Step 02 設定頁首，顯示公司的 Logo。依照 Step-01 中的步驟，開啟【版面設定】對話方塊。切換到【頁首 / 頁尾】頁籤，按一下【自訂頁首】按鈕，開啟【頁首】對話方塊。將滑鼠游標放在【左】文字方塊中，然後按一下【插入圖片】按鈕，選擇要插入的圖片，最後依次按一下【確定】按鈕，如圖 2-24 所示。

▲ 圖 2-24

Step 03 按一下【自訂頁尾】按鈕，開啟【頁尾】對話方塊。將滑鼠游標放在【中】文字方塊中，按一下【插入頁碼】按鈕。在【中】文字方塊中插入的「頁碼」的後面輸入一個「/」，然後按一下【插入頁數】按鈕，完成頁碼與總頁數的插入。隨後將滑鼠游標移至【右】文字方塊中，輸入文字「嚴禁外傳」，最後依次按一下【確定】按鈕，如圖 2-25 所示，具體效果如圖 2-26 所示。

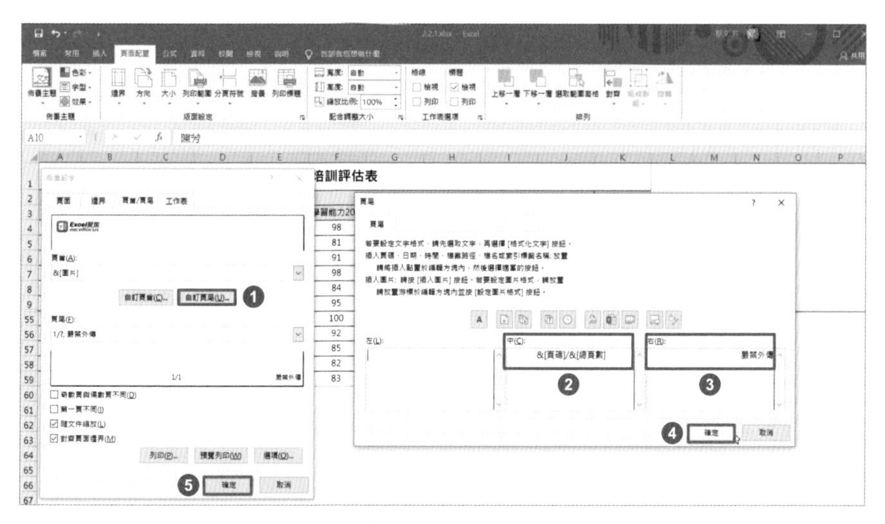

▲ 圖 2-25

Excel聚焦 excelfocus

培訓評估表

學員姓名	學習態度50%			課堂表現50%						總計分值
	認真聽講30%	積極參與50%	紀律良好20%	認真記錄10%	學習能力20%	分析能力20%	踴躍提問10%	團隊協作20%	答題測試20%	
曹麗	91	89	97	91	98	100	93	99	88	93.3
鄭麗琪	80	99	93	87	81	83	87	80	91	88.25
沈麗紅	85	85	85	92	91	81	91	80	81	84.95
陳昭東	80	81	93	87	98	91	83	95	83	86.75
馮有朋	90	89	87	90	84	84	84	100	84	88.35
何書秀	80	94	96	96	95	98	87	84	95	91.45
陳芳	97	85	85	81	96	97	95	82	92	89.8
馮楓	88	94	87	100	98	88	81	84	86	90.05
魏怡	96	94	80	96	91	96	95	93	83	91.75
任元禮	83	86	83	97	96	97	89	98	82	88.85
孔美麗	80	87	88	84	91	96	91	91	83	87.4
金燕	88	87	87	91	80	82	93	83	87	86.05
倪敏	94	81	89	83	91	83	84	86	88	86.4
呂蓉	92	89	87	96	88	96	93	84	82	89.2
張耀文	85	83	86	83	97	89	87	94	88	87.4
何明珠	100	80	89	88	87	97	92	99	90	90.2
呂向萍	90	83	88	84	96	92	80	96	92	88.85
尤芳	91	94	80	86	99	95	91	100	81	91.5
歐婧	81	97	99	86	91	84	84	90	81	89.4
朱佳麗	83	95	96	94	90	96	97	97	94	93.05
鄭洪靜	83	91	100	96	82	85	84	99	92	90
孫程燕	88	94	84	98	82	82	82	87	93	88.5
朱計書	99	81	88	92	80	83	80	89	95	87.2

1/3 嚴禁外傳

▲ 圖 2-26

2.2.2 計算參賽選手的比賽成績

在一些比賽中，參賽選手的比賽成績是由多位評審進行綜合評分得出的。由於各位評審的評分標準帶有一定的主觀性，因此，為了避免出現由於評審個人原因造成的評分過高或者過低的情形，通常在比賽中會去掉一個最高分與一個最低分，最後求平均分，並作為各參賽選手的最終得分。

如圖 2-27 所示，是某企業組織的一次員工服務技能大賽的評分表。該大賽共有 7 位評審對參賽選手進行評分，參賽選手的最終得分為去掉一個最高分與一個最低分後的平均分。

I2 =TRIMMEAN(B2:H2,2/7)

	A	B	C	D	E	F	G	H	I
1	學員姓名	評審1	評審2	評審3	評審4	評審5	評審6	評審7	最終得分
2	曹凝	91	89	97	91	98	100	93	94.0
3	鄭馨琪	80	99	93	87	81	83	87	86.2
4	沈翠紅	85	85	85	92	91	81	91	87.4
5	陳昭東	80	81	93	87	98	91	83	87.0
6	馮有菊	90	89	87	90	84	84	84	86.8
7	何香秀	80	94	96	96	95	98	87	93.6
8	陳芳	97	85	85	81	96	97	95	91.6
9	馮楓	88	94	87	100	98	88	81	91.0
10	魏怡	96	94	80	96	91	96	95	94.4

▲ 圖 2-27

在 I2 儲存格中輸入以下公式，向下填滿至 I10 儲存格：

=TRIMMEAN(B2:H2,2/7)

公式解釋

TRIMMEAN 函數可用來計算一組數的修剪平均值（也叫內部平均值），即截去資料集上下某一百分比之外的資料點後，再求出平均值。其語法形式如下：

TRIMMEAN(資料範圍 , 百分比)

該函數的第二個參數為百分比，即排除資料總個數中的比例。比如，本例中共有 7 位評審，排除最高值與最低值各一個，那麼即排除這 7 個數中 2/7 的比例。

需要注意的是，第二個參數不能小於 0，也不能大於 1，否則會傳回錯誤值。

除此之外，也可以使用一般的方法，即分別求出一個最大值與一個最小值，然後從加總的結果中減去最大值與最小值後，再除以剩餘數值的個數。但是這樣做比較麻煩，在書寫公式的過程中容易出錯。

2.2.3 Excel 與 Word 相結合，批次製作培訓結業證書

一般情況下，在培訓結束後會發放結業證書給學員。如何快速地批次製作培訓結業證書呢？本節將透過 Excel 與 Word 的整合來解決這一問題。

如圖 2-28 所示，是某企業在一次培訓結束後給學員發放的結業證書。

▲ 圖 2-28

製作過程可參考以下操作步驟。

Step 01 在 Excel 中準備需要製作結業證書的人員名單，注意標題列不能有合併儲存格，如圖 2-29 所示。

	A	B	C	D	E
1	學員姓名	理論	實作	項目	最終成績
2	曹凝	91	89	97	93.3
3	鄭肇琪	80	99	93	88.25
4	沈翠紅	85	85	85	84.95
5	陳昭東	80	81	93	86.75
6	馮有菊	90	89	87	88.35
7	何香秀	80	94	96	91.45
8	陳芳	97	85	85	89.8
9	馮楓	88	94	87	90.05

▲ 圖 2-29

Step 02 在 Word 中準備一份結業證書的空白範本，文字部分均可編輯，如圖 2-30 所示。

▲ 圖 2-30

Step 03 切換到 Word 中，選擇【郵件】頁籤，按一下【選取收件者】按鈕，之後選擇【使用現有清單】選項，選擇準備好的 Excel 結業人員名單活頁簿。接著在開啟的【選取表格】對話方塊中選擇存放名單的工作表的名稱「名單」，最後按一下【確定】按鈕，如圖 2-31 所示。

▲ 圖 2-31

Step 04 將滑鼠游標移到需要輸入姓名的位置，選擇【郵件】頁籤，之後依次選擇【插入合併欄位】→【學員姓名】選項，如圖 2-32 所示。

▲ 圖 2-32

Step 05 選擇【郵件】頁籤，之後依序選擇【完成與合併】→【編輯個別文件】選項，在開啟的【合併到新文件】對話方塊中選擇【全部】選項，按一下【確定】按鈕，如圖 2-33 所示。產生一個新的 Word 文件，即每個學員的結業證書。

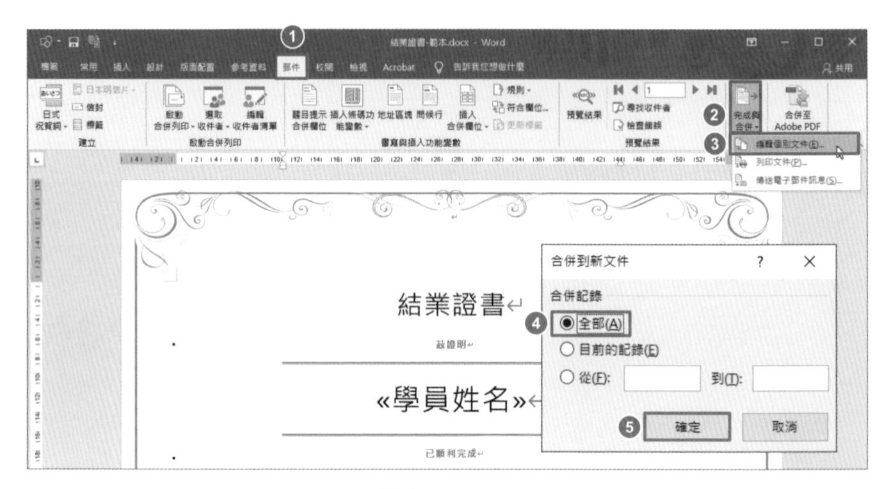

▲ 圖 2-33

將 Excel 與 Word 中的合併列印功能相結合，還可以製作信封、員工識別證、通知書等。此外，也可以使用這種方法批次發送薪資條郵件給員工。

EXCEL

CHAPTER

03

Excel 與員工關係管理

人力資源管理中的員工關係管理主要涉及的內容有員工薪資管理、文件合約管理、職務管理、異動管理、入離職管理及勞動關係管理等。使用 Excel 比較頻繁的工作主要體現在報表製作與人員分析等方面。

本章主要從報表製作與人員分析等方面出發，講解 Excel 的基本操作、函數應用以及樞紐分析表功能，以便讓大家快速掌握人力資源管理中分析與解決問題的方法。

3.1 報表資料格式的統一

在員工關係管理實務中，資料的格式化管理對人力資源管理中的事務性工作有著極大的影響，格式整齊、統一的資料有利於大家對資料進行各維度的計算與分析，從而提高解決實際問題的效率。

3.1.1 使用資料剖析功能批次整理格式不正確的日期

Excel 中的資料剖析功能可以處理文字字串的拆分，同時還可以用來做數值型數字與文字型數字之間的轉換，以及非標準日期格式的整理。該選項位於【資料】頁籤中。

如圖 3-1 所示，是一份員工入職資訊表（局部）。其中，「入職時間」欄中某些儲存格的資料不能參與計算（如圖 3-1 中用紅框圈住的部分），因為它們的日期格式不是標準規格。那麼，我們如何快速地修正該表中格式不正確的日期呢？

	A	B	C	D	E	F	G
1	序號	部門	員工編號	姓名	職務	入職時間	備註
2	1	銷售部	HE13862	楊翠花	業務經理	2019/9/15	
3	2	銷售部	HE14672	吳麗	購車顧問	2019.09.14	
4	3	銷售部	HE13011	何凡	手續管理員	2019-09-10	
5	4	銷售部	HE13864	朱藝	分隊隊長	2019-09-11	
6	5	銷售部	HE10349	秦月	購車顧問	20190911	
7	6	銷售部	HE13633	孫冰露	購車顧問	19.9.11	
8	7	銷售部	HE10949	孫莉	購車顧問	20190911	
9	8	IT部門	HE14804	朱苑	Java研發工程師	2019.09.11	
10	9	銷售部	HE11603	秦啟倩	購車顧問	2019-09-12	
11	10	銷售部	HE10880	沈悅明	小隊隊長	2019-09-16	
12	11	銷售部	HE13029	秦苑	催收專員	2019-09-12	
13	12	銷售部	HE10563	衛願	購車顧問	2019.9.17	
14	13	質檢部	HE12799	韓怡	駐店評估師	20190918	

▲ 圖 3-1

操作步驟如下。

Step 01 選取 F 欄，之後選擇【資料】頁籤，按一下【資料剖析】按鈕，如圖 3-2 所示。

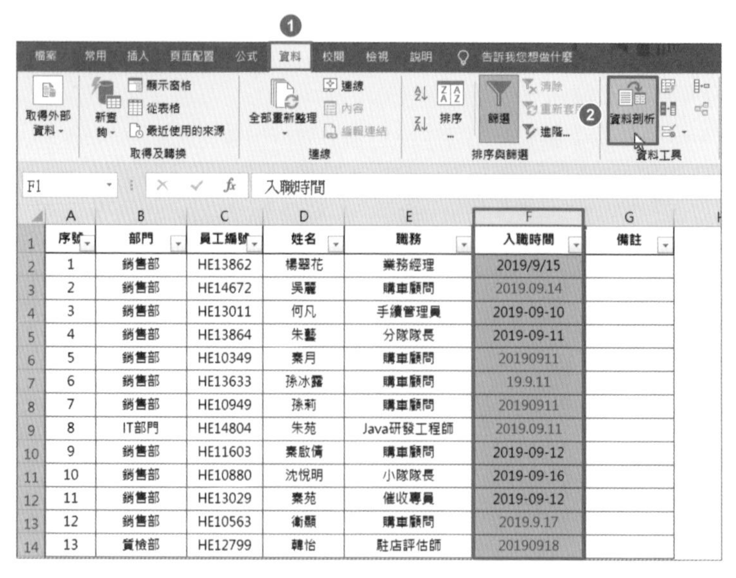

	A	B	C	D	E	F	G
1	序號	部門	員工編號	姓名	職務	入職時間	備註
2	1	銷售部	HE13862	楊翠花	業務經理	2019/9/15	
3	2	銷售部	HE14672	吳麗	購車顧問	2019.09.14	
4	3	銷售部	HE13011	何凡	手續管理員	2019-09-10	
5	4	銷售部	HE13864	朱藝	分隊隊長	2019-09-11	
6	5	銷售部	HE10349	秦月	購車顧問	20190911	
7	6	銷售部	HE13633	孫冰露	購車顧問	19.9.11	
8	7	銷售部	HE10949	孫莉	購車顧問	20190911	
9	8	IT部門	HE14804	朱苑	Java研發工程師	2019.09.11	
10	9	銷售部	HE11603	秦啟倩	購車顧問	2019-09-12	
11	10	銷售部	HE10880	沈悅明	小隊隊長	2019-09-16	
12	11	銷售部	HE13029	秦苑	催收專員	2019-09-12	
13	12	銷售部	HE10563	衛願	購車顧問	2019.9.17	
14	13	質檢部	HE12799	韓怡	駐店評估師	20190918	

▲ 圖 3-2

Step 02 開啟【資料剖析精靈】對話方塊，第 1 步與第 2 步均點選【下一步】按鈕，如圖 3-3 所示。在第 3 步時，選擇【日期】選項，最後按一下【完成】按鈕，如圖 3-4 所示，結果如圖 3-5 所示。

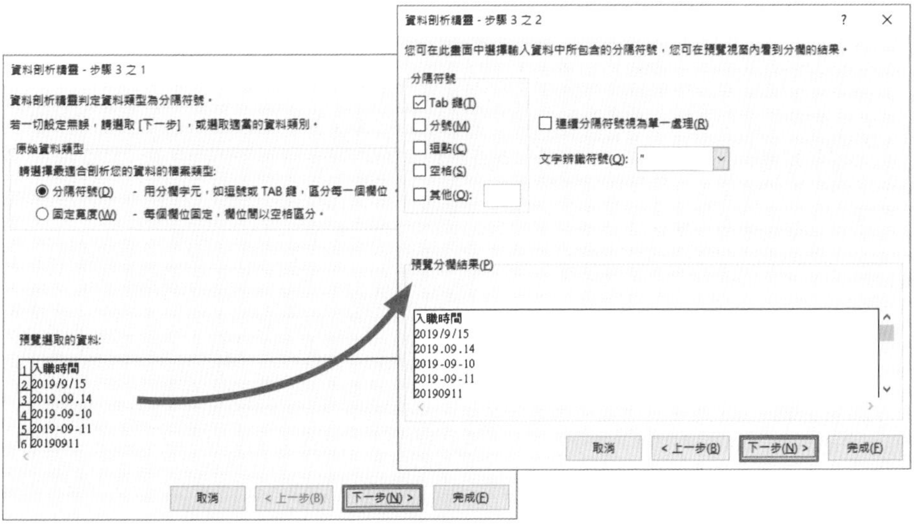

資料剖析精靈 - 步驟 3 之 1

資料剖析精靈判定資料類型為分隔符號。

若一切設定無誤，請選取 [下一步]，或選取適當的資料類別。

原始資料類型

請選擇最適合剖析您的資料的檔案類型:

◉ 分隔符號(D) - 用分欄字元，如逗號或 TAB 鍵，區分每一個欄位。

○ 固定寬度(W) - 每個欄位固定，欄位間以空格區分。

預覽選取的資料:

1 入職時間
2 2019/9/15
3 2019.09.14
4 2019-09-10
5 2019-09-11
6 20190911

取消 < 上一步(B) 下一步(N) > 完成(F)

資料剖析精靈 - 步驟 3 之 2 ? ×

您可在此畫面中選擇輸入資料中所包含的分隔符號，您可在預覽視窗內看到分欄的結果。

分隔符號

☑ Tab 鍵(T)

☐ 分號(M)

☐ 逗點(C)

☐ 空格(S)

☐ 其他(O):

☐ 連續分隔符號視為單一處理(R)

文字辨識符號(Q): "

預覽分欄結果(P)

入職時間
2019/9/15
2019.09.14
2019-09-10
2019-09-11
20190911

取消 < 上一步(B) 下一步(N) > 完成(F)

▲ 圖 3-3

資料剖析精靈 - 步驟 3 之 3 ? ×

請在此畫面選擇欲使用的欄位，並設定其資料格式。

欄位的資料格式

○ 一般(G)

○ 文字(T)

◉ 日期(D): YMD

○ 不匯入此欄(I)

「一般」資料格式會使得數值被轉成數字格式，日期值被轉成日期欄格式，其餘資料則被轉成文字格式。

進階(A)...

目標儲存格(E): $F$1

預覽分欄結果(P)

YMD
入職時間
2019/9/15
2019.09.14
2019/9/10
2019/9/11
20190911

取消 < 上一步(B) 下一步(N) > 完成(F)

▲ 圖 3-4

	A	B	C	D	E	F	G
1	序號	部門	員工編號	姓名	職務	入職時間	備註
2	1	銷售部	HE13862	楊翠花	業務經理	2019/9/15	
3	2	銷售部	HE14672	吳麗	購車顧問	2019/9/14	
4	3	銷售部	HE13011	何凡	手續管理員	2019/9/10	
5	4	銷售部	HE13864	朱藝	分隊隊長	2019/9/11	
6	5	銷售部	HE10349	秦月	購車顧問	2019/9/11	
7	6	銷售部	HE13633	孫冰露	購車顧問	2019/9/11	
8	7	銷售部	HE10949	孫莉	購車顧問	2019/9/11	
9	8	IT部門	HE14804	朱苑	Java研發工程師	2019/9/11	
10	9	銷售部	HE11603	秦啟倩	購車顧問	2019/9/12	
11	10	銷售部	HE10880	沈悅明	小隊隊長	2019/9/16	
12	11	銷售部	HE13029	秦苑	催收專員	2019/9/12	
13	12	銷售部	HE10563	衛顯	購車顧問	2019/9/17	
14	13	質檢部	HE12799	韓怡	駐店評估師	2019/9/18	

▲ 圖 3-5

補充說明

在 Excel 中，日期格式是系統預設能識別的格式，標準的日期格式主要有 yyyy-mm-dd、yyyyy/mm/dd 及 yyyy 年 m 月 d 日等。在上述案例中，圖 3-1 中用線框住的日期格式不能被 Excel 識別。如果要讓 Excel 能夠識別 yyyy.mm.dd 格式，則需要將電腦系統的日期顯示格式更改為 yyyy.mm.dd 格式。

需要注意的是，如果從其他檔案格式，如 TXT 格式的檔案匯入資料，則系統會自動開啟【資料剖析精靈】對話方塊。

3.1.2 使用定位功能快速批次填滿報表中的空儲存格

定位是 Excel 中最常用的一個功能，主要用於快速定位某種特定資料類型或者儲存格形態。該功能可藉由【常用】頁籤的【尋找與選取】群組開啟。除此之外，還可以使用 <F5> 鍵或者 <Ctrl+G> 組合鍵開啟【到】對話方塊。

如圖 3-6 所示，表中的 B 欄只填寫了第一次出現的各部門名稱。如何將表中 B 欄的資料向下填滿完整呢？

	A	B	C	D	E	F
1	序號	部門	員工編號	姓名	職務	入職時間
2	1	銷售1部	HE13862	楊翠花	業務經理	2019/9/15
3	2		HE14672	吳麗	購車顧問	2019/9/14
4	3		HE13011	何凡	手續管理員	2019/9/10
5	4	銷售2部	HE11108	陶雨祺	分隊隊長	2019/9/10
6	5		HE13864	朱藝	分隊隊長	2019/9/11
7	7		HE13633	孫冰露	購車顧問	2019/9/11
8	8		HE10949	孫莉	購車顧問	2019/9/11
9	9	IT部門	HE14804	朱苑	Java研發工程師	2019/9/11
10	10	銷售3部	HE11603	秦啟倩	購車顧問	2019/9/12
11	11		HE12717	吳顯麗	購車顧問	2019/9/13
12	12		HE13408	楊程悅	購車顧問	2019/9/14
13	15		HE10563	衛顯	小隊隊長	2019/9/17
14	16	質檢部	HE12799	韓怡	駐店評估師	2019/9/18

▲ 圖 3-6

操作步驟如下。

Step 01 選取資料範圍 B2:B14，按 <F5> 鍵，開啟【到】對話方塊。按一下【特殊】按鈕，開啟【特殊目標】對話方塊，選擇【空格】選項，最後按一下【確定】按鈕，如圖 3-7 所示。

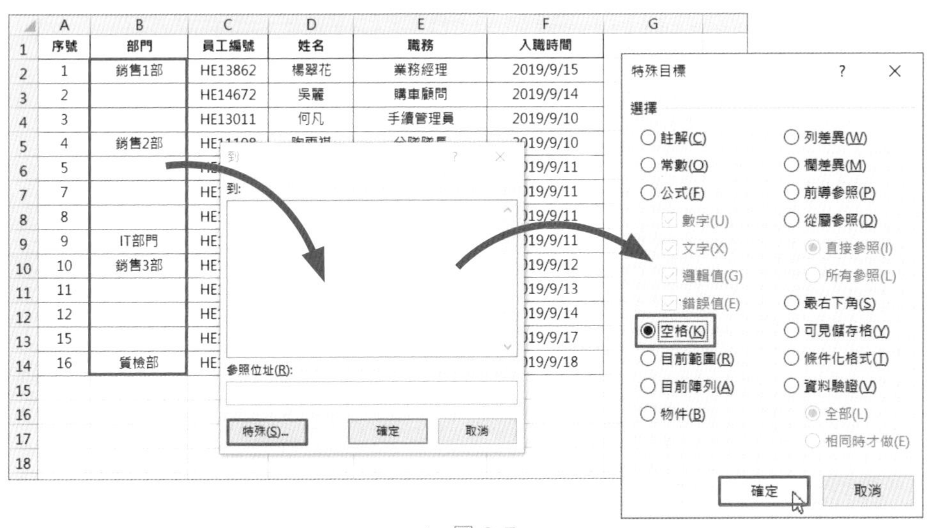

▲ 圖 3-7

Step 02 直接在公式編輯欄中輸入公式：=B2（見圖 3-8），按 <Ctrl+Enter> 組合鍵完成批次填滿。如有必要，可將公式轉換成數值。

SUM | × ✓ fx | =B2

	A	B	C	D	E	F
1	序號	部門	員工編號	姓名	職務	入職時間
2	1	銷售1部	HE13862	楊翠花	業務經理	2019/9/15
3	2	=B2	HE14672	吳麗	購車顧問	2019/9/14
4	3		HE13011	何凡	手續管理員	2019/9/10
5	4	銷售2部	HE11108	陶雨祺	分隊隊長	2019/9/10
6	5		HE13864	朱藝	分隊隊長	2019/9/11
7	7		HE13633	孫冰露	購車顧問	2019/9/11
8	8		HE10949	孫莉	購車顧問	2019/9/11
9	9	IT部門	HE14804	朱苑	Java研發工程師	2019/9/11
10	10	銷售3部	HE11603	秦啟倩	購車顧問	2019/9/12
11	11		HE12717	吳顯麗	購車顧問	2019/9/13
12	12		HE13408	楊程悅	購車顧問	2019/9/14
13	15		HE10563	衛顯	小隊隊長	2019/9/17
14	16	質檢部	HE12799	韓怡	駐店評估師	2019/9/18

▲ 圖 3-8

結果如圖 3-9 所示。

	A	B	C	D	E	F
1	序號	部門	員工編號	姓名	職務	入職時間
2	1	銷售1部	HE13862	楊翠花	業務經理	2019/9/15
3	2	銷售1部	HE14672	吳麗	購車顧問	2019/9/14
4	3	銷售1部	HE13011	何凡	手續管理員	2019/9/10
5	4	銷售2部	HE11108	陶雨祺	分隊隊長	2019/9/10
6	5	銷售2部	HE13864	朱藝	分隊隊長	2019/9/11
7	7	銷售2部	HE13633	孫冰露	購車顧問	2019/9/11
8	8	銷售2部	HE10949	孫莉	購車顧問	2019/9/11
9	9	IT部門	HE14804	朱苑	Java研發工程師	2019/9/11
10	10	銷售3部	HE11603	秦啟倩	購車顧問	2019/9/12
11	11	銷售3部	HE12717	吳顯麗	購車顧問	2019/9/13
12	12	銷售3部	HE13408	楊程悅	購車顧問	2019/9/14
13	15	銷售3部	HE10563	衛顯	小隊隊長	2019/9/17
14	16	質檢部	HE12799	韓怡	駐店評估師	2019/9/18

▲ 圖 3-9

<Ctrl+Enter> 組合鍵具有批次填滿的功能，可以用於多個不連續的儲存格範圍的公式與常數的批次填滿。

3.1.3 刪除報表中的重複值，保留唯一值

重複值會影響到計算結果的準確性。所以，在進行資料運算前應該先刪除這些重複值。在 Excel 中，移除重複值的功能可從【資料】頁籤的【移除重複項】按鈕開啟。

如圖 3-10 所示，將表中重複的記錄刪除，保留唯一的記錄。

	A	B	C	D	E	F	G	H
1	員工編號	姓名	部門	職務	合約簽訂時間	合約簽訂類型	合約期限	下次簽訂合約日期
2	54303	張誠	海城店	副店長	2019/7/10	首簽	3年	2022/7/10
3	10164850	郭柏富	海城店	店長	2019/7/3	續簽	3年	2022/7/3
4	54316	田秋	海城店	主管	2019/7/28	改簽	3年	2022/7/28
5	10232300	羅驤帥	海城店	專員	2019/7/7	終止		
6	54317	馬薇	海城店	營業員	2019/7/7	續簽	3年	2022/7/7
7	10305148	鄧長玥	海城店	主任	2019/7/10	終止		
8	54315	李丹	大望路店	品類庫管	2019/7/21	續簽	3年	2022/7/21
9	10108356	李嬌	大望路店	主任	2019/7/18	終止		
10	10106658	楊萍	大望路店	服務專員	2019/7/11	續簽	3年	2022/7/11
11	54315	李丹	大望路店	品類庫管	2019/7/21	續簽	3年	2022/7/21
12	54316	田秋	海城店	主管	2019/7/28	改簽	3年	2022/7/28
13	10232300	羅驤帥	海城店	專員	2019/7/7	終止		
14	54315	李丹	大望路店	品類庫管	2019/7/21	續簽	3年	2022/7/21

▲ 圖 3-10

操作步驟如下。

選取資料範圍中的任意一個儲存格，之後選擇【資料】頁籤，按一下【移除重複項】按鈕，在開啟的【移除重複項】對話方塊中按一下【確定】按鈕，如圖 3-11 所示。

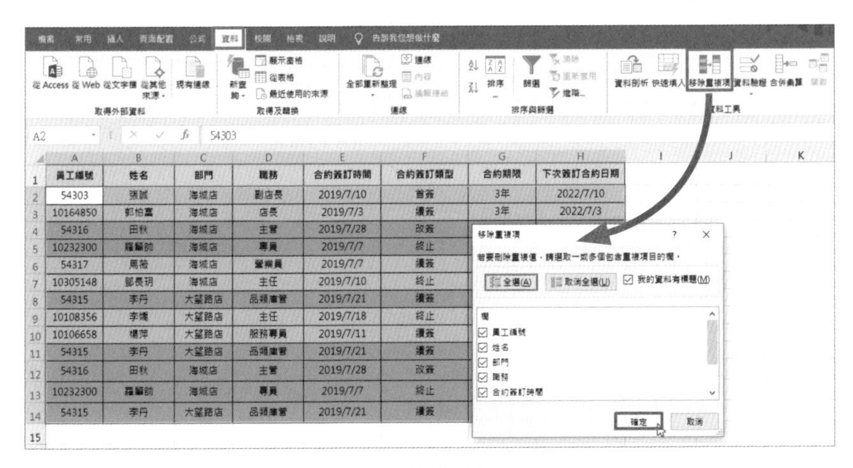

▲ 圖 3-11

完成以上操作後，介面中會彈出提示視窗，回報所發現的重複值數量與保留的唯一值數量，如圖 3-12 所示。

	A	B	C	D	E	F	G	H
1	員工編號	姓名	部門	職務	合約簽訂時間	合約簽訂類型	合約期限	下次簽訂合約日期
2	54303	張誠	海城店	副店長	2019/7/10	首簽	3年	2022/7/10
3	10164850	郭柏富	海城店	店長	2019/7/3	續簽	3年	2022/7/3
4	54316	田秋	海城店	主管	2019/7/28	改簽	3年	2022/7/28
5	10232300	羅簫帥	海城店	專員	2019/7/7	終止		
6	54317	馬薇	海城店	營業員	2019/7/7	續簽	3年	2022/7/7
7	10305148	鄧長玥	海城店	主任	2019/7/10	終止		
8	54315	李丹	大望路店	品類庫管	2019/7/21	續簽	3年	2022/7/21
9	10108356	李嫣	大望路店	主任				
10	10106658	楊萍	大望路店	服務專			3年	2022/7/11
11								
12								
13								
14								

Microsoft Excel

找到並移除 4 個重複值; 剩 9 個唯一的值。

確定

▲ 圖 3-12

補充說明 移除重複值是 Excel 中一個比較強大的功能，有不少使用技巧。大家需要注意以下兩點：

如果先選取資料範圍中的某一欄，之後執行【移除重複項】操作，則會彈出提示，如圖 3-13 所示。

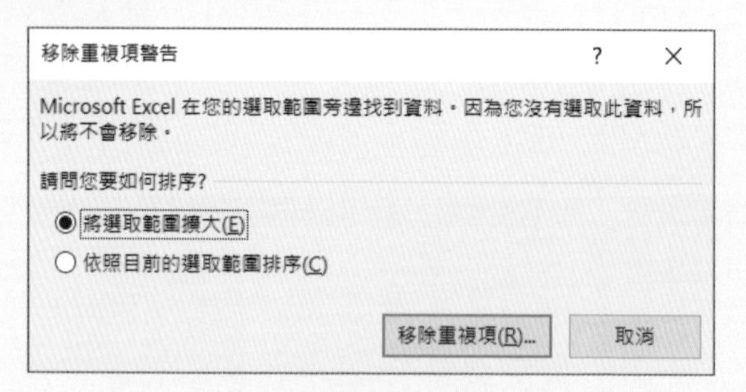

▲ 圖 3-13

如果選擇【將選取範圍擴大】選項，則會將選定範圍擴展為整個資料範圍，檢查每一列是否重複，若重複則刪除整列；如果選擇【依照目前的選取範圍排序】選項，則會只刪除目前選取欄的重複值，此時一定要謹慎，確認要刪除的是重複的整列資料，還是僅刪除目前選定欄之儲存格中的值。

在選擇整個範圍後，可以按各個欄位的值的重複情況有針對性地刪除每欄的重複資料，保留唯一值，如圖 3-14 所示。

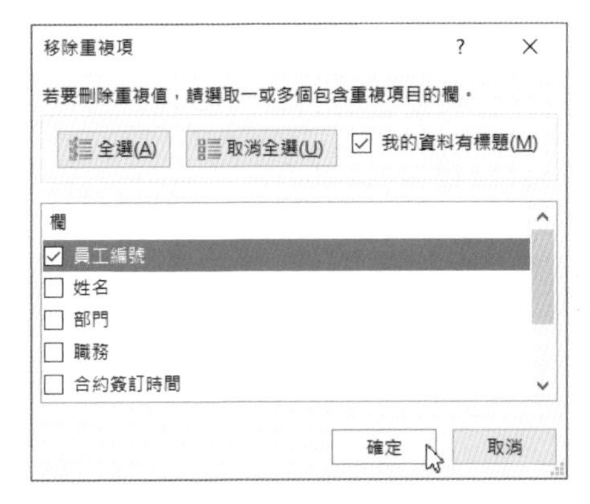

▲ 圖 3-14

若只選擇「員工編號」欄，則會將「員工編號」中具有重複值的列全部刪除，而不是只刪除「員工編號」欄的重複值。當然，也可以同時選取多欄。Excel 會判斷選取的多欄是否有重複值，如果有重複值，則刪除具有重複值的列。

3.1.4 設定報表的資料輸入規則與訊息提示

資料格式是否正確決定資料整理與分析效率的高低，同時影響著資料統計與核算的準確性。作為人力資源管理中最基礎也是最主要的一個資料載體，員工名冊對資料的格式一致性要求非常高。本節主要介紹如何限定員工名冊中各個欄位的資料輸入規則。

資料驗證：可從【資料】頁籤呼叫【資料驗證】功能。

設定員工名冊中的「區域」為一級下拉式功能表，下拉可選的內容為北京、廣州、深圳、上海、重慶、天津。將身份證字號的格式設定為文字並限制其輸入長度為 10 位。之後，設定「入職日期」欄位的儲存格提示，提示內容為「日期格式為 YYYY/MM/DD」。

操作步驟如下。

Step 01 選取資料範圍 B2:B9，之後選擇【資料】頁籤，按一下【資料驗證】按鈕，開啟【資料驗證】對話方塊。切換到【設定】頁籤，在【儲存格內允許】下拉式清單方塊中選擇【清單】選項，在【來源】編輯方塊中輸入內容「北京,廣州,深圳,上海,重慶,天津」，最後按一下【確定】按鈕，如圖 3-15 所示。

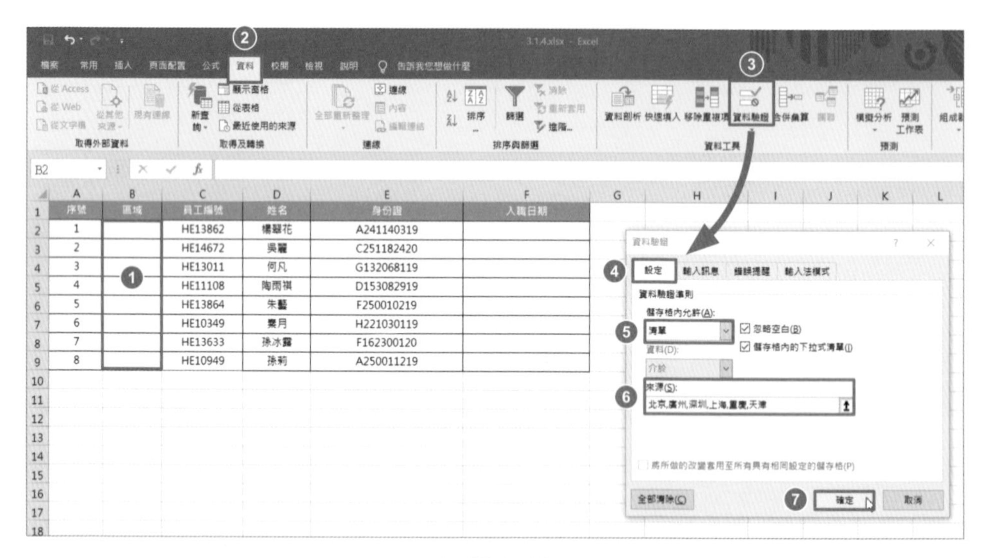

▲ 圖 3-15

結果如圖 3-16 所示。

	A	B	C	D
1	序號	區域	員工編號	姓名
2	1		HE13862	楊翠花
3	2	北京	HE14672	吳麗
4	3	廣州	HE13011	何凡
5	4	深圳	HE11108	陶雨祺
6	5	上海	HE13864	朱藝
7	6	重慶	HE10349	秦月
8	7	天津	HE13633	孫冰露
9	8		HE10949	孫莉

▲ 圖 3-16

Step 02 選取資料範圍 E2:E9，重複 Step-01 中的步驟，在【儲存格內允許】下拉式清單方塊中選擇【文字長度】選項，在【資料】下拉式清單方塊中選擇【等於】選項，在【長度】編輯方塊中輸入「10」，最後按一下【確定】按鈕，如圖 3-17 所示。

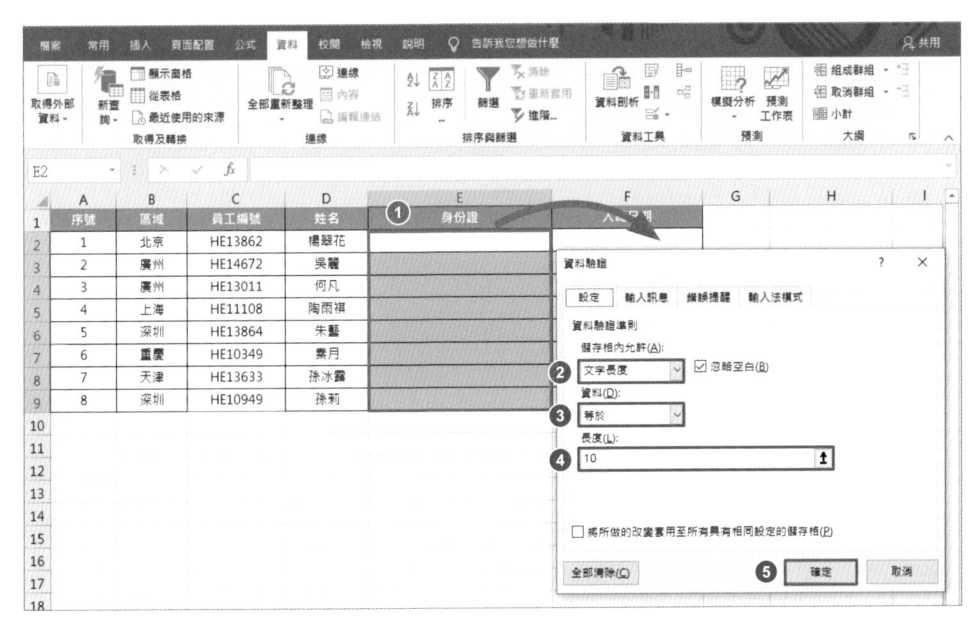

▲ 圖 3-17

如果用戶所輸入的身份證字號的位數不等於 10 位，則會回報錯誤訊息，如圖 3-18 所示。

	A	B	C	D	E	F
1	序號	區域	員工編號	姓名	身份證	入職日期
2	1	北京	HE13862	楊翠花	12345678910111213	
3	2	廣州	HE14672	吳麗		
4	3	廣州	HE13011	何凡		
5	4	上海	HE11108	陶雨祺		
6	5	深圳	HE13864	朱藝		
7	6	重慶	HE10349	秦月		
8	7	天津	HE13633	孫冰露		
9	8	深圳	HE10949	孫莉		
10						

Microsoft Excel

此值不符合此儲存格定義的資料驗證限制。

重試(R) 取消 說明(H)

▲ 圖 3-18

Step 03 選取資料範圍 F2:F9，重複 Step-01 的步驟，開啟【資料驗證】對話方塊，切換到【輸入訊息】頁籤，勾選【當儲存格被選取時，顯示輸入訊息】核取方塊，在【標題】文字方塊中輸入「注意」，在【輸入訊息】文字方塊中輸入「格式為 YYYY/MM/DD」，最後按一下【確定】按鈕，如圖 3-19 所示。

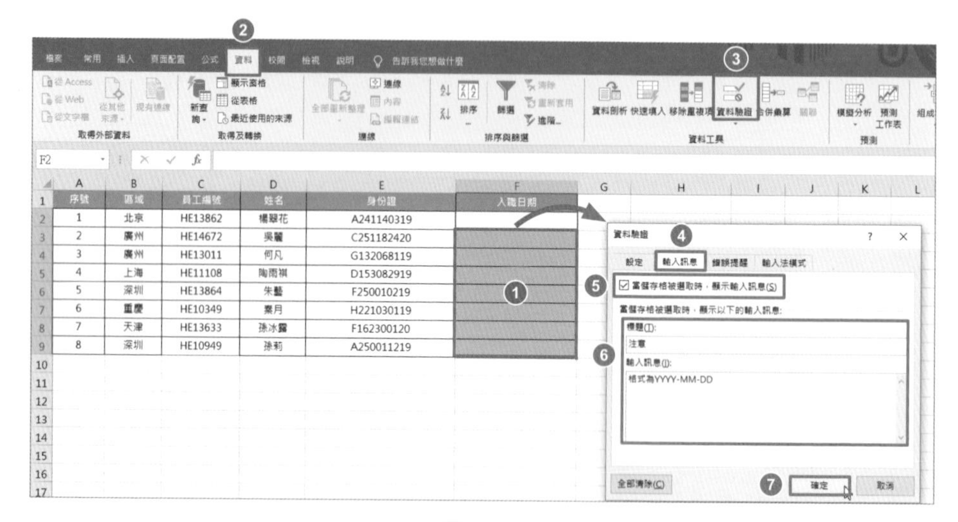

▲ 圖 3-19

選取儲存格時，出現的提示訊息如圖 3-20 所示。

	A	B	C	D	E	F
1	序號	區域	員工編號	姓名	身份證	入職日期
2	1	北京	HE13862	楊翠花	A241140319	
3	2	廣州	HE14672	吳麗	C251182420	
4	3	廣州	HE13011	何凡	G132068119	
5	4	上海	HE11108	陶雨祺	D153082919	
6	5	深圳	HE13864	朱藝	F250010219	
7	6	重慶	HE10349	秦月	H221030119	
8	7	天津	HE13633	孫冰露	F162300120	
9	8	深圳	HE10949	孫莉	A250011219	

注意
格式為YYYY-MM-DD

▲ 圖 3-20

補充說明 除了採用上面案例中的方法定義限制條件外，還能使用公式來自訂限制條件。資料驗證還可以設定其他條件，像是禁止輸入重複的身份證字號、員工編號需要以特別字元開頭、指定年齡的範圍、指定入職日期的範圍等。

3.1.5 設定動態的二級連動下拉式功能表

在 3.1.4 節中講解了使用資料驗證功能製作一級下拉式功能表的方法，那麼，二級連動下拉式功能表又該如何設定呢？舉例來說，要完成以下功能：在「大區」中選擇了「台中市」，在「分公司」的下拉式功能表中顯示「台中市」所對應的分公司的名稱。本節將講述這一功能的實現過程。

如圖 3-21 所示，在「員工名冊」工作表的 D 欄下拉式功能表中選擇不同的大區名稱，在 E 欄的下拉式功能表中會出現目前所選大區所對應的分公司名稱。

	A	B	C	D	E	F	G
1	序號	員工編號	姓名	大區	分公司		
2	1	HE13862	楊翠花	台北市	士林		
3	2	HE14672	吳麗	桃園市	龍潭		
4	3	HE13011	何凡	台中市	中區		
5	4	HE11108	陶雨祺		中區		
6	5	HE13864	朱藝		北屯 南屯		
7	6	HE10349	秦月				
8	7	HE13633	孫冰露				
9	8	HE10949	孫莉				
10							

員工名冊 下拉式功能表對照表

▲ 圖 3-21

操作步驟如下。

Step 01 準備製作二級連動下拉式功能表的對照表，如圖 3-22 所示。

	A	B	C	D	E	F	G
1	台北市	新北市	桃園市	台中市	台南市	高雄市	離島
2	北投	板橋	中壢	中區	安平	三民	金門
3	士林	中和	龍潭	北屯	永康	前鎮	澎湖
4	內湖	林口	觀音	南屯	仁德	仁武	馬祖
5	信義	三重	蘆竹		歸仁	左營	
6	萬華						
7							

▲ 圖 3-22

Step 02 切換到「下拉式功能表對照表」工作表，選擇【公式】頁籤，按一下【定義名稱】按鈕，開啟【新名稱】對話方塊。在【名稱】文字方塊中輸入「大區」，在【參照到】編輯方塊中輸入以下公式，最後按一下【確定】按鈕，如圖 3-23 所示：

```
=OFFSET($A$1,,,,COUNTA($1:$1))
```

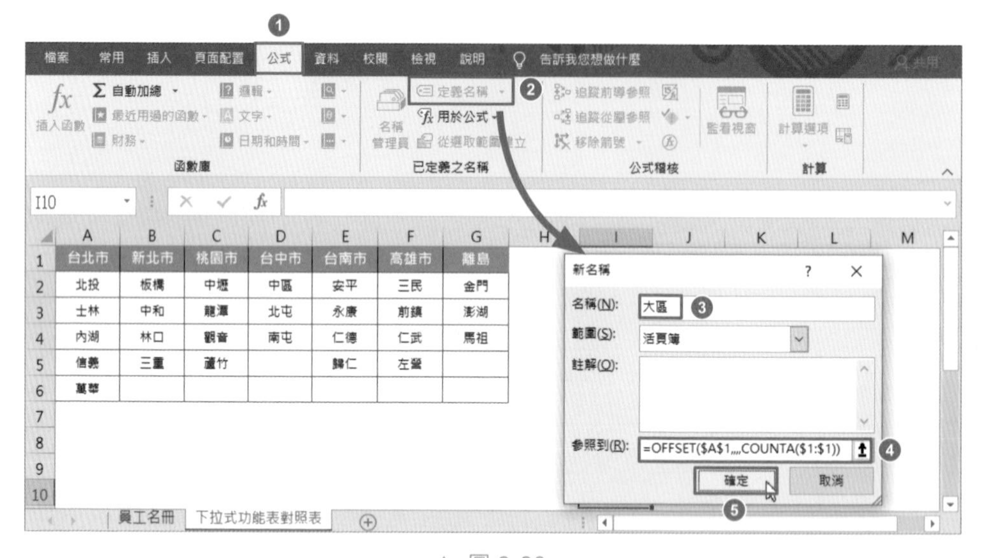

▲ 圖 3-23

公式解釋

COUNTA($1:$1) 會計算對照表中第一列不為空的儲存格的個數。

OFFSET 函數將「下拉式功能表對照表」中 A1 儲存格向右偏移的寬度設定為 COUNTA($1:$1) 個儲存格，該函數省略了第 2 ～ 4 個參數。這構成了一個範圍，即第一列中連續的資料範圍，如圖 3-22 中的 A1:G1 資料範圍。如果有新的資料加進來，就會自動擴展至新加入的儲存格位置。

Step 03 切換到「員工名冊」工作表，選擇資料範圍 D2:D9，之後選擇【資料】頁籤，按一下【資料驗證】按鈕，開啟【資料驗證】對話方塊。在【儲存格內允許】下拉式清單方塊中選擇【清單】選項，在【來源】編輯方塊中輸入「= 大區」，最後按一下【確定】按鈕，如圖 3-24 所示。

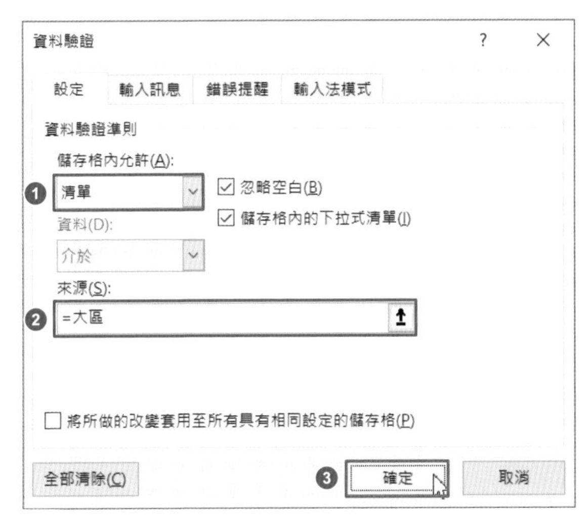

▲ 圖 3-24

Step 04 選擇 E2 儲存格，參照前面的步驟，開啟【新名稱】對話方塊。在【名稱】文字方塊中輸入「分公司」，在【參照到】編輯方塊中輸入以下公式，最後按一下【確定】按鈕，如圖 3-25 所示：

=OFFSET(下拉式功能表對照表 !$A$2,,MATCH(員工名冊 !$D2, 下拉式功能表對照表 !$1:$1,0)-1,COUNTA(OFFSET(下拉式功能表對照表 !$A$2,,MATCH(員工名冊 !$D2, 下拉式功能表對照表 !$1:$1,0)-1,65536)))

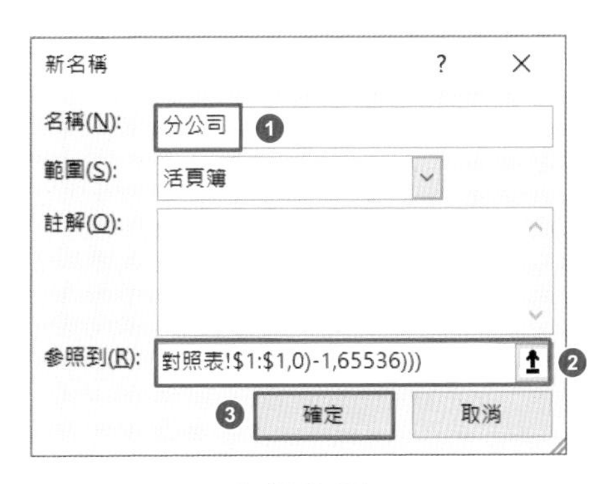

▲ 圖 3-25

公式解釋

整個公式的意思如下：以「下拉式功能表對照表」裡的 $A$2 儲存格為基點，向下偏移 0 列，向右偏移「員工名冊」工作表中 D 欄目前所選擇的值在「下拉式功能表對照表」中第一列中所處的位置減去 1，向下偏移的高度為「員工名冊」中 D 欄目前所選擇的值在「下拉式功能表對照表」中所對應的欄不為空的儲存格的個數。

MATCH(員工名冊 !$D2, 下拉式功能表對照表 !$1:$1,0)-1 部分將傳回 D2 儲存格中的值在「下拉式功能表對照表」中的第一列的位置，也就是處於第一列的第幾欄。傳回的值是一個數字（即作為外層的 OFFSET 函數的向右偏移的參數）。

OFFSET(下拉式功能表對照表 !$A$2,,MATCH(員工名冊 !$D2, 下拉式功能表對照表 !$1:$1,0)-1,65536) 部分表示以「下拉式功能表對照表」中的 $A$2 儲存格為起點，以目前選擇的值（即 D2）所在的欄的第一列到第 65536 列，作為向下偏移的高度。這裡的 65536 也可以是其他的一個較大的數，只要大於實際的最大列數即可。

COUNTA 則是統計 OFFSET(下拉式功能表對照表 !$A$2,,MATCH(員工名冊 !$D2, 下拉式功能表對照表 !$1:$1,0)-1,65536) 部分的範圍內不為空的儲存格個數，為外層的 OFFSET 函數提供偏移的高度（即多少列不為空的數量）。

Step 05 選擇資料範圍 E2:E9，之後選擇【資料】頁籤，按一下【資料驗證】按鈕，開啟【資料驗證】對話方塊。在【儲存格內允許】下拉式清單方塊中選擇【清單】選項，取消【忽略空白】核取方塊的勾選狀態，在【來源】編輯方塊中輸入「= 分公司」，按一下【確定】按鈕，如圖 3-26 所示。

▲ 圖 3-26

設定完成以後，在 D 欄下拉式功能表中選擇「大區」後，在 E 欄下拉式功能表中再次選擇時，僅會出現目前所選「大區」對應的分公司。如果「下拉式功能表對照表」裡的資料來源發生變化時，則「員工名冊」中的下拉選項也會自動更新。

3.1.6 設定密碼，保護月報中的公式不被修改

在工作中，一些機構常常會發布一些帶公式的資料範本，讓相關部門與下屬進行填寫，但是這些公式經常會被大家無意中刪除或者修改。那麼，如何才能保證這些公式不被刪除或者修改呢？

如圖 3-27 所示，下面是一份工作合約的月報表，表中的「下次簽訂日期」與「到期提醒」是由公式計算得到的。將圖 3-27 中的公式範圍進行密碼保護，不允許刪除或修改該公式。

2019 年 9 月工作合約月報

說明：如果是無期限的日期則為9999/12/31

序號	部門	員工編號	姓名	職稱	身份證號	合約編號	簽訂時間	合約簽訂類型	合約期限	下次簽訂日期	到期提醒
1								首簽	1年	1900/12/31	
2								續簽	3年	1902/12/31	
3								改簽	5年	1904/12/31	
4								終止	10年	1909/12/31	
5								續簽	無限期	9999/12/31	

▲ 圖 3-27

操作步驟如下。

Step 01 按 <Ctrl+1> 組合鍵，開啟【設定儲存格格式】對話方塊，切換到【保護】頁籤，取消【鎖定】核取方塊的勾選狀態，最後按一下【確定】按鈕，如圖 3-28 所示。

▲ 圖 3-28

Step 02 選擇資料範圍 K4:L8，按 <Ctrl+G> 組合鍵，開啟【到】對話方塊，按一下【特殊】按鈕，開啟【特殊目標】對話方塊，選擇【公式】選項，最後按一下【確定】按鈕，如圖 3-29 所示。

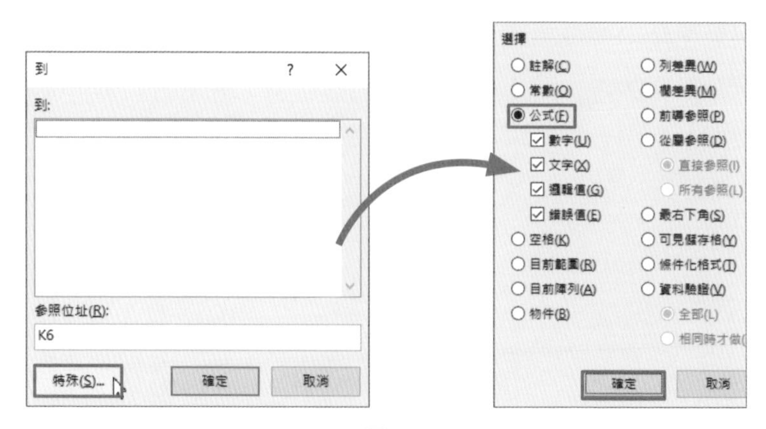

▲ 圖 3-29

Step 03 再次按 <Ctrl+1> 組合鍵，開啟【設定儲存格格式】對話方塊，切換到【保護】頁籤，勾選【鎖定】核取方塊，最後按一下【確定】按鈕，如圖 3-30 所示。

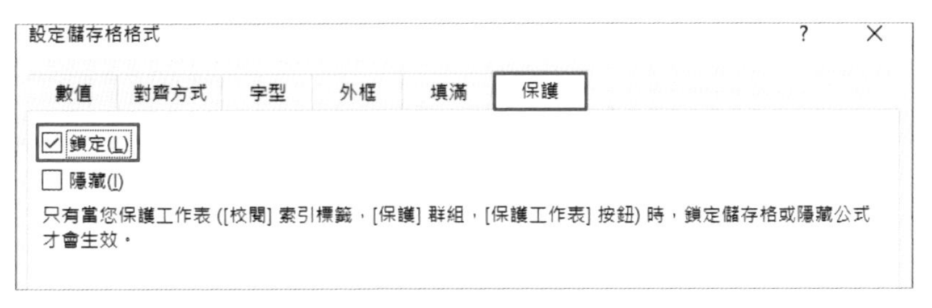

▲ 圖 3-30

Step 04 選擇【校閱】頁籤，按一下【保護工作表】按鈕，開啟【保護工作表】對話方塊。在【要取消保護工作表的密碼】文字方塊中輸入密碼，然後在【允許此工作表的所有使用者能】下拉式清單方塊中選擇相應的功能，之後按一下【確定】按鈕，開啟【確認密碼】對話方塊。在【請再輸入一次密碼】文字方塊中再次輸入相同的密碼，最後按一下【確定】按鈕，如圖 3-31 所示。

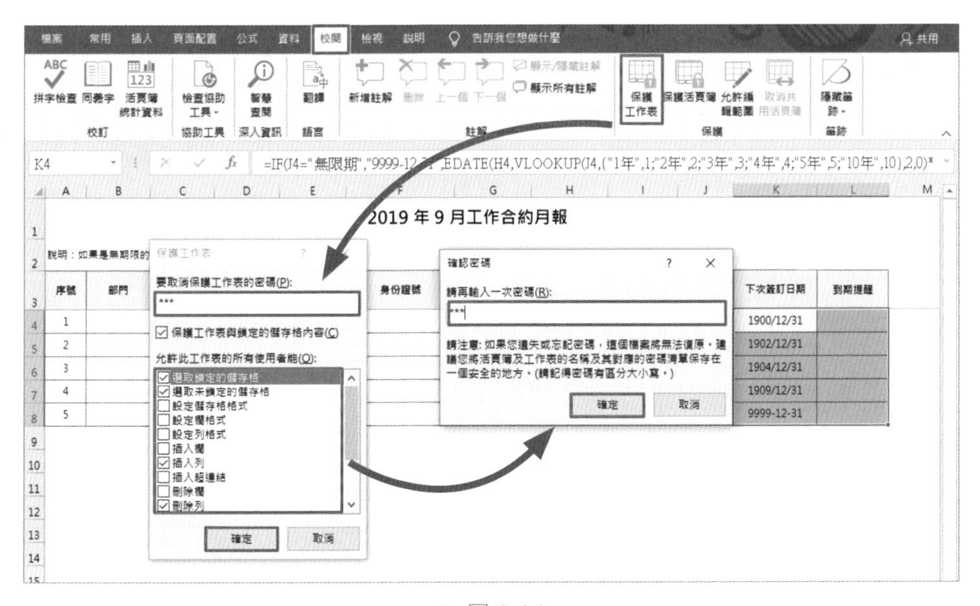

▲ 圖 3-31

完成上述設定以後，按兩下帶有公式的儲存格時，則彈出提示，如圖 3-32 所示。

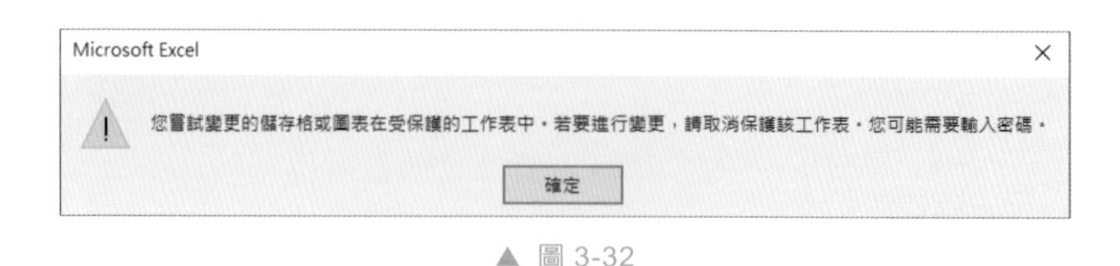

▲ 圖 3-32

3.1.7 使用「表單」快速輸入資料

在資料的收集與整理過程中，我們經常會在工作表中輸入一些資料。當然，最常見的方法是直接在工作表中輸入這些資料。這裡也可以使用 Excel 提供的「表單」功能實現資料的輸入。本節主要講解如何使用「表單」功能快速地輸入資料。

Excel 的功能區中預設不顯示表單的功能。我們可選擇表中的任意一個儲存格，之後依次按下 <Alt> 鍵、<D> 鍵和 <O> 鍵，開啟「表單」。

如圖 3-33 所示，使用「表單」功能將資料輸入到表中。

	A	B	C	D	E	F	G	H	I	J
1	序號	員工編號	姓名	職務	合約編號	簽訂時間	合約簽訂類型	合約期限	下次簽訂日期	到期提醒
2	1						首簽	1年	1900/12/31	
3							續簽	3年	1902/12/31	
4							改簽	5年	1904/12/31	
5							終止	10年	1909/12/31	
6							續簽	無限期	9999/12/31	

▲ 圖 3-33

操作步驟如下。

選取資料範圍中的任意一個儲存格，之後依次按 <Alt> 鍵、<D> 鍵和 <O> 鍵，開啟表單對話方塊，這時顯示的是目前資料表中的內容。按一下【新增】按鈕，之後開啟一個新的對話方塊（見圖 3-34，該對話方塊的名稱與目前操作的工作表名稱一致），在此輸入資訊記錄後按一下【新增】按鈕，Excel 會自動將資訊儲存至工作表中資料範圍的最後一列。

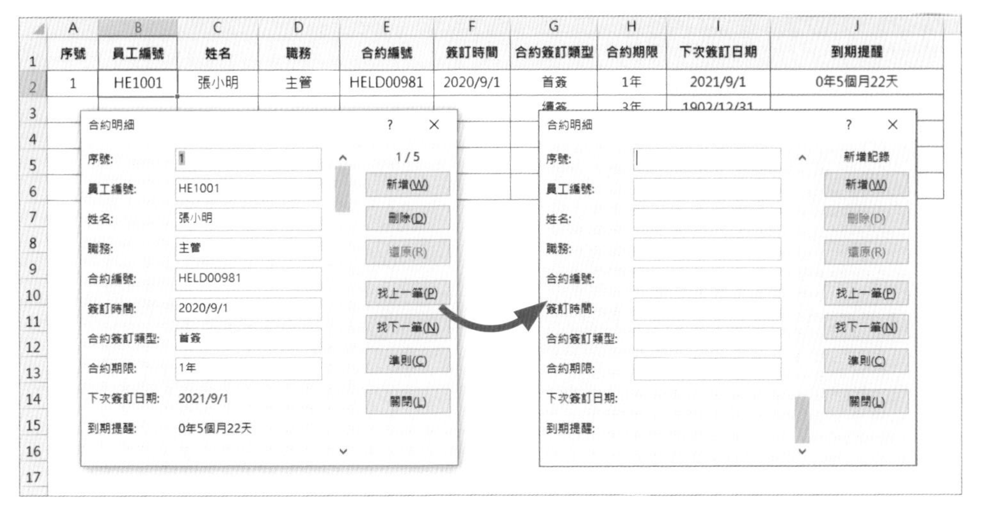

▲ 圖 3-34

在使用「表單」功能時需要注意以下四點：

- 在叫出表單對話方塊時選擇的儲存格最好是有資料的儲存格，不然可能會導致在所開啟的對話方塊中抓不到標題欄位。
- 帶有公式的欄位無須輸入，將相關欄位中的資料輸入完成後，表單中會自動計算結果，並將它們加入到新記錄中。
- 「準則」功能可用來設定搜尋時的條件。在設定相關的條件後，當用戶按一下【找上一筆】按鈕或【找下一筆】按鈕時，就會顯示出符合條件的記錄。
- 「表單」功能不支援具有合併儲存格的標題列，同時多重表頭工作表叫出的表單無法顯示欄位標題。

3.2 與報表相關的公式應用

3.1 節介紹了在員工關係管理中如何處理與輸入資料。本節主要以員工關係管理中的一些常用計算案例為出發點，詳細地講述 Excel 的函數和公式在員工關係管理中的應用。

3.2.1 從員工的身份證字號中取得員工的身份資訊

身份證字號中的數字隱含著個人的具體資訊。所以，可以從身份證字號中取得人員的一些資訊（如性別）。

補充說明 台灣的身份證字號共有 10 碼。最前面的英文字母代表戶籍所在地的縣市，而首位數字則是用來區分性別，男性為 1，女性為 2。

	A	B	C	D	E	F
1	員工編號	姓名	職務	身份證號	性別	戶籍地
2	HE13862	楊麗花	業務經理	A241140319	女	臺北市
3	HE14672	吳麗	購車顧問	C251182420	女	基隆市
4	HE13011	何凡	手續管理員	G132068119	男	宜蘭縣
5	HE11108	陶雨祺	分隊隊長	D153082919	男	臺南市
6	HE13864	朱麗	分隊隊長	F250010219	女	新北市
7	HE10349	蕭月	購車顧問	H221030119	女	桃園縣
8	HE13633	孫冰露	購車顧問	F162300120	男	新北市
9	HE10949	孫莉	購車顧問	A250011219	女	臺北市
10	HE14804	朱苑	Java研發工程師	K130818260	男	苗栗縣

▲ 圖 3-35

❖ 擷取性別

在 E2 儲存格中輸入公式，向下填滿至 E10 儲存格，如圖 3-36 所示：

```
=IF(ISEVEN(MID(D2,2,1)),"女","男")
```

公式解釋

首先，使用 MID 函數找出身份證字號中表示性別的代碼，即第 1 位數字。ISEVEN 函數可用來判斷所擷取的數字是不是偶數。如果該數字是偶數，則傳回 TRUE，否則傳回 FALSE。比如，在 D2 儲存格中身份證字號的第 1 位數字為 2，那麼 ISEVEN(2) 傳回 TRUE。

另外，還有一個可以判斷所擷取的代碼是否為奇數的函數，即 ISODD 函數。所以，公式還可以寫成：

=IF(ISODD(MID(D2,2,1)),"男","女")

E2 =IF(ISEVEN(MID(D2,2,1)),"女","男")

	A	B	C	D	E	F
1	員工編號	姓名	職務	身份證號	性別	戶籍地
2	HE13862	楊碧花	業務經理	A241140319	女	臺北市
3	HE14672	吳麗	購車顧問	C251182420	女	基隆市
4	HE13011	何凡	手續管理員	G132068119	男	宜蘭縣
5	HE11108	陶雨祺	分隊隊長	D153082919	男	臺南市
6	HE13864	朱藝	分隊隊長	F250010219	女	新北市
7	HE10349	秦月	購車顧問	H221030119	女	桃園縣
8	HE13633	孫冰露	購車顧問	F162300120	男	新北市
9	HE10949	孫莉	購車顧問	A250011219	女	臺北市
10	HE14804	朱苑	Java研發工程師	K130818260	男	苗栗縣

▲ 圖 3-36

❖ 擷取戶籍地

身份證字號中最前面的英文字母代表出生報戶口時的所在戶籍地，我們在進行擷取時，需要事先準備好身份證字號最前面英文字母所代表之戶籍地的對應表。在 H2 儲存格中輸入公式，向下填滿至 H10 儲存格，如圖 3-37 所示：

=VLOOKUP(LEFT(D2,1), 英文字母對應戶籍地 !A:B,2,0)

公式解釋

「LEFT(D2,1)」部分表示將身份證字號最前面的英文字母擷取出來。

F2 =VLOOKUP(LEFT(D2,1),英文字母對應戶籍地!A:B,2,0)

	A	B	C	D	E	F
1	員工編號	姓名	職務	身份證號	性別	戶籍地
2	HE13862	楊碧花	業務經理	A241140319	女	臺北市
3	HE14672	吳麗	購車顧問	C251182420	女	基隆市
4	HE13011	何凡	手續管理員	G132068119	男	宜蘭縣
5	HE11108	陶雨祺	分隊隊長	D153082919	男	臺南市
6	HE13864	朱藝	分隊隊長	F250010219	女	新北市
7	HE10349	秦月	購車顧問	H221030119	女	桃園縣
8	HE13633	孫冰露	購車顧問	F162300120	男	新北市
9	HE10949	孫莉	購車顧問	A250011219	女	臺北市
10	HE14804	朱苑	Java研發工程師	K130818260	男	苗栗縣

▲ 圖 3-37

從身份證字號中擷取個人關鍵資訊的方法有多種，大家可依據個人的理解程度靈活應用。但是這裡需要注意的是，一定要確保員工的個人身份資訊不被洩露；這是每一位人力資源管理人員應該遵守的道德底線，也是確保資料安全的重要環節之一。

3.2.2 擷取員工郵件地址中的用戶名

發送郵件是企業中最常用的傳遞資訊方式之一。通常情況下，企業內部的郵件地址會以英文或者以拼音 + 數字等方式構成用戶名，之後連接公司網域名稱。

如圖 3-38 所示，將每個新進職員工的用戶名從郵件地址中擷取出來。

	A	B	C	D	E	F	G
1	部門	員工編號	姓名	職務	入職時間	郵件地址	用戶名
2	銷售部	HE13862	楊翠花	業務經理	2019/9/15	yangcuihua@efocus.com	yangcuihua
3	銷售部	HE14672	吳麗	購車顧問	2019/9/14	wuli3@efocus.com	wuli3
4	銷售部	HE13011	何凡	手續管理員	2019/9/10	hefan2@efocus.com	hefan2
5	銷售部	HE13864	朱藝	分隊隊長	2019/9/11	zhuyi@efocus.com	zhuyi
6	銷售部	HE10349	秦月	購車顧問	2019/9/11	qinyue12@efocus.com	qinyue12
7	銷售部	HE13633	孫冰露	購車顧問	2019/9/11	sunbinglu@efocus.com	sunbinglu
8	銷售部	HE10949	孫莉	購車顧問	2019/9/11	sunli5@efocus.com	sunli5
9	IT部門	HE14804	朱苑	Java研發工程師	2019/9/11	zhuyuan@efocus.com	zhuyuan

▲ 圖 3-38

在 G2 儲存格中輸入公式，向下填滿至 G9 儲存格，如圖 3-39 所示：

```
=LEFT(F2,FIND("@",F2)-1)
```

G2 =LEFT(F2,FIND("@",F2)-1)

	A	B	C	D	E	F	G
1	部門	員工編號	姓名	職務	入職時間	郵件地址	用戶名
2	銷售部	HE13862	楊翠花	業務經理	2019/9/15	yangcuihua@efocus.com	yangcuihua
3	銷售部	HE14672	吳麗	購車顧問	2019/9/14	wuli3@efocus.com	wuli3
4	銷售部	HE13011	何凡	手續管理員	2019/9/10	hefan2@efocus.com	hefan2
5	銷售部	HE13864	朱藝	分隊隊長	2019/9/11	zhuyi@efocus.com	zhuyi
6	銷售部	HE10349	秦月	購車顧問	2019/9/11	qinyue12@efocus.com	qinyue12
7	銷售部	HE13633	孫冰露	購車顧問	2019/9/11	sunbinglu@efocus.com	sunbinglu
8	銷售部	HE10949	孫莉	購車顧問	2019/9/11	sunli5@efocus.com	sunli5
9	IT部門	HE14804	朱苑	Java研發工程師	2019/9/11	zhuyuan@efocus.com	zhuyuan

▲ 圖 3-39

公式解釋

FIND 函數可用來尋找指定字元在字串中的位置。其語法形式如下：

FIND(要尋找的字元 , 所在字串 ,[從第幾位開始尋找])

FIND("@",F2) 部分表示在郵件地址字串中尋找「@」的位置，即「@」在字串中處於第幾位。比如，在 F2 儲存格中「@」處於字串 yangcuihua@efocus.com 中的第 11 位。我們需要擷取的正好是「@」前面的字元，所以需要向左再減 1 位，最後使用 LEFT 函數從左向右擷取所需要的字串。

需要注意的是，FIND 函數的第 3 個參數為可選參數，一般情況下可省略。

此外，與 FIND 函數具有相同功能的另外一個函數也可以完成這項工作。該函數為 SEARCH 函數。同 FIND 函數一樣，該函數配合 LEFT 函數同樣能從郵件地址中擷取用戶名。公式可以寫成：

=LEFT(F2,SEARCH("@",F2)-1)

FIND 函數與 SEARCH 函數都能達到相同的效果，那麼這兩個函數到底有什麼區別呢？

FIND 函數支援區分大小寫，而 SEARCH 函數不支援區分大小寫。舉例來說，在字串「ABab」中，使用 FIND 函數定位「A」與「a」的結果分別為 1 和 3，而使用 SEARCH 函數傳回的結果均為 1。

在實際案例中，經常利用這兩個函數解決一些帶有分隔符號的字串的擷取問題。

3.2.3 根據入職日期計算員工的年資與年資分佈

年資與年資分佈是人力資源管理中人員結構分析的重要指標。

如圖 3-40 所示，計算員工名冊中員工的年資與年資分佈。年資（t：年）精確到小數點後的兩位數；年資分佈為 t<1、1≤t<3、3≤t<5、5≤t<10、t≥10（這個範例的目前日期為 2019/12/5）。

	B	C	D	E	F	G	H
1	員工編號	姓名	部門	職位	入職日期	年資	年資分佈
2	10110055	魏紫霜	採購部	業務主管	2013/7/8	6.41	5≤t < 10
3	10095155	孫成倩	採購部	業務主管	2012/8/1	7.34	5≤t < 10
4	10085420	何蘿婷	人資部	績效主管	2019/11/26	0.02	t < 1
5	10111717	孫亦寒	海城南台店	店長	2011/7/18	8.38	5≤t < 10
6	54272	周彩菊	海城店	客服主管	2005/6/1	14.51	t≥10
7	54311	朱麗	海城店	會計主管	2015/4/22	4.62	3≤t < 5
8	10164850	王淑芬	海城店	店長	2014/8/28	5.27	5≤t < 10
9	10305148	馮秀	海城店	主任	2018/7/2	1.43	1≤t < 3
10	10108356	華成倩	海城店	主任	2013/6/19	6.46	5≤t < 10
11	54331	雲睿婕	海城朧龍店	店長	2016/9/14	3.22	3≤t < 5
12	54135	李千萍	財務部	會計主管	2003/3/22	16.71	t≥10
13	54461	彭濤怡	遼陽店	客服主管	2010/8/17	9.3	5≤t < 10
14	54212	雲枝	遼陽店	店長	2018/10/6	1.16	1≤t < 3

▲ 圖 3-40

❖ 計算年資

與年齡計算不一樣的是，年資根據其特性，可以是幾個月，也可以是幾天。所以，用小數來表示年資更加精確。在 G2 儲存格中輸入公式，向下填滿至 G14 儲存格，如圖 3-41 所示。

G2 =ROUND(YEARFRAC(F2,DATE(2019,12,5),1),2)

	B	C	D	E	F	G	H
1	員工編號	姓名	部門	職位	入職日期	年資	年資分佈
2	10110055	魏紫霜	採購部	業務主管	2013/7/8	6.41	5≤t < 10
3	10095155	孫成倩	採購部	業務主管	2012/8/1	7.34	5≤t < 10
4	10085420	何蘿婷	人資部	績效主管	2019/11/26	0.02	t < 1
5	10111717	孫亦寒	海城南台店	店長	2011/7/18	8.38	5≤t < 10
6	54272	周彩菊	海城店	客服主管	2005/6/1	14.51	t≥10
7	54311	朱麗	海城店	會計主管	2015/4/22	4.62	3≤t < 5
8	10164850	王淑芬	海城店	店長	2014/8/28	5.27	5≤t < 10
9	10305148	馮秀	海城店	主任	2018/7/2	1.43	1≤t < 3
10	10108356	華成倩	海城店	主任	2013/6/19	6.46	5≤t < 10
11	54331	雲睿婕	海城朧龍店	店長	2016/9/14	3.22	3≤t < 5
12	54135	李千萍	財務部	會計主管	2003/3/22	16.71	t≥10
13	54461	彭濤怡	遼陽店	客服主管	2010/8/17	9.3	5≤t < 10
14	54212	雲枝	遼陽店	店長	2018/10/6	1.16	1≤t < 3

▲ 圖 3-41

```
=ROUND(YEARFRAC(F2,DATE(2019,12,5),1),2)
```

公式解釋

YEARFRAC 函數可用來計算兩個日期之間相隔的天數與相隔年份的比例。其語法形式如下：

```
YEARFRAC( 開始日期 , 結束日期 , 計算類型 )
```

第 3 個參數一般有以下幾種：1 表示實際天數 / 實際天數；2 表示實際天數 /360；3 表示實際天數 /365；0 與 4 這兩個參數類型不常用，這裡不做介紹。

❖ 計算年資分佈

在 H2 儲存格中輸入公式，向下填滿至 H14 儲存格，如圖 3-42 所示：

```
=LOOKUP(G2,{0,1,3,5,10},{"t<1";"1≤t<3";"3≤t<5";"5≤t<10";"t≥10"})
```

H2 =LOOKUP(G2,{0,1,3,5,10},{"t<1";"1≤t<3";"3≤t<5";"5≤t<10";"t≥10"})

	B	C	D	E	F	G	H
1	員工編號	姓名	部門	職位	入職日期	年資	年資分佈
2	10110055	魏紫霜	採購部	業務主管	2013/7/8	6.41	5≤t < 10
3	10095155	孫成倩	採購部	業務主管	2012/8/1	7.34	5≤t < 10
4	10085420	何籠婷	人資部	績效主管	2019/11/26	0.02	t < 1
5	10111717	孫亦寒	海城南台店	店長	2011/7/18	8.38	5≤t < 10
6	54272	周彩菊	海城店	客服主管	2005/6/1	14.51	t≥10
7	54311	朱豔	海城店	會計主管	2015/4/22	4.62	3≤t < 5
8	10164850	王淑芬	海城店	店長	2014/8/28	5.27	5≤t < 10
9	10305148	馮秀	海城店	主任	2018/7/2	1.43	1≤t < 3
10	10108356	華成倩	海城店	主任	2013/6/19	6.46	5≤t < 10
11	54331	雲睿婕	海城騰龍店	店長	2016/9/14	3.22	3≤t < 5
12	54135	李千萍	財務部	會計主管	2003/3/22	16.71	t≥10
13	54461	彭清怡	遼陽店	客服主管	2010/8/17	9.3	5≤t < 10
14	54212	雲枝	遼陽店	店長	2018/10/6	1.16	1≤t < 3
15							

▲ 圖 3-42

公式解釋

該函數第 2 個參數使用 {0,1,3,5,10} 這樣的昇冪的常數陣列，其應與第 3 個參數的結果常數的個數保持一致，這樣才能傳回正確的結果。比如，G2 儲存格中的年資為 6.41 年（小於 10 年，但大於 5 年），所以傳回的結果常數為「5≤t<10 年」。當然，這裡使用 LOOKUP 的另一種形式的公式也能解決該問題，公式可以寫成：

```
=LOOKUP(G2,{0,"t<1";1,"1≤t<3";3,"3≤t<5";5,"5≤t<10";10,"t≥10"},2,1)
```

除此之外，VLOOKUP 函數也可以解決這個問題。

在 H2 儲存格中輸入公式，向下填滿至 H14 儲存格：

```
=VLOOKUP(G2,{0,"t<1";1,"1≤t<3";3,"3≤t<5";5,"5≤t<10";10,"t≥10"},2,1)
```

如果本節中的年資分佈如下：t≤1，1<t≤3，3<t≤5，5<t≤10，t>10，那麼可以將公式修改為下面這樣：

```
=LOOKUP(G2,{0,1,3,5,10}+1%%,{"t≤1","1<t≤3","3<t≤5",
"5<t≤10","t>10"})
```

同年資分佈計算一樣，年齡分佈、帳齡分佈都可以使用上面的方法來完成。

3.2.4 計算員工的轉正日期、工作合約續簽日期

在員工關係管理中還有一項重要的管理工作，這就是員工的轉正日期管理與工作合約續簽日期管理。本節將主要講解如何快速準確地計算員工的轉正日期與工作合約續簽日期。下面以計算員工的轉正日期為例講解函數和公式的使用。

如圖 3-43 所示，計算新進職員工的轉正日期。

H2 =EDATE(F2,G2)

	A	B	C	D	E	F	G	H
1	序號	部門	員工編號	姓名	職務	入職時間	試用期（月）	試用轉正日期
2	1	銷售部	HE13862	楊翠花	業務經理	2019/9/15	6	2020/3/15
3	2	銷售部	HE14672	吳麗	購車顧問	2019/9/14	2	2019/11/14
4	3	銷售部	HE13011	何凡	手續管理員	2019/9/10	2	2019/11/10
5	4	銷售部	HE13864	朱藝	分隊隊長	2019/9/11	3	2019/12/11
6	5	銷售部	HE10349	秦月	購車顧問	2019/9/11	2	2019/11/11
7	6	銷售部	HE13633	孫冰露	購車顧問	2019/9/11	2	2019/11/11
8	7	銷售部	HE10949	孫莉	購車顧問	2019/9/11	2	2019/11/11
9	8	IT部門	HE14804	朱苑	Java研發工程師	2019/9/11	6	2020/3/11
10	9	銷售部	HE11603	秦啟倩	購車顧問	2019/9/12	2	2019/11/12
11	10	銷售部	HE10880	沈悅明	小隊隊長	2019/9/16	3	2019/12/16
12	11	銷售部	HE13029	秦苑	催收專員	2019/9/12	2	2019/11/12
13	12	銷售部	HE10563	衛顯	購車顧問	2019/9/17	2	2019/11/17
14	13	質檢部	HE12799	韓怡	駐店評估師	2019/9/18	4	2020/1/18

▲ 圖 3-43

在 H2 儲存格中輸入公式，向下填滿至 H14 儲存格：

```
=EDATE(F2,G2)
```

公式解釋

EDATE 函數可用來計算從指定日期算起的幾個月前或幾個月後的日期。其語法形式如下：

```
EDATE(開始日期,月份數)
```

第 2 個參數如果是正數，則表示未來幾個月後的日期；如果是負數，則表示幾個月之前的日期。

工作合約續簽一般會以年為單位，那麼在計算時，EDATE 函數的第 2 個參數就要乘以 12（因為一年有 12 個月）。比如，某員工 2019-10-10 入職，工作合約簽訂 3 年，那麼其工作合約續簽的日期可以使用 EDATE 函數計算，公式可以寫成：=EDATE("2019-10-10",3*12)，傳回日期為 2022-10-10。

3.2.5 遮蔽員工身份證字號、手機號碼中的重要資訊

在對外發佈或者公示資訊時，若涉及員工的個人重要資訊（如手機號碼或者身份證字號），則需要對員工手機號碼或身份證字號中的出生日期等個人隱私資訊進行遮蔽。本節將介紹兩種方法，可分別遮罩員工身份證字號與手機號碼中的重要資訊。

如圖 3-44 所示，將員工手機號碼的中間 4 位用星號（*）進行遮蔽。

E2 =REPLACE(C2,4,4,"****")

	A	B	C	D	E
1	姓名	獎項名稱	手機號碼	身份證號	遮蔽手機號碼
2	楊盈花	一等獎	0972526971	A241140319	097****971
3	吳麗	二等獎	0906327602	C251182420	090****602
4	何凡	二等獎	0963685278	G132068119	096****278
5	朱蔞	三等獎	0971531131	F250010219	097****131
6	蓁月	三等獎	0907914445	H221030119	090****445
7	孫冰露	最佳進步獎	0906430721	F162300120	090****721
8	孫莉	鼓勵後進獎	0907637467	A250011219	090****467
9	朱苑	最佳參與獎	0928718363	K130818260	092****363

▲ 圖 3-44

在 E2 儲存格中輸入公式，向下填滿至 E9 儲存格：

=REPLACE(C2,4,4,"****")

公式解釋

REPLACE 函數是一個替換函數。其語法形式如下：

REPLACE(替換目標 , 從第幾位開始替換 , 替換長度 , 替換後的新值)

比如，C2 儲存格中的手機號 0972526971 就是替換目標，從第 4 位開始替換，要替換的長度為 4 位，替換後的新值為 4 個星號（「*」）。

如圖 3-45 所示，將身份證字號的後 7 碼用星號進行遮蔽。

F2 =SUBSTITUTE(D2,MID(D2,4,10),"*******")

	A	B	C	D	E	F
1	姓名	獎項名稱	手機號碼	身份證號	遮蔽手機號碼	遮蔽身份證號
2	楊翠花	一等獎	0972526971	A241140319	097****971	A24*******
3	吳麗	二等獎	0906327602	C251182420	090****602	C25*******
4	何凡	二等獎	0963685278	G132068119	096****278	G13*******
5	朱藝	三等獎	0971531131	F250010219	097****131	F25*******
6	秦月	三等獎	0907914445	H221030119	090****445	H22*******
7	孫冰露	最佳進步獎	0906430721	F162300120	090****721	F16*******
8	孫莉	鼓勵後進獎	0907637467	A250011219	090****467	A25*******
9	朱苑	最佳參與獎	0928718363	K130818260	092****363	K13*******

▲ 圖 3-45

在 F2 儲存格中輸入公式，向下填滿至 F9 儲存格：

=SUBSTITUTE(D2,MID(D2,4,10),"*******")

公式解釋

SUBSTITUTE 函數也具有替換功能。其語法形式如下：

SUBSTITUTE (替換目標 , 要替換的舊字串 , 替換後的新字串 ,[開始替換的位置])

比如，對 D2 儲存格中的身份證字號的後 7 碼進行替換，就需要先使用 MID 擷取字串，即 MID(D2,7,7)。替換後的新字串為 7 個星號（「*」）。最後一個參數（即開始替換的位置）可以省略。

補充說明 REPLACE 函數與 SUBSTITUTE 函數都具有替換的功能。REPLACE 函數側重位置的替換，而 SUBSTITUTE 函數主要是處理字元的替換。值得注意的是 SUBSTITUTE 函數支援區分大小寫替換。

上面兩種方法都適用於進行手機號與身份證字號的隱私資訊遮罩，在實際應用中大家可以自行靈活選擇。

3.2.6 使用 VLOOKUP 函數時的三種錯誤與解決方法

員工編號是員工的唯一識別編碼，所以在進行資料處理的過程中，絕大多數情況下都是以員工編號作為主鍵進行查詢比對的。一些單位的員工編號由純數字構成，而數字又存在數值型與文字型兩種形式。在查詢比對的過程中，由於這種編號的格式不統一，因此就會出現錯誤。

本節主要以員工編號為載體，介紹日常使用 VLOOKUP 函數時的三類錯誤及其解決方法。

錯誤情形 1，如圖 3-46 所示。

G2 =VLOOKUP(F2,A:C,3,0)

	A	B	C	D	E	F	G
1	員工編號	姓名	離職日期			員工編號	離職日期
2	77079	譚春芳	2019/6/1			7704	#N/A
3	77048	陳美霞	2019/5/23			10192377	#N/A
4	10192377	吳燕娟	2019/7/1			77080	#N/A
5	10179559	鞠婷					
6	10243778	侯江濤	2019/8/15				
7	77080	孫莉	2019/10/12				
8	77072	王琴					

▲ 圖 3-46

出錯原因：員工編號的格式不統一，A 欄的編號是數值型的，F 欄的編號是文字型的。

解決方法：通常情況下，需要將 A 欄的編號與 F 欄的編號格式進行統一。可以使用 3.1.1 節中介紹的資料剖析功能，或使用選擇性貼上的方法來進行編號格式的統一。但是上述兩種方法都要進行額外的操作。更加簡便的方法就是在公式中直接修改。

將 G2 儲存格中的公式修改成下面這樣，並向下填滿至 G4 儲存格，如圖 3-47 所示：

```
=VLOOKUP(--F2,A:C,3,0)
```

G2 =VLOOKUP(--F2,A:C,3,0)

	A	B	C	D	E	F	G
1	員工編號	姓名	離職日期			員工編號	離職日期
2	77079	譚春芳	2019/6/1			77048	2019/5/23
3	77048	陳美霞	2019/5/23			10192377	2019/7/1
4	10192377	吳燕娟	2019/7/1			77080	2019/10/12
5	10179559	鞠婷					
6	10243778	侯江濤	2019/8/15				
7	77080	孫莉	2019/10/12				
8	77072	王琴					

▲ 圖 3-47

公式解釋

上述公式中的「--」，即兩個負號，通常被稱為「減負」運算。其功能是將文字型的數字強制轉換成數值型的數字。這裡的「--」相當於函數 VALUE，所以上面的公式還可以寫成：

=VLOOKUP(VALUE(F2),A:C,3,0)

錯誤情形 2，如圖 3-48 所示。

G2 =VLOOKUP(F2,A:C,3,0)

	A	B	C	D	E	F	G
1	員工編號	姓名	離職日期			員工編號	離職日期
2	77079	譚春芳	2019/6/1			7704	#N/A
3	77048	陳美霞	2019/5/23			10192377	#N/A
4	10192377	吳燕娟	2019/7/1			77080	#N/A
5	10179559	鞠婷					
6	10243778	侯江濤	2019/8/15				
7	77080	孫莉	2019/10/12				
8	77072	王琴					

▲ 圖 3-48

- 出錯原因：A 欄的資料為文字型的，F 欄的資料為數值型的，這種情況屬於格式不統一問題。
- 解決方法：直接在公式中進行轉換。將公式的 F2 儲存格中數值型的值轉換成文字型的值。即在 F2 後面連接一個空文字，寫成 F2&""。

在 G2 儲存格中輸入以下公式，向下填滿至 G4 儲存格，如圖 3-49 所示：

=VLOOKUP(F2&"",A:C,3,0)

G2 =VLOOKUP(F2&"",A:C,3,0)

	A	B	C	D	E	F	G
1	員工編號	姓名	離職日期			員工編號	離職日期
2	77079	譚春芳	2019/6/1			77048	2019/5/23
3	77048	陳美霞	2019/5/23			10192377	2019/7/1
4	10192377	吳燕娟	2019/7/1			77080	2019/10/12
5	10179559	鞠婷					
6	10243778	侯江濤	2019/8/15				
7	77080	孫莉	2019/10/12				
8	77072	王琴					

▲ 圖 3-49

錯誤情形 3，如圖 3-50 所示。

H2 =VLOOKUP(G2,A:D,4,0)

	A	B	C	D	E	F	G	H
1	員工編號	姓名	離職日期	是否面談			員工編號	離職日期
2	77079	譚春芳	2019/6/1	是			77048	否
3	77048	陳美霞	2019/5/23	否			10179559	0
4	10192377	吳燕娟	2019/7/1	是			77080	是
5	10179559	鞠婷						
6	10243778	侯江濤	2019/8/15	是				
7	77080	孫莉	2019/10/12	是				
8	77072	王琴						

▲ 圖 3-50

出錯原因：當 VLOOKUP 函數查詢比對的結果為空白儲存格時，預設會以 0 回傳結果。

解決方法：VLOOKUP 函數查詢比對的結果為空白儲存格時，並不會直接傳回空白儲存格這種結果，而會以 0 值來占位。此時，只需要將結果連接一個空文字（""）即可。但是，若查詢比對的結果是數值型的，就需要謹慎使用，此時連接一個空文字就會將數值強制轉換為文字型的。

在 H2 儲存格中輸入公式，向下填滿至 H4 儲存格，如圖 3-51 所示：

=VLOOKUP(G2,A:D,4,0)&""

H2 =VLOOKUP(G2,A:D,4,0)&""

	A	B	C	D	E	F	G	H
1	員工編號	姓名	離職日期	是否面談			員工編號	離職日期
2	77079	譚春芳	2019/6/1	是			77048	否
3	77048	陳美霞	2019/5/23	否			10179559	
4	10192377	吳燕娟	2019/7/1	是			77080	是
5	10179559	鞠婷						
6	10243778	侯江濤	2019/8/15	是				
7	77080	孫莉	2019/10/12	是				
8	77072	王琴						

▲ 圖 3-51

VLOOKUP 函數是大家在工作中使用得較為頻繁的函數，但也是在實際使用中出現問題較多的一個函數。大家在使用的過程中一定要記得檢查結果。

3.2.7 計算不同職務員工的退休年齡與退休日期

如圖 3-52 所示，是某企業（含分公司）的部分員工名單。可根據出生日期計算員工的退休年齡與退休日期。該企業規定：男員工年滿 60 歲可退休，女員工年滿 50 歲可退休。職務為總經理級別的男員工或女員工，可延長 5 年工作時間。

F2 =IF(C2="男",60,50)+(D2="總經理")*5

	A	B	C	D	E	F	G
1	員工編號	姓名	性別	職務	出生日期	退休年齡	退休日期
2	77079	吳大有	男	總監	1987/7/12	60	2047/7/12
3	77048	江建中	男	總經理	1978/10/1	65	2043/10/1
4	10192377	吳燕娟	女	總監	1980/12/18	50	2030/12/18
5	10179559	鞠婷	女	總經理	1972/9/10	55	2027/9/10
6	10243778	侯江濤	男	經理	1968/9/3	60	2028/9/3
7	77080	孫莉	女	總經理	1985/6/21	55	2040/6/21
8	77072	張明	男	經理	1983/10/1	60	2043/10/1

▲ 圖 3-52

在 F2 儲存格中輸入公式，向下填滿至 F8 儲存格：

```
=IF(C2=" 男 ",60,50)+(D2=" 總經理 ")*5
```

在 G2 儲存格中輸入公式，向下填滿至 G8 儲存格：

```
=EDATE(E2,F2*12)
```

公式解釋

以 F2 儲存格為例，IF(C2=" 男 ",60,50) 部分判斷 C2 儲存格中的值如果是「男」，則傳回 60，否則傳回 50。

(D2=" 總經理 ")*5 部分判斷 D2 儲存格中的值是不是「總經理」。如果是總經理，則回傳結果 TRUE，否則傳回 FALSE。TRUE 與 FALSE 兩個邏輯值等價於 TRUE=1，FALSE=0，故當 D2 儲存格中的值為「總經理」時，其結果為 1*5=5，否則為 0*5=0。(D2=" 總經理 ")*5 部分的作用與使用 IF(D2=" 總經理 ",5,0) 的作用是一樣的。

EDATE 函數已經在 3.2.4 節中介紹過了，在此不再贅述。

3.3 員工關係管理中的統計與分析

本節將主要以人員結構與人員流動性兩個方面為出發點，講解 Excel 在實際案例中的應用。

3.3.1 按照員工職務層級進行排序

Excel 中提供的排序功能很多，一般常用的排序如下：按字母順序、按儲存格的值排序、按條件式格式排序、按色彩排序等。當然，使用者還可以根據自己的需要進行自訂排序。

本節要說明自訂清單 / 自訂排序。

比如星期一到星期日是一個清單，1 月到 12 月是一個清單，1 至 10 是一個清單。在 Excel 中，清單可藉由向下填滿的方法得到。對於一些特殊的清單，Excel 允許用戶進行自訂設定。

某企業的職務根據層級排序，依次為總經理、總監、經理 / 部長、主管、專員。這些清單可設定為自訂清單。操作步驟如下。

Step 01 依次按下 <Alt> 鍵、<T> 鍵和 <O> 鍵，開啟【Excel 選項】對話方塊。選擇【進階】選項，在【一般】項目底下按一下【編輯自訂清單】按鈕，如圖 3-53 所示。

▲ 圖 3-53

Step 02 開啟【自訂清單】對話方塊，在【清單項目】文字方塊中輸入上述清單，然後按一下【新增】按鈕，之後在左側的【自訂清單】列表的最後一行中就可以看到所新增的清單。最後，按一下【確定】按鈕，如圖 3-54 所示。

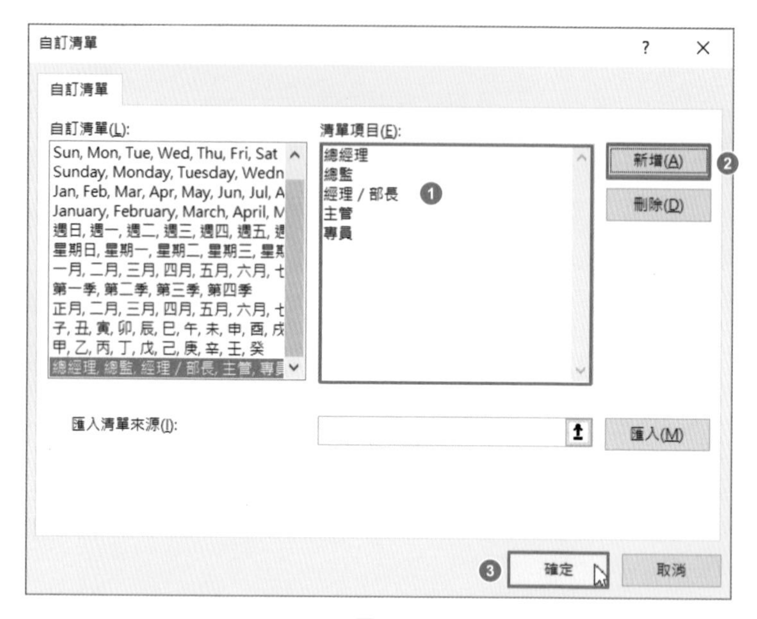

▲ 圖 3-54

根據上述已經新增的自訂清單，對圖 3-55 中的員工按職位進行排序。

	A	B	C	D	E
1	序號	員工編號	姓名	職位	入職日期
2	1	10110055	魏紫霜	主管	2013/7/8
3	2	10095155	孫成倩	總監	2012/8/1
4	3	10085420	何龍婷	專員	2019/11/26
5	4	10111717	孫亦寒	經理/部長	2011/7/18
6	5	54272	周彩菊	總監	2005/6/1
7	6	54311	朱豔	主管	2015/4/22
8	7	10164850	王淑芬	總經理	2014/8/28
9	8	10305148	馮秀	專員	2018/7/2
10	9	10108356	華成倩	經理/部長	2013/6/19

▲ 圖 3-55

操作步驟如下：選擇資料範圍中的任意一個儲存格，之後選擇【資料】頁籤，按一下【排序】按鈕，開啟【排序】對話方塊。在【排序方式】下拉式清單方塊中選擇「職位」選項，在【順序】下拉式清單方塊中選擇【自訂清單】選項，隨後選擇事先定義好的職位清單，最後按一下【確定】按鈕，如圖 3-56 所示。

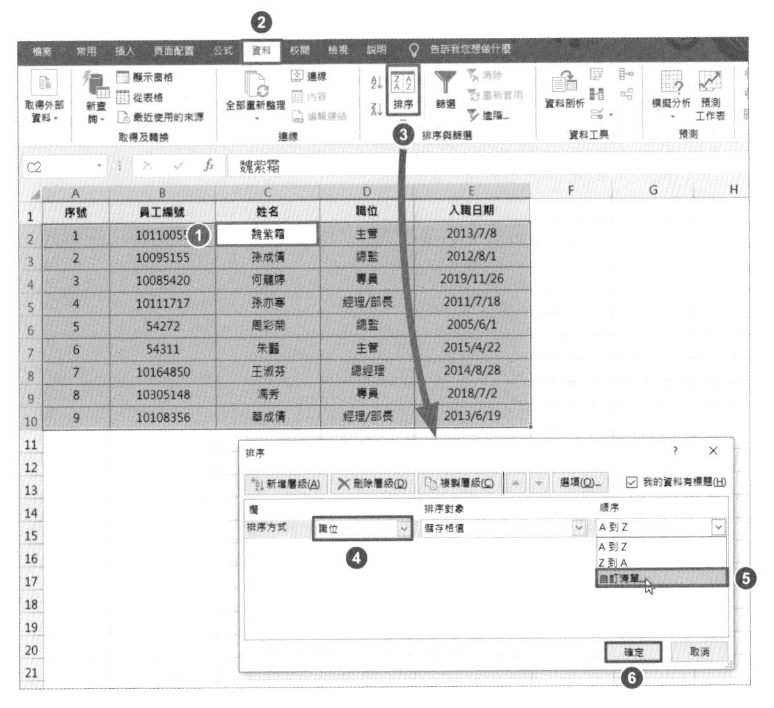

▲ 圖 3-56

結果如圖 3-57 所示。

	A	B	C	D	E
1	序號	員工編號	姓名	職位	入職日期
2	7	10164850	王淑芬	總經理	2014/8/28
3	2	10095155	孫成倩	總監	2012/8/1
4	5	54272	周彩菊	總監	2005/6/1
5	4	10111717	孫亦寒	經理/部長	2011/7/18
6	9	10108356	華成倩	經理/部長	2013/6/19
7	1	10110055	魏紫霜	主管	2013/7/8
8	6	54311	朱豔	主管	2015/4/22
9	3	10085420	何龍婷	專員	2019/11/26
10	8	10305148	馮秀	專員	2018/7/2

▲ 圖 3-57

3.3.2 快速彙總工作表中多個範圍的資料

使用合併彙算功能或樞紐分析表的多重合併彙算功能可以將多個簡易的表格資料進行彙總。

如圖 3-58 所示，對下面的三張表進行分類彙總，分別計算每個範圍的離職人數、入職人數與晉升人數的合計數值。

	A	B	C	D	E	F	G	H	I
1	表1					表2			
2	區域	離職人數	入職人數	晉升人數		區域	離職人數	入職人數	晉升人數
3	西北	14	14	15		華南	8	15	6
4	西南	5	14	13		華北	5	8	15
5	華中	15	9	15					
6	東北	10	6	12					
7						結果表			
8						區域	離職人數	入職人數	晉升人數
9						西北	14	14	15
10	表3					西南	5	14	13
11	區域	離職人數	入職人數	晉升人數		華中	15	9	15
12	香港	10	6	9		東北	10	6	12
13	澳門	9	13	9		華南	8	15	6
14	臺灣	13	11	6		華北	5	8	15
15						香港	10	6	9
16						澳門	9	13	9
17						臺灣	13	11	6

▲ 圖 3-58

使用合併彙算功能進行分類彙總，操作步驟如下。

選取資料範圍 F8:I8，之後選擇【資料】頁籤，按一下【合併彙算】按鈕，開啟【合併彙算】對話方塊。在【函數】下拉式清單方塊中選擇【加總】選項，在【參照位址】欄中按一下右側的選擇範圍按鈕，將「表 1」、「表 2」和「表 3」的資料依次添加至【所有參照位址】清單方塊內，然後勾選【標籤名稱來自】欄下的【頂端列】核取方塊與【最左欄】核取方塊，最後按一下【確定】按鈕，如圖 3-59 所示。

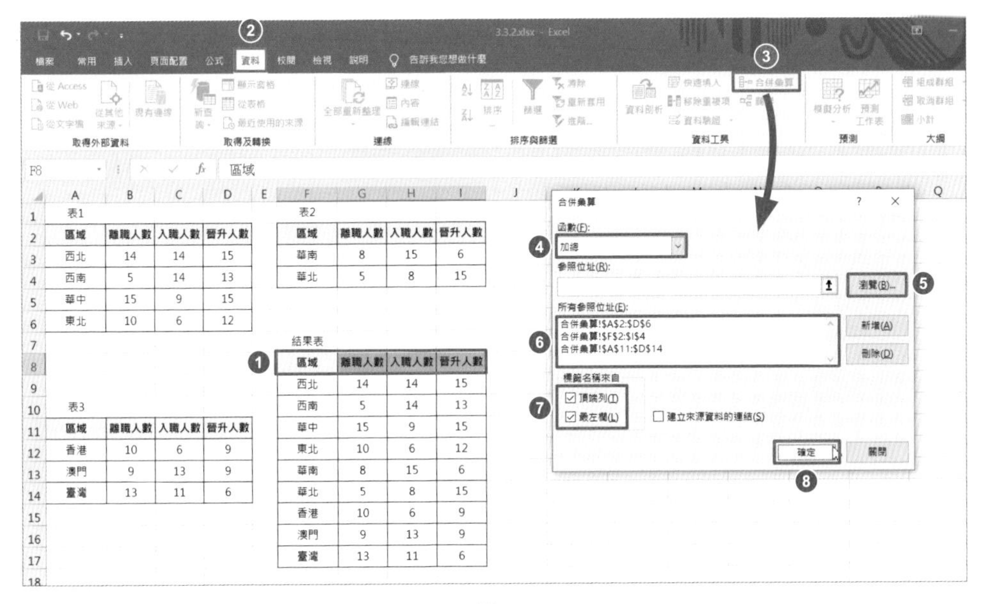

▲ 圖 3-59

補充說明 合併彙算功能有兩種彙總方式：一種是按類別進行彙總計算；另一種是按位置進行彙總計算。如果不選擇【頂端列】與【最左欄】中的任意一個核取方塊，則會按位置進行彙總。另外，合併彙算功能可以是同一個工作表或者活頁簿中的資料，也可以是不同活頁簿中的資料。

使用樞紐分析表的多重合併彙算功能也能進行分類彙總。操作步驟如下。

Step 01 依次按下 <Alt> 鍵、<D> 鍵和 <P> 鍵，開啟【樞紐分析表和樞紐分析圖精靈】對話方塊，選擇【多重彙總資料範圍】選項，按一下【下一步】按鈕。在開啟的對話方塊中選擇【請幫我建立一個分頁欄位】選項，按一下【下一步】按鈕，如圖 3-60 所示。

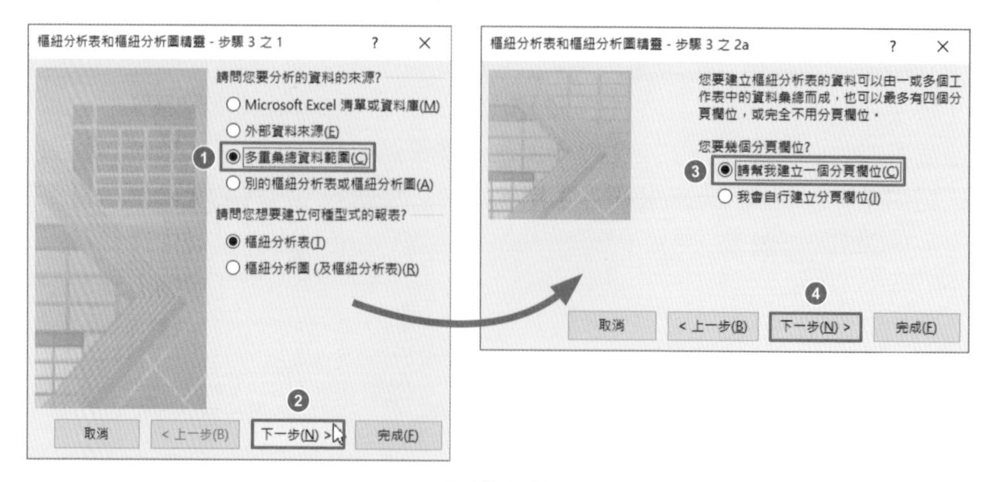

▲ 圖 3-60

Step 02 在開啟的對話方塊中依次將「表 1」、「表 2」和「表 3」【新增】至【所有範圍】清單方塊中，然後按一下【下一步】按鈕，選擇【已經存在的工作表】選項，設定存放位置，如圖 3-61 所示。

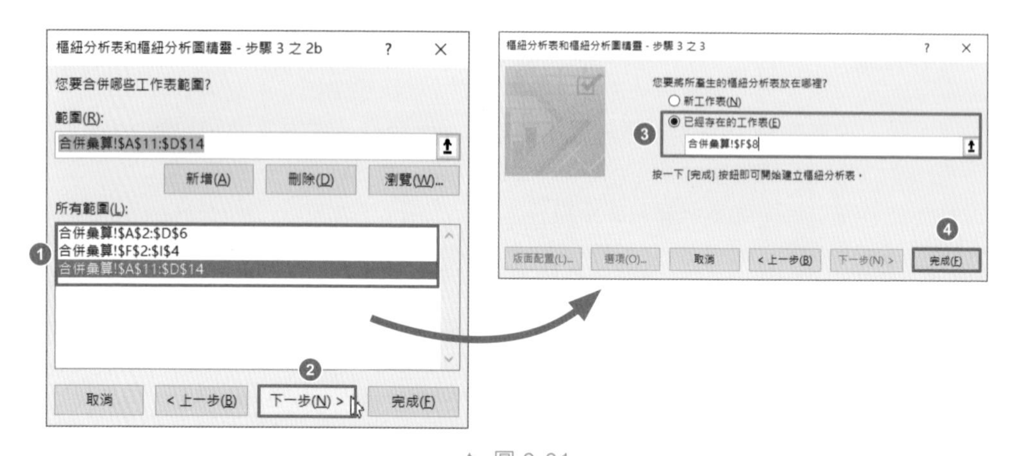

▲ 圖 3-61

Step 03 Excel 會自動插入樞紐分析表，預設對除「範圍」以外的欄位設定加總計算。如果要進行其他運算，則可以自行設定計算類型，如圖 3-62 所示。

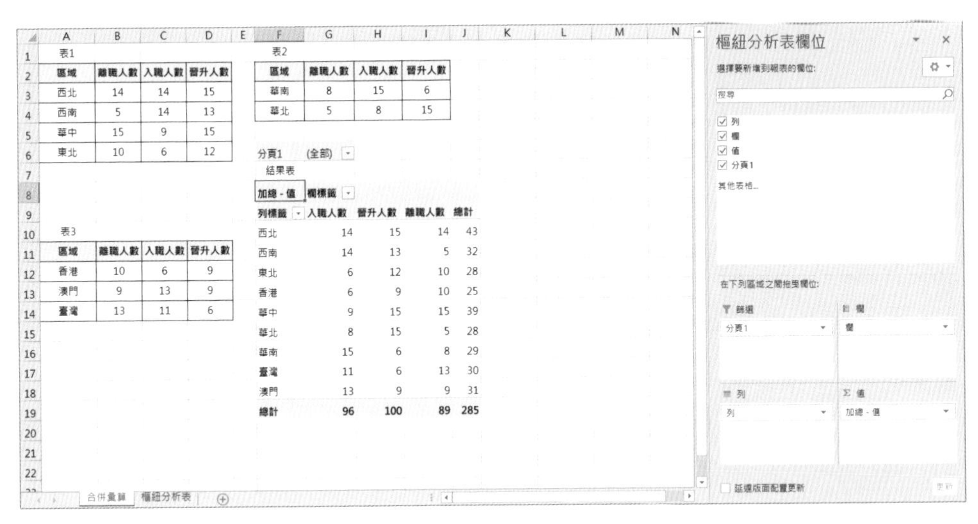

▲ 圖 3-62

3.3.3 Power Query 結合樞紐分析表完成人員結構分析

可以從年齡、學歷、年資、性別、管理層級等各個維度進行人員結構分析。本節說明如何使用 Power Query 結合樞紐分析表來完成人員結構分析工作。

如圖 3-63 所示，是某集團各個分公司人員的基本資訊表。

	A	B	C	D	E	F	G	H	I
1	管理層級	員工編號	員工姓名	性別	入職日期	出生日期	學歷	年齡	年資
2	總監級以上	892459	華佳玲	女	38798	29393	大專	40-49歲	10年及以上
3	總監級以上	977225	秦嘉	女	38677	28169	大學及以上	40-49歲	10年及以上
4	總監級以上	858237	周憲河	男	42531	29247	大專	40-49歲	3-4年
5	總監級以上	937796	戚志豪	男	38689	28171	大專	40-49歲	10年及以上
6	主管級以下	867440	戚勤	女	38673	27432	大專	40-49歲	10年及以上
7	總監級以上	912894	蔣開飛	男	37114	28975	大專	40-49歲	10年及以上
8	主管級以下	865086	褚子騫	男	43019	34656	大學及以上	29歲及以下	3-4年
117	主管級	943459	陳芳	女	40152	30808	大學及以上	30-39歲	10年及以上
118	經理級	812203	鄭華	男	43539	31920	大專	30-39歲	3年以內
119	主管級	939738	曹武	男	43178	28367	大專	40-49歲	3年以內
120	主管級	877538	朱俊龍	男	39526	27743	大專	40-49歲	10年及以上
121	經理級	901984	嚴育帆	男	38673	32104	大專以下	30-39歲	10年及以上

▲ 圖 3-63

如圖 3-64 所示，是各個分公司人員結構占比的分析結果。

以下資料的項目個數: 員工姓名	屬性	值											
	年齡				年資				性別		學歷		
管理層級	29歲及以下	30-39歲	40-49歲	50歲及以上	3-4年	5-9年	10年及以上	3年以內	男	女	大學及以上	大專	大專以下
經理級	0.00%	66.67%	27.78%	5.56%	16.67%	11.11%	50.00%	22.22%	50.00%	50.00%	22.22%	55.56%	22.22%
主管級	3.39%	69.49%	25.42%	1.69%	11.86%	25.42%	47.46%	15.25%	52.54%	47.46%	18.64%	61.02%	20.34%
主管級以下	50.00%	33.33%	13.89%	2.78%	41.67%	33.33%	11.11%	13.89%	52.78%	47.22%	47.22%	44.44%	8.33%
總監級以上	0.00%	14.29%	85.71%	0.00%	14.29%	0.00%	85.71%	0.00%	71.43%	28.57%	14.29%	85.71%	0.00%
總計	16.67%	55.00%	25.83%	2.50%	21.67%	24.17%	39.17%	15.00%	53.33%	46.67%	27.50%	56.67%	15.83%

▲ 圖 3-64

由於資料來源不是清單樣式，直接使用樞紐分析表無法設定成圖 3-66 這樣的版面樣式，因此可使用 Power Query 先將上面的資料來源轉換成清單樣式，之後使用樞紐分析表分析。

具體操作如下。

Step 01 選取資料範圍中的任意一個儲存格（如 B3 儲存格），選擇【資料】頁籤，按一下【從表格 / 範圍】按鈕，開啟【建立表格】對話方塊，按一下【確定】按鈕，如圖 3-65 所示。

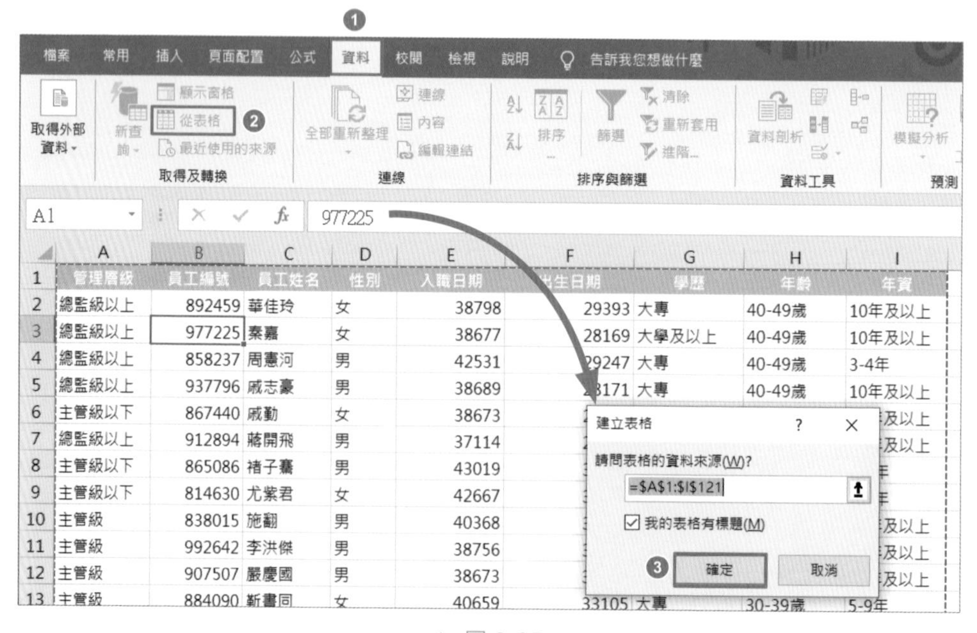

▲ 圖 3-65

Step 02 開啟 Power Query 編輯器，按住 <Ctrl> 鍵，依序選取「出生日期」與「入職日期」欄，之後按一下滑鼠右鍵，在彈出的快顯功能表中選擇【移除資料行】選項。然後再按住 <Shift> 鍵後選取第 1 欄，再選取第 3 欄，選擇【轉換】頁籤，接著依次選擇【任何資料行】→【取消其他資料行樞紐】選項，如圖 3-66 所示。

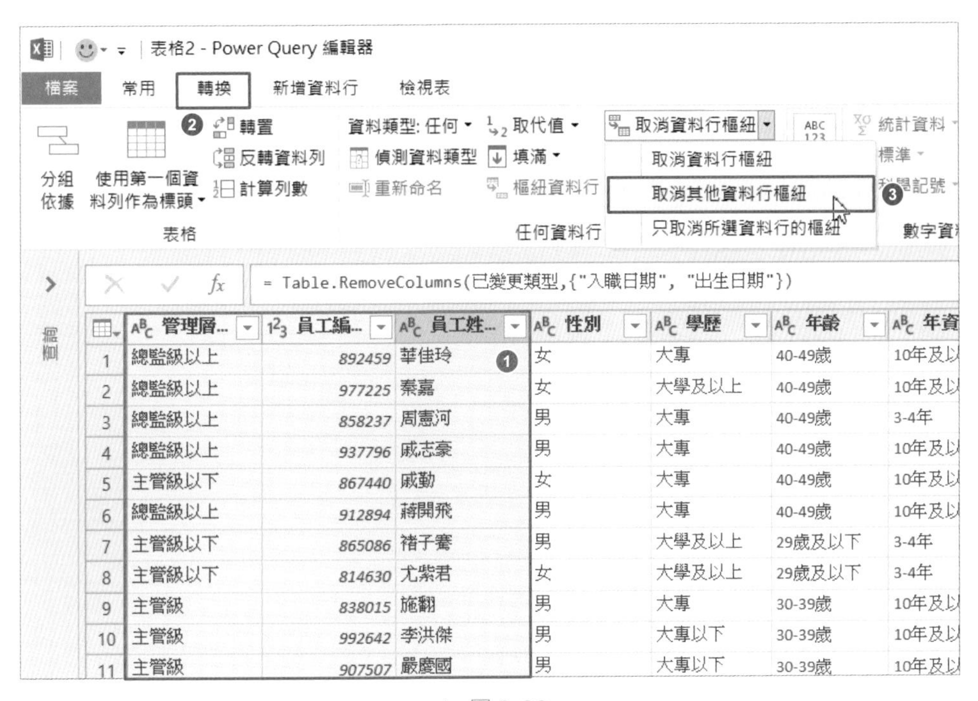

▲ 圖 3-66

Step 03 選擇【常用】頁籤，之後依次選擇【關閉並載入】→【關閉並載入至】選項，開啟【載入至】對話方塊。在該對話方塊中選擇【樞紐分析表】選項，之後在【已經存在的工作表】編輯欄中選擇存放的儲存格位址，最後按一下【確定】按鈕，如圖 3-67 所示。

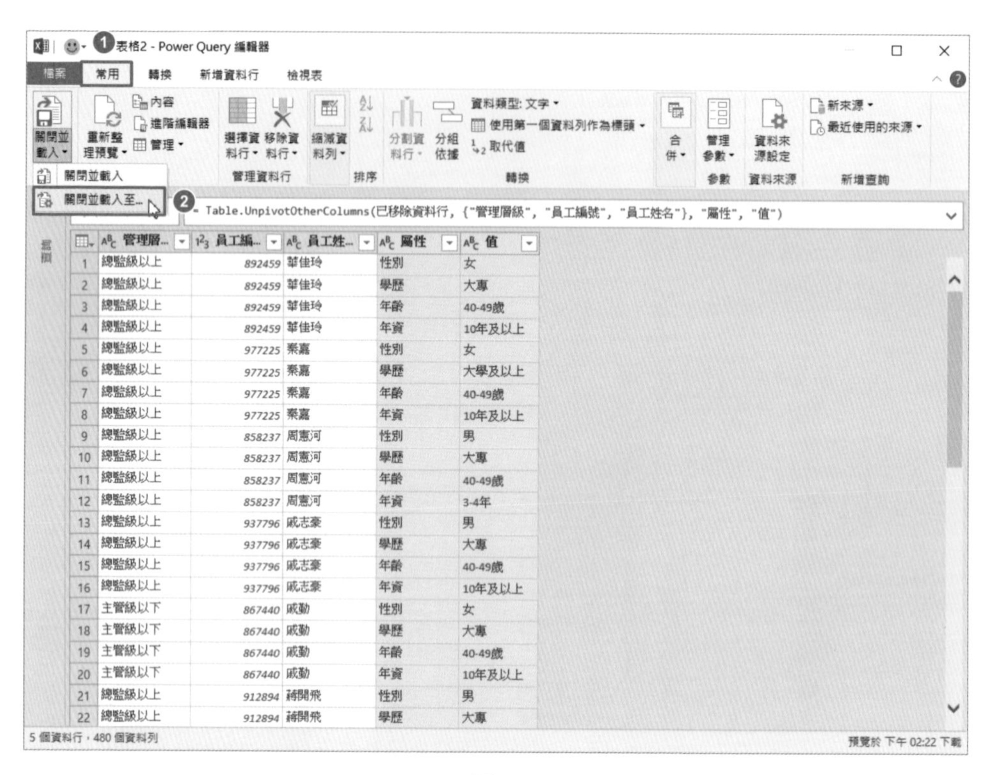

	管理層...	員工編...	員工姓...	屬性	值
1	總監級以上	892459	華佳玲	性別	女
2	總監級以上	892459	華佳玲	學歷	大專
3	總監級以上	892459	華佳玲	年齡	40-49歲
4	總監級以上	892459	華佳玲	年資	10年及以上
5	總監級以上	977225	蔡嘉	性別	女
6	總監級以上	977225	蔡嘉	學歷	大學及以上
7	總監級以上	977225	蔡嘉	年齡	40-49歲
8	總監級以上	977225	蔡嘉	年資	10年及以上
9	總監級以上	858237	周憲河	性別	男
10	總監級以上	858237	周憲河	學歷	大專
11	總監級以上	858237	周憲河	年齡	40-49歲
12	總監級以上	858237	周憲河	年資	3-4年
13	總監級以上	937796	戚志豪	性別	男
14	總監級以上	937796	戚志豪	學歷	大專
15	總監級以上	937796	戚志豪	年齡	40-49歲
16	總監級以上	937796	戚志豪	年資	10年及以上
17	主管級以下	867440	戚勤	性別	女
18	主管級以下	867440	戚勤	學歷	大專
19	主管級以下	867440	戚勤	年齡	40-49歲
20	主管級以下	867440	戚勤	年資	10年及以上
21	總監級以上	912894	蔣開飛	性別	男
22	總監級以上	912894	蔣開飛	學歷	大專

▲ 圖 3-67

Step 04 在【樞紐分析表欄位】窗格中將「管理層級」欄位拖放至【列】，將「屬性」與「值」欄位拖放至【欄】，將「員工姓名」欄位拖放至【值】，設定計算類型為計數，如圖 3-68 所示。

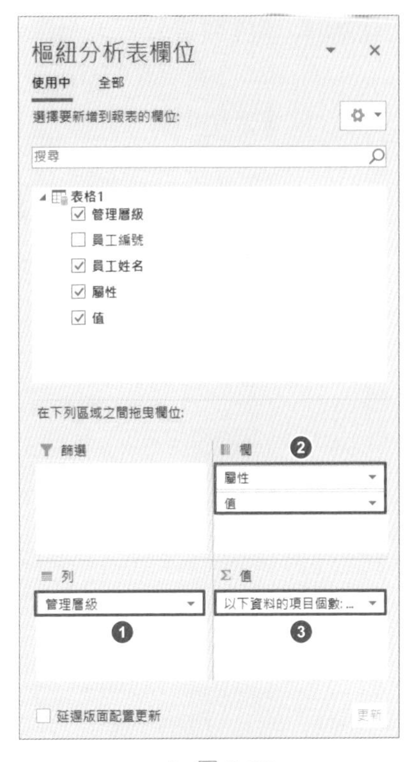

▲ 圖 3-68

Step 05 在樞紐分析表範圍中選擇任意一個儲存格，選擇【設計】頁籤，之後依次選擇【總計】→【僅開啟欄】選項，如圖 3-69 所示。

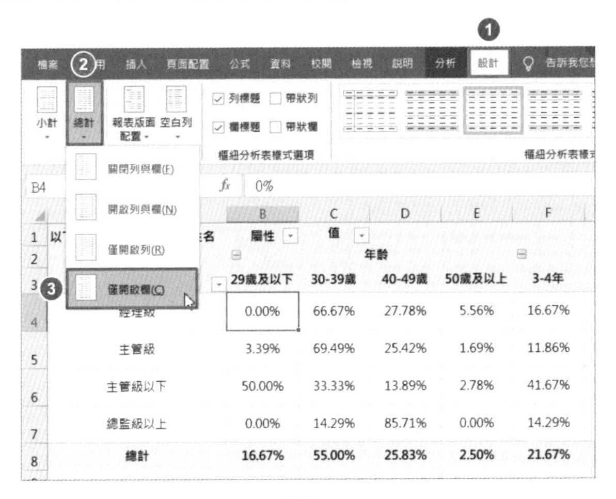

▲ 圖 3-69

Step 06 選擇樞紐分析表範圍中的任意一個儲存格（如 B6 儲存格）後，按一下滑鼠右鍵，在彈出的快顯功能表中依次選擇【值的顯示方式】→【父項欄總和百分比】選項，如圖 3-70 所示。

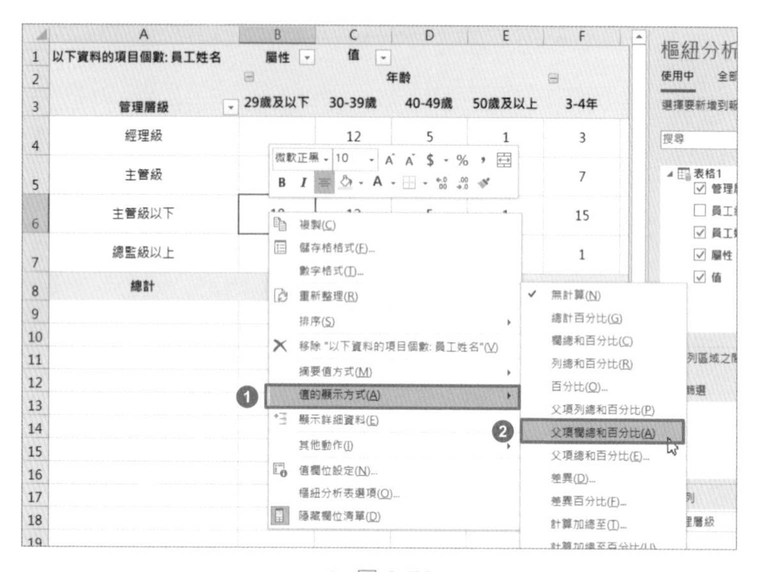

▲ 圖 3-70

Step 07 選擇樞紐分析表範圍中的任意一個儲存格（如 B6 儲存格），選擇【設計】頁籤，之後依次選擇【小計】→【不要顯示小計】選項，如圖 3-71 所示。

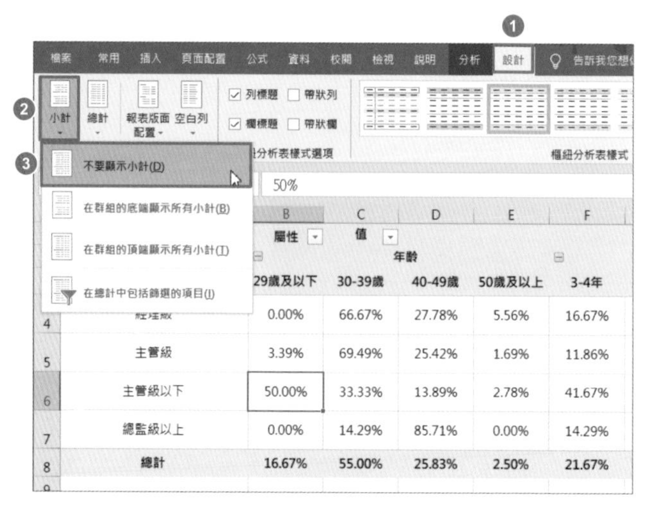

▲ 圖 3-71

補充說明 在上述案例中，如果資料來源中有增加、減少及修改內容時，則可在結果中選取任意一個儲存格，按一下滑鼠右鍵，在彈出的快顯功能表中選擇【重新整理】選項。

樞紐分析表的結果中如果有 0.00% 時，則依次選擇【檔案】→【選項】功能表命令，開啟【Excel 選項】對話方塊。在此依次選擇【進階】→【此工作表的顯示選項】選項，取消【在具有零值的儲存格顯示零】核取方塊的勾選狀態，按一下【確定】按鈕，即可不顯示零值。

3.3.4 在公式中使用萬用字元統計正副職職務的資料

同一個職務有正副之分；同一個職級的職務根據職能不同，可以分為多個平級職務，如人力資源總監、財務總監、運營總監、業務總監等。在統計資料時，經常會統計同類職務人員的情況。本節主要講解如何使用萬用字元解決此類問題。

如圖 3-72 所示，計算每個職務類型所對應的人數、平均年齡與平均年資。

	A	B	C	D	E
1	員工編號	姓名	職務	年齡	年資
2	12312	成明	副店長	35	8
3	74663	寇勃	冰洗主任	39	10
4	10297289	賀金玲	人事專員	23	6
5	10136502	賈凱博	彩電主管	25	7
6	10072936	張嘉駿	通訊主任	29	2
7	10276771	陳晶晶	信聯營業員	31	4
8	10027230	杜文賓	彩電營業員	41	9
9	10194805	高陽	小家營業員	34	5
10	10239633	吳佳	客服主管	25	3
11	10313233	馬啟娟	服務專員	25	3
12	10313262	白揚	服務專員	25	3
13	10297308	強瀚文	空調主任	23	8
14	74674	劉廣斌	人事主管	34	9
15	10297298	賈鑫	信聯營業員	23	4
16	74811	王靜	款台收銀員	34	4
17	10292241	姚珊珊	自助收銀員	33	8

G	H	I	J
職務類型	人數	平均年齡	平均年資
店長	1	35	8
主任	3	30	7
主管	3	28	6
專員	3	24	4
收銀員	2	34	6
營業員	4	32	6

▲ 圖 3-72

在 H4 儲存格中輸入以下公式，並向下填滿至 H9 儲存格：

```
=COUNTIF($C$2:$C$17,"*"&G4)
```

在 I4 儲存格中輸入以下公式，並向右向下填滿至 J9 儲存格：

```
=ROUND(AVERAGEIF($C$2:$C$17,"*"&$G4,D$2:D$17),2)
```

公式解釋

COUNTIF 與 AVERAGEIF 函數都支援萬用字元。這裡的萬用字元指的是上述公式中的「*」（星號），* 可以是任意字元，如「彩電主管」、「客服主管」都可以使用 "* 主管 " 來表示。需要注意的是，在第二個公式中儲存格的參照方式，其中 $G4 儲存格為鎖定欄號，在向右填滿的過程中保持列的相對位置不變，而 D$2:D$17 為鎖定列號，在下拉填滿公式的過程中保持列的相對位置不變。

在 Excel 中一共有三種類型的萬用字元，分別為「？」、「*」和「～」，如下所示。

- 「*」：代表任意的字元。
- 「？」：代表任意的單個字元。
- 「～」：代表解除字元的萬用性。

當查詢或統計的是「*」、「？」、「～」這三個符號本身時，需要在這三個符號的前面加上「～」，用於通知 Excel，在「～」後面的第一個符號是星號、問號或者波浪號，此時不作為萬用字元處理。比如「～*」，查詢的是「*」本身，所以不具有萬用性。

在 Excel 中常見的支援萬用字元的函數有 VLOOKUP、HLOOKUP、MATCH、SUMIF、COUNTIF、SEARCH、SEARCHB 等，而 FIND、FINDB、SUBTITUTE 等函數不支援萬用字元。

當萬用字元直接用於比較運算時，不具有萬用性。

3.3.5 快速統計當月入職員工、離職員工的數量

如何從員工名冊中快速地統計當月入職員工、離職員工的數量是本節將重點講解的內容。

如圖 3-73 所示，是某企業 9 月份的員工名冊。要求：統計各個部門 9 月份的總人數、當月入職人數、當月離職人數、試用期員工的當月離職人數以及年資在 3 年以上員工的當月離職人數。各項統計資料的定義如下。

	B	C	D	E	F	G	H
1	姓名	部門全稱	職稱	員工類別	入職日期	離職日期	年資
2	周向萍	行政人事部	司機	正式員工	2011/12/26		7.81
3	花大秀	行政人事部	中級秘書	正式員工	2015/3/12	2019/9/21	4.53
4	王冰霜	公關部	公關經理	正式員工	2015/12/28		3.81
5	沈心歡	活動部	高級總監	正式員工	2016/2/17		3.67
6	陳瑞	活動部	平面設計師	正式員工	2016/3/24		3.57
7	鄭朱嫣	活動部	製作主管	試用期員工	2019/7/3	2019/9/12	0.19
8	姜舒	活動部	攝像師	正式員工	2016/7/1		3.3
9	盧鳳美	內容策劃部	新媒體運營主管	試用期 員工	2019/7/18		0.25
10	戚鑫月	活動部	剪輯師	正式員工	2017/3/22		2.58
11	尤子涵	企業溝通部	公共關係總監	正式員工	2017/6/1		2.38
12	孫凡	活動部	內容支援	正式員工	2015/6/26	2019/9/1	4.31
13	時淑芬	媒體關係部	媒介主管	正式員工	2018/6/19		1.33
14	張招弟	內容策劃部	公關高級經理	正式員工	2017/7/31		2.22
15	戚秀英	公關部	公關經理	正式員工	2017/9/11		2.1
16	韓盼夏	活動部	編導	正式員工	2018/3/16		1.59
17	呂冬靈	業務策略部	行業研究顧問	正式員工	2018/5/2	2019/9/6	1.35
18	苗之柔	活動部	內容支援	正式員工	2018/5/14		1.43
19	褚嬌嬌	公關部	公關策劃經理	試用期員工	2019/9/28		0.06
20	許夢	公關部	公關策劃經理	正式員工	2018/6/22		1.33
21	錢關萍	業務策略部	高級總監	正式員工	2018/9/3		1.13
22	陶如霜	公關部	公關副總監	正式員工	2018/7/16		1.26
23	朱笑白	業務策略部	行業研究顧問	試用期員工	2018/8/7	2018/9/24	0.13
24	沈程燕	業務策略部	策略分析顧問	正式員工	2018/9/15		1.09
25	陶琦	內容策劃部	新媒體運營經理	試用期員工	2019/9/15	2019/9/20	0.01
26							

部門全稱	總人數	當月入職人數	當月離職人數	試用期離職人數	年資3年以上離職人數
行政人事部	2	0	1	0	1
公關部	5	1	0	0	0
活動部	8	0	2	0	1
內容策劃部	3	1	1	0	0
企業溝通部本部	0	0	0	0	0
媒體關係部	1	0	0	0	0
業務策略部	4	0	2	0	0

▲ 圖 3-73

- 當月入職人數即「入職日期」欄中為 9 月的列計數；
- 當月離職人數即「離職日期」欄中不為空的列計數；
- 試用期離職人數即「員工類別」欄中為「試用期員工」且「離職日期」欄中不為空的列計數；
- 3 年以上年資離職人數即「離職日期」欄中不為空，且「年資」欄中大於 3 的列計數。

在 K6 儲存格中輸入以下公式，向下填滿至 K12 儲存格：

=COUNTIF($C$2:$C$25,J6)

在 L6 儲存格中輸入以下公式，向下填滿至 L12 儲存格：

=COUNTIFS($C$2:$C$25,J6,$F$2:$F$25,">=2019/9/1",$F$2:$F$25,"<=2019/9/30")

在 M6 儲存格中輸入以下公式，向下填滿至 M12 儲存格：

=COUNTIFS($C$2:$C$25,J6,$G$2:$G$25,"<>")

在 N6 儲存格中輸入以下公式，向下填滿至 N12 儲存格：

=COUNTIFS($C$2:$C$25,J6,$E$2:$E$25," 試用期員工 ",$G$2:$G$25,"<>")

在 O6 儲存格中輸入以下公式，向下填滿至 O12 儲存格：

=COUNTIFS($C$2:$C$25,J6,$G$2:$G$25,"<>",$H$2:$H$25,">3")

公式解釋

上面所述的幾個公式是使用 COUNTIFS 函數完成的，其通用的語法形式如下：

COUNTIFS(條件範圍 1, 條件 1, 條件範圍 2, 條件 2……)

使用 COUNTIFS 函數時，尤其要注意條件的書寫：文字條件、比較條件及日期條件中的雙引號一定要使用英文狀態下的半形雙引號；"<>" 表示不等於空，是一個比較特殊的寫法。

與該函數的語法形式相似的函數還有 SUMIFS 函數與 AVERAGEIFS 函數。

3.4 圖表與條件式格式的運用

Excel 除了具備強大的資料分析與處理的功能外，還具有豐富實用的圖表。

圖表的最大特點是直覺、具體，使用者可以快速、直觀地看清資料的大小、趨勢和差異等。在人力資源管理中，圖表的應用十分廣泛。本節主要從圖表、條件式格式等方面講解 Excel 的視覺化應用。

3.4.1 運用折線區域圖呈現離職趨勢分析

圖 3-74 展示了某企業 2019 年各季度離職員工的數量。從圖 3-76 不僅可以看出離職員工的數量，還可以看出員工離職變化的趨勢。

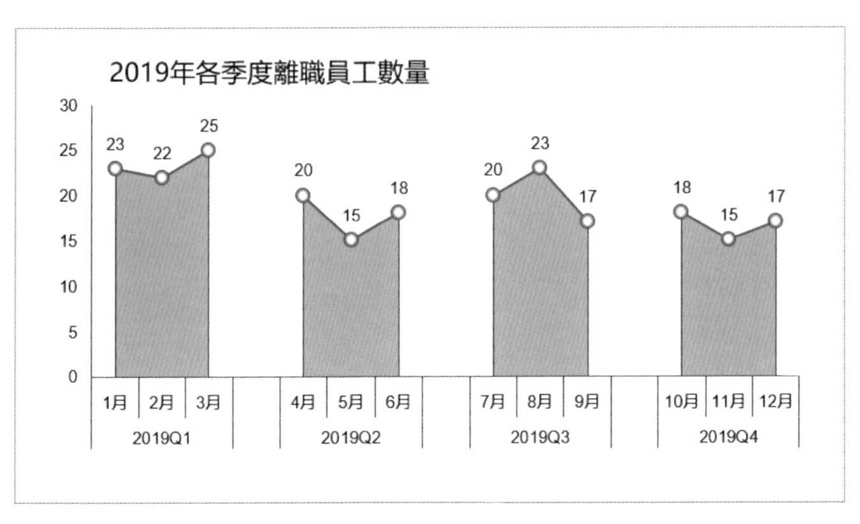

▲ 圖 3-74

製圖的操作步驟如下。

Step 01 整理資料來源，在每個季度後面加上一列空白列。選擇資料範圍 A1:C16，之後選擇【插入】頁籤，接著依次選擇【插入折線圖或區域圖】→【平面區域圖】→【區域圖】，如圖 3-75 所示。

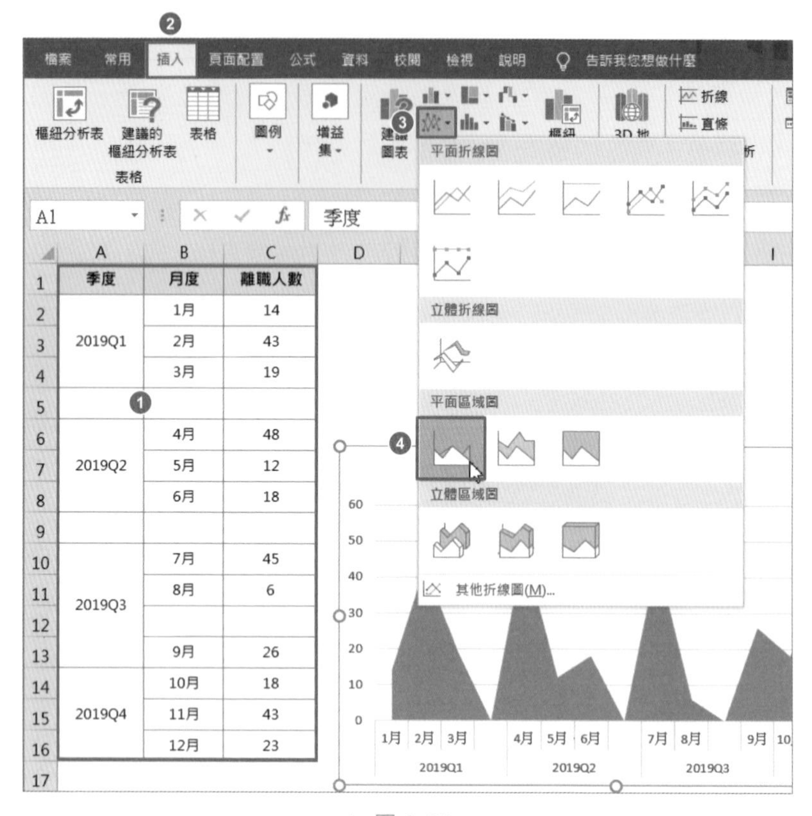

▲ 圖 3-75

Step 02 選擇資料範圍 C1:C16，按 <Ctrl+C> 組合鍵進行複製後，用滑鼠按一下選取圖表，按 <Ctrl+V> 組合鍵進行貼上。

Step 03 選取圖表，之後選擇【圖表設計】頁籤，按一下【變更圖表類型】按鈕，開啟【變更圖表類型】對話方塊。在【所有圖表】頁籤中選擇【組合圖】選項，將第 2 個「離職人數」的圖表類型修改為【折線圖】，勾選【副座標軸】核取方塊，最後按一下【確定】按鈕，如圖 3-76 所示。

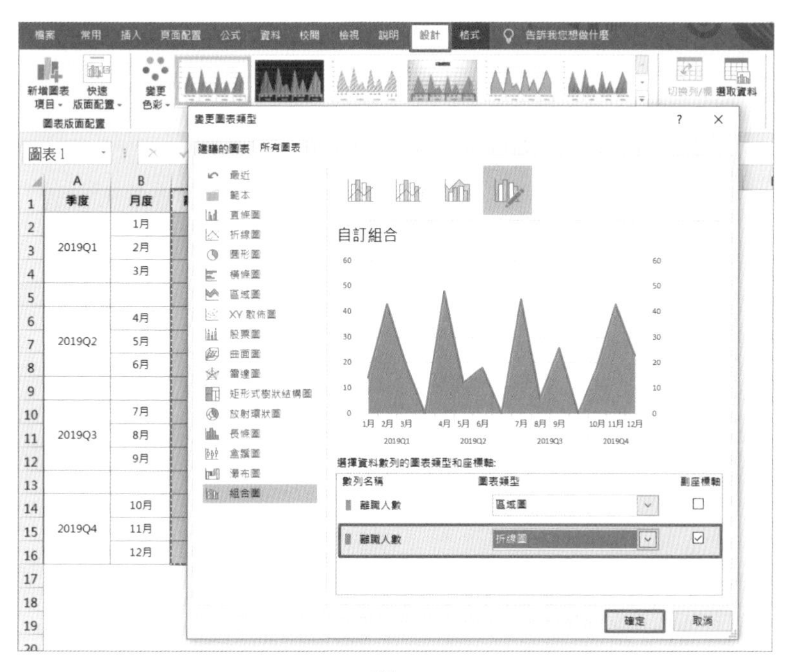

▲ 圖 3-76

Step 04 選取圖表後，按一下滑鼠右鍵，在彈出的快顯功能表中選擇【選取資料】選項，開啟【選取資料來源】對話方塊。在此按一下【隱藏和空白儲存格】按鈕，開啟【隱藏和空白儲存格設定】對話方塊，選擇【間距】選項，然後按一下【確定】按鈕，最後再次按一下【確定】按鈕，如圖 3-77 所示。

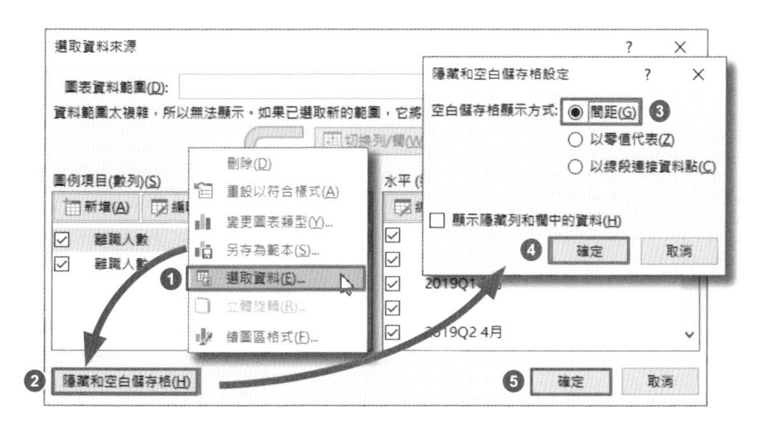

▲ 圖 3-77

Step 05 刪除圖表中的主次縱座標軸與格線。然後選擇圖表中的折線資料數列，設定「標記」格式與「線條」格式，如圖 3-78 所示。

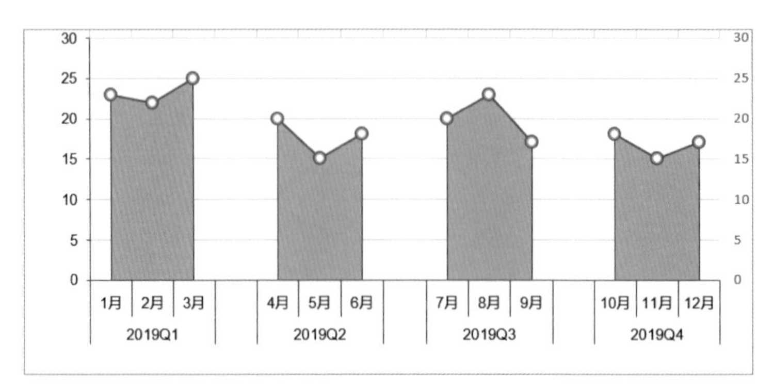

▲ 圖 3-78

Step 06 選取圖表中的折線，按一下右側的「 」按鈕，選擇【資料標籤】選項，如圖 3-79 所示。然後，將資料標籤的位置設定為「靠上」。

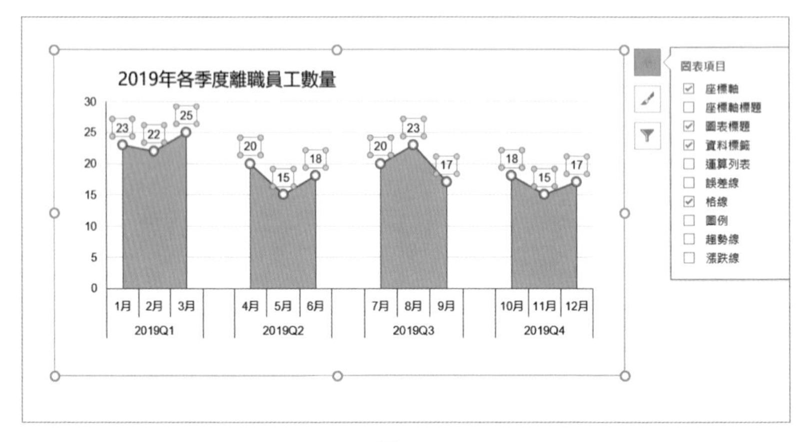

▲ 圖 3-79

Step 07 加上圖表的標題，對圖表進行細節調整和色彩設定，完成圖表的美化。

此類圖表主要用來展示具有包含關係的趨勢變化。

3.4.2 使用雙層圓形圖分析人員結構

某公司的人員類型主要分為三種職別，即管理職（M）、專業職（P）與操作職（O），每種職別裡面均有三個等級，如 M1、M2、M3、P1、P2、P3 等。

比如，小張每個季度都會根據主管的要求製作關於人員清單的 Excel 圖表，如圖 3-80 所示。

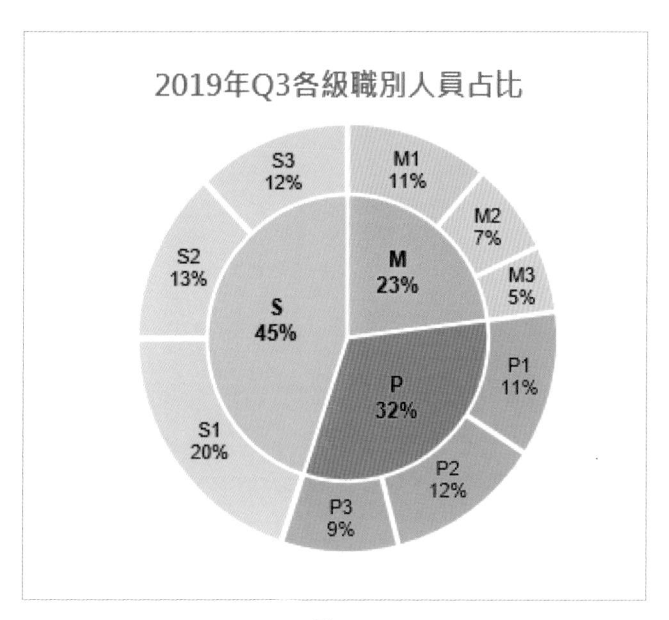

▲ 圖 3-80

製圖的操作步驟如下。

Step 01 設定資料來源的範圍（A 欄至 D 欄），如圖 3-83 所示。

Step 02 選擇資料範圍 B1:B10，接著選擇【插入】頁籤，之後依次選擇【插入圓形圖或環圈圖】→【平面圓形圖】→【圓形圖】選項，如圖 3-81 所示。

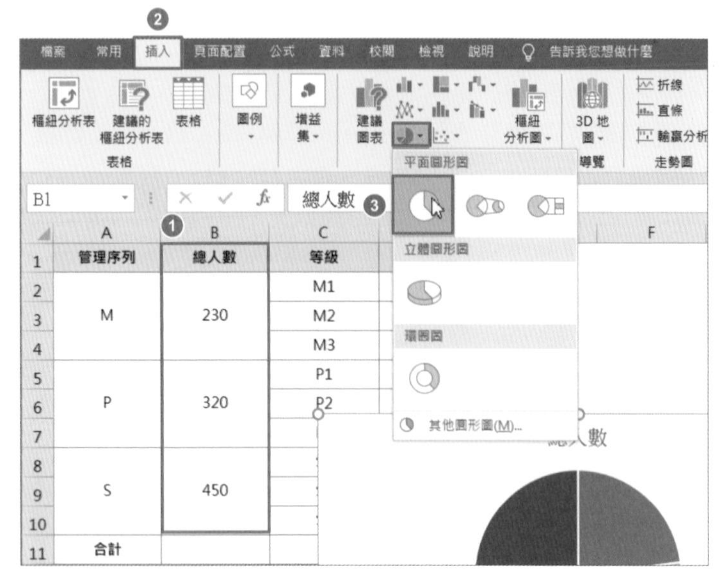

▲ 圖 3-81

Step 03 選取已經插入的圖表後，按一下滑鼠右鍵，在彈出的快顯功能表中選擇【選取資料】選項，開啟【選取資料來源】對話方塊。在此按一下【新增】按鈕，開啟【編輯數列】對話方塊，【數列名稱】與【數列值】分別選擇 D1 儲存格和資料範圍 D2:D10，最後依次按一下【確定】按鈕，如圖 3-82 所示。

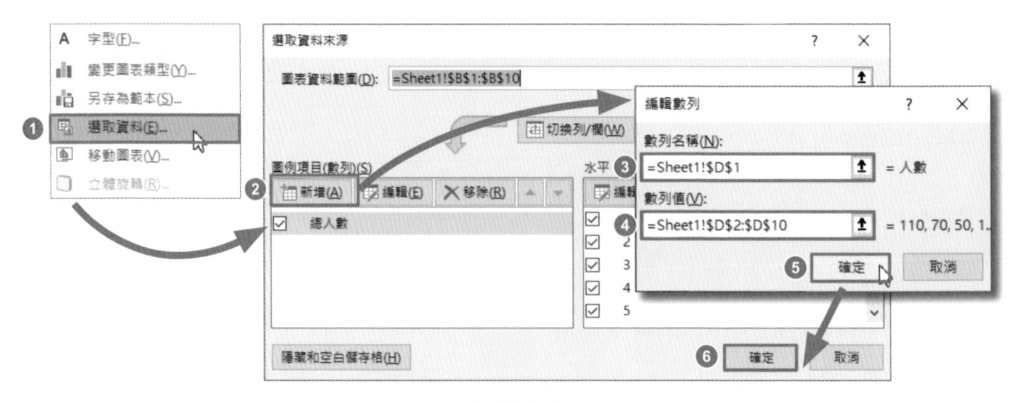

▲ 圖 3-82

Step 04 參見 Step-03，在【選取資料來源】對話方塊中選擇「總人數」選項，然後按一下【水平（分類）座標軸標籤】欄中的【編輯】按鈕，開啟【座標軸標籤】對話方塊。設定【座標軸標籤範圍】為資料範圍 A2:A10，按一下【確定】按鈕，之後再次按一下【確定】按鈕，如圖 3-83 所示。按照同樣的方法，將「人數」資料數列的座標軸設定為資料範圍 C2:C10。

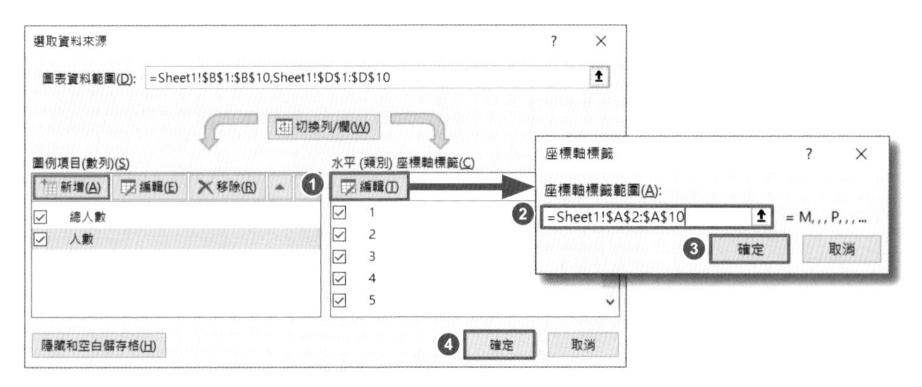

▲ 圖 3-83

Step 05 選取圖表中的「總人數」資料數列後，按一下滑鼠右鍵，在彈出的快顯功能表中選擇【資料數列格式】選項，開啟【資料數列格式】窗格。在此切換到【數列選項】部分，選擇【副座標軸】選項，然後將【圓形圖分裂】的參數設定為 50%，如圖 3-84 所示。

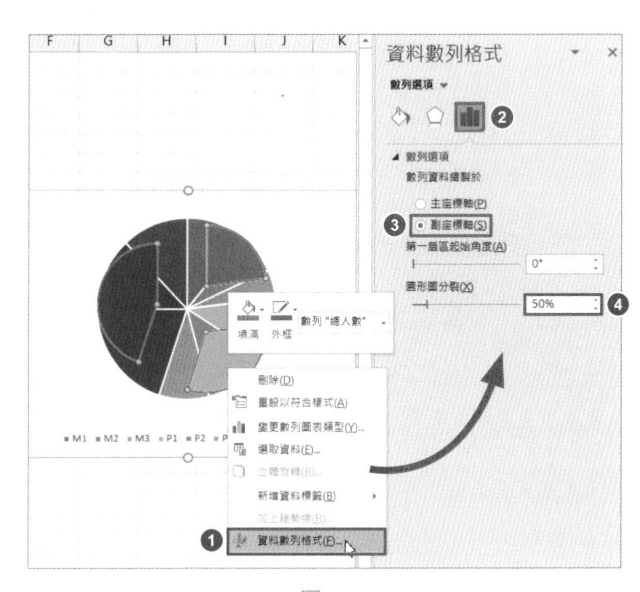

▲ 圖 3-84

Step 06 分別選擇圖中的三個扇形，然後將其拖曳至餅形中心，形成一個圓形。至此，整個圖將形成「大餅套小餅」的形狀。

Step 07 選取圖例，按 <Delete> 鍵將其刪除，然後為每個數列加上資料標籤。首先選擇中心的餅形，然後按一下「+」按鈕，勾選【資料標籤】核取方塊。選取標籤後，按一下滑鼠右鍵，在彈出的快顯功能表中選擇【資料標籤格式】選項，開啟【資料標籤格式】窗格。在此分別勾選【類別名稱】核取方塊、【百分比】核取方塊以及【顯示指引線】核取方塊，將標籤位置設定為【置中】，如圖 3-85 所示。

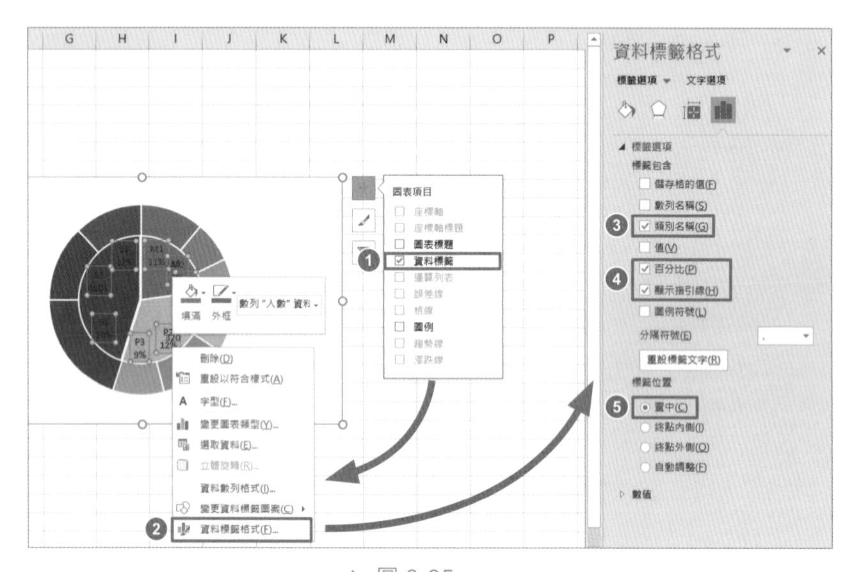

▲ 圖 3-85

Step 08 最後對圖設定配色，加上圖表的標題，美化圖表。

3.4.3 Excel 的員工生日提醒功能

不少公司每個月都會為當月過生日的員工舉辦生日聚會，因此，生日提醒功能也是一個非常有用的功能。本節主要講解如何在 Excel 中設定生日提醒功能。

從圖 3-88 可瞭解某公司 10 月份有哪些員工要過生日。圖 3-86 中已使用橙色將 10 月份要過生日的員工標記出來，並且特別提示了未來 10 天中有哪些員工要過生日。

	A	B	C	D	E	F	G
1	員工編號	姓名	職務	出生日期	年齡	性別	提前10天提醒
2	HE13862	楊翠花	業務經理	1994/11/28	25	女	
3	HE14672	吳麗	購車顧問	1995/10/25	23	女	今天生日
4	HE13011	何凡	手續管理員	1992/2/7	27	男	
5	HE11108	陶雨祺	分隊隊長	1972/12/13	57	女	
6	HE13864	朱藝	分隊隊長	1987/10/18	32	男	
7	HE10349	秦月	購車顧問	1993/1/16	26	男	
8	HE13633	孫冰露	購車顧問	1995/10/4	24	男	
9	HE10949	孫莉	購車顧問	1983/4/4	36	男	
10	HE14804	朱苑	Java研發工程師	1983/10/28	36	女	還有3天

▲ 圖 3-86

操作步驟如下。

Step 01 在 G2 儲存格中輸入以下公式，並向下填滿至 G10 儲存格：

=TEXT(10-DATEDIF(D2-10,TODAY(),"yd")," 還有 0 天 ;; 今天生日 ")

公式解釋

以 G2 儲存格中的公式為例，在 DATEDIF(D2-10,TODAY(),"yd") 部分，其中的第 1 個參數：計算 D2 儲存格中的日期減去 10 天，得到一個日期；第 2 個參數：TODAY 函數將傳回目前的日期。這部分主要用來計算 D2-10 與 TODAY() 這兩個日期之間忽略年份後間隔的天數（注：DATEDIF 函數的第 3 個參數「yd」的意思是忽略年份，計算兩個日期之間間隔的天數）。

然後用 10 減去 DATEDIF(D2-10,TODAY(),"yd") 計算的結果，最後使用 TEXT 函數來判斷該員工是否在 10 天內過生日。

TEXT 函數的主要作用是對 10-DATEDIF(D2-10,TODAY(),"yd") 部分的結果進行判斷並且格式化顯示。其中，" 還有 0 天 ;; 今天生日 " 是對 10-DATEDIF(D2-10,TODAY(),"yd") 結果的判斷：如果這部分結果大於 0，則顯示為距離生日還有幾天；如果這部分結果小於 0，則不顯示；如果這部分結果等於 0，則顯示為「今天生日」。

Step 02 選擇資料範圍 A2:G10，之後選擇【常用】頁籤，接著依次選擇【條件式格式設定】→【新增規則】選項，開啟【新增格式化規則】對話方塊。在此選擇【使用公式來決定要格式化哪些儲存格】選項，在【格式化在此公式為 True 的值】編輯方塊中輸入以下公式，然後按一下【格式】按鈕，如圖 3-87 所示。在開啟的對話方塊中為符合條件的儲存格設定填滿色為橙色，最後按一下【確定】按鈕。

=MONTH($D2)=MONTH(TODAY())

公式解釋

MONTH 函數只有一個參數，即傳回日期中的月份清單值。比如，=MONTH("2019-10-18")，傳回值為 10。

▲ 圖 3-87

補充說明

上述案例中運用了 DATEDIF 函數，該函數在計算涉及月底日期時存在一定的缺陷。為防止在製作報表時發生不必要的計算錯誤，在使用該函數時一定要做好後續的檢查，及時做出修正。

3.4.4 工作合約續簽提醒（提前 30/60/90 天）

在人力資源管理中，企業要確保及時與員工簽訂工作合約，避免違法的風險。在實際工作中，如何根據員工合約的簽訂時間，在 Excel 中設定不同的時段提醒呢？

本節將透過控制項與條件式格式的方法，來實現提前 30 天、60 天與 90 天提醒 HR 與員工續簽工作合約。

如圖 3-88 所示，當選擇 30 天以內的按鈕時，需要簽訂工作合約人員所在的記錄列就會被填滿橙色。

員工工作合約到期提醒

請選擇一個提醒期限： ◉ 30天以內 ○ 60天以內 ○ 90天以內

員工編號	姓名	部門	職務	簽訂時間	合約期限（月）	到期時間
HE13862	楊翠花	財務部	收銀員	2019/9/15	2	2019/11/15
HE14672	吳麗	業務部	業務主管	2019/9/14	6	2020/3/14
HE13011	何凡	大路店	副店長	2019/9/10	5	2020/2/10
HE13864	朱藝	財務部	財務主管	2019/9/11	3	2019/12/11
HE10349	秦月	大路店	客服主管	2019/9/11	5	2020/2/11
HE13633	孫冰露	財務部	收銀員	2019/9/11	2	2019/11/11
HE10949	孫莉	大路店	店長	2019/9/11	6	2020/3/11
HE14804	朱苑	大路店	主任	2019/10/11	1	2019/11/11
HE11603	秦敏倩	大路店	主任	2019/9/12	4	2020/1/12
HE10880	沈悅明	大路店	店長	2019/9/16	5	2020/2/16
HE13029	秦苑	財務部	會計主管	2019/9/12	3	2019/12/12
HE10563	衛顧	大路店	營業員	2019/10/2	1	2019/11/2

▲ 圖 3-88

操作步驟如下。

Step 01 計算到期時間。在 G4 儲存格中輸入以下公式，向下填滿至 G15 儲存格：

```
=EDATE(E4,F4)
```

Step 02 在第 2 列的任意位置插入控制項。選擇【開發人員】頁籤，之後依次選擇【插入】→【表單控制項】→【選項按鈕（表單控制項）】選項，插入選項按鈕，如圖 3-89 所示。

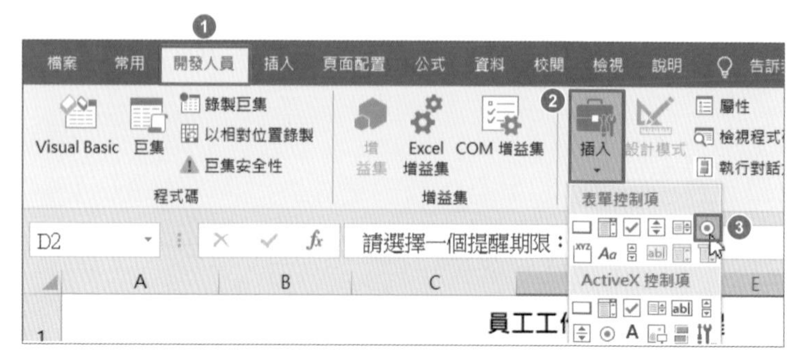

▲ 圖 3-89

Step 03 選取插入的選項按鈕後，按一下滑鼠右鍵，在彈出的快顯功能表中選擇【編輯文字】選項，將文字修改為「30 天以內」。然後再次按一下滑鼠右鍵，在彈出的快顯功能表中選擇【控制項格式】選項，開啟【控制項格式】對話方塊。切換到【控制】頁籤，選擇【不核取】選項，在【儲存格連結】編輯方塊中選擇 H1 儲存格，最後按一下【確定】按鈕，如圖 3-90 所示。以同樣的方式插入其他兩個按鈕，並對其進行同樣的設定。

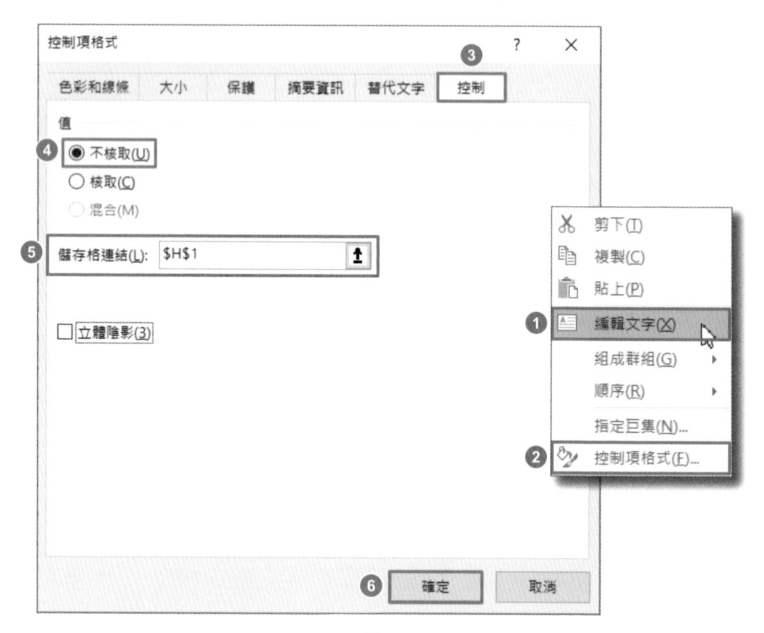

▲ 圖 3-90

Step 04 選擇資料範圍 A4:G15，之後選擇【常用】頁籤，接著依次選擇【條件式格式設定】→【新增規則】選項，在開啟的【新增格式化規則】對話方塊中選擇【使用公式來決定要格式化哪些儲存格】選項，在【格式化在此公式為 True 的值】編輯方塊中輸入以下公式，設定儲存格的填滿色為橙色，最後按一下【確定】按鈕，如圖 3-91 所示：

=IF($G4-TODAY()>0,$G4-TODAY())<$H$1*30=TRUE

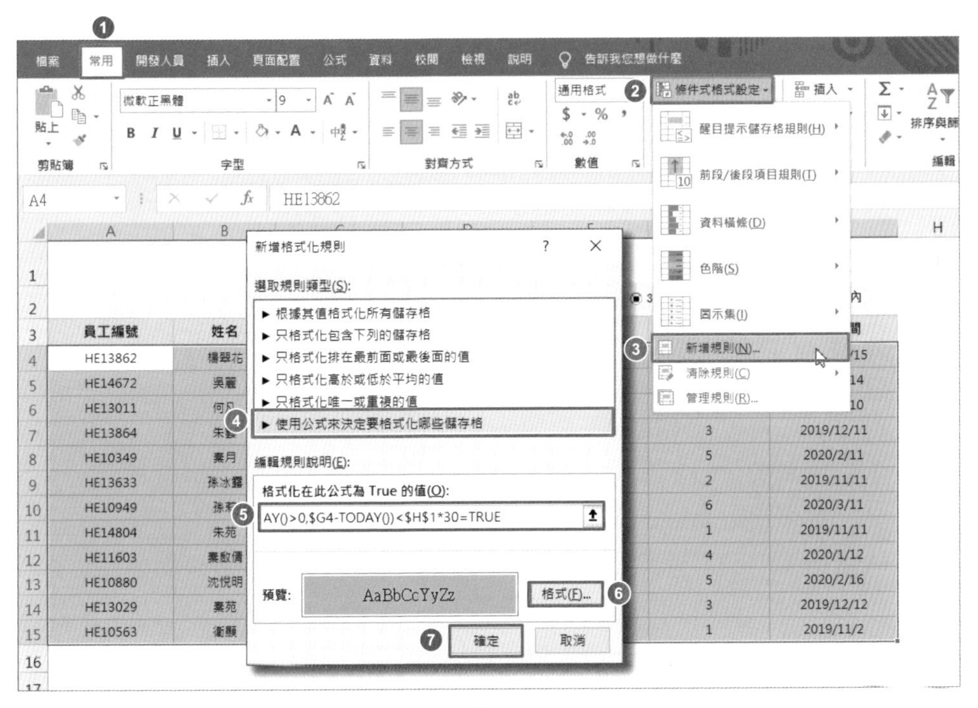

▲ 圖 3-91

公式解釋

以第 4 列的公式為例，$G4-TODAY() 部分表示目前日期 TODAY 距離到期時間 G4 的剩餘天數。如果該部分結果大於 0，則說明目前日期 TODAY 未超過到期時間 G4；否則，說明已經超過了到期時間 G4。

IF($G4-TODAY()>0,$G4-TODAY()) 部分表示，如果目前日期 TODAY 未超過到期時間 G4，則傳回目前日期 TODAY 距離到期時間 G4 的剩餘天數，否則傳回 FALSE。

整個公式的意思如下：如果目前日期 TODAY 未超過到期時間 G4（即 $G4-TODAY()>0），那麼判斷目前日期 TODAY 距離到期時間 G4 的剩餘天數（即 $G4-TODAY()）與 $H$1*30 的大小關係：如果該結果小於 $H$1*30，那麼將該列的儲存格填滿色設定為橙色，否則無填滿色彩。

另外，控制項分別選擇 30 天以內、60 天以內和 90 天以內時，控制項連結的儲存格 H1 中將分別顯示 1、2 與 3。在設定條件式格式的公式中，將控制項連結的儲存格 H1 分別乘以 30，就可以得到 30、60 和 90。

補充說明

【開發人員】頁籤一般預設不會顯示在主頁籤中。在使用時可以按以下步驟進行設定：依次選擇【檔案】→【選項】功能表命令，開啟【Excel 選項】對話方塊，選擇【自訂功能區】，在右側的【主頁籤】功能表清單中選擇【開發人員】即可。

EXCEL

CHAPTER

04

Excel 與績效管理

績效管理是人力資源管理中非常重要的一個模組，涉及的資料量、計算量與分析報告也是非常多的。在實際操作中，絕大多數的工作都需要使用 Excel 來處理。

本章會使用大量的函數和公式、樞紐分析表以及 Excel Power Query 來輔助解決大家實際工作中所遇到的問題。藉由本章內容的學習，你的工作效率會有很大提升，Excel 的操作水準會更上一層樓。

4.1 績效資料的取得與整理

由於績效資料所涉及的資料量往往很大，且在查詢比對與操作過程中有很強的技巧性，因此對於大家的 Excel 操作與函數靈活運用的要求比較高。

4.1.1 十字交叉法查詢比對業績資料

如圖 4-1 所示，從 A1:G8 資料來源中尋找 I3:I5 中各家門市所對應的品項淨利潤資料（利潤的單位為「元」）。

J3 =VLOOKUP($I3,$A$2:$G$8,MATCH(J$2,$A$1:$G$1,0),0)

	A	B	C	D	E	F	G
1	門市	冰箱	電視機	廚具	電腦	空調	其他
2	五一路店	3,864,241	3,087,139	759,585	97,363	980,205	3,451
3	玫瑰花園店	3,593,892	2,863,366	824,082	157,088	368,666	2,395
4	大鑑路店	4,621,032	4,232,533	1,081,964	97,842	672,076	5,761
5	萬達廣場店	552,635.70	424,405.98	184,869.18	-3,129.63	156,662.75	103.77
6	南京路店	771,571.20	585,526.89	241,672.26	-6,121.97	71,194.22	302.95
7	陽光大廈店	1,039,672.30	863,263.68	323,926.15	2,007.43	105,804.64	-35.49
8	交通大廈店	847,177.40	815,524.49	393,703.66	4,387.76	116,542.60	169.37

I	J	K	L
門市	電視機	空調	廚具
五一路店	3087139	980205	759585
南京路店	585526.89	71194.219	241672.26
交通大廈店	815524.49	116542.6	393703.66

▲ 圖 4-1

在 J3 儲存格中輸入以下公式，向下填滿至 L5 儲存格：

```
=VLOOKUP($I3,$A$2:$G$8,MATCH(J$2,$A$1:$G$1,0),0)
```

公式解釋

MATCH(J$2,$A$1:$G$1,0) 是上述公式中 VLOOKUP 函數的第 3 個參數，即查詢值 J$2 所在範圍 $A$1:$G$1 的欄號。舉例來說，J2 儲存格的值為「電視機」，在資料範圍 $A$1:$G$1 中處於第 3 欄，所以 VLOOKUP 函數會傳回 $A$1:$G$1 第 3 欄中 I3 儲存格所對應的值。

需要注意的是公式中資料範圍的參照方式。VLOOKUP 函數的第 1 個參數是鎖定欄位，在向右填滿公式的過程中保持欄的相對位置不變；MATCH 函數的第 1 個參數將列標鎖定，即在向下填滿公式的過程中保持列的相對位置不變。另外兩個函數的資料範圍 $A$2:$G$8 與 $A$1:$G$1 為絕對參照。這樣才能保證結果的準確性。

MATCH 函數可用來傳回指定值於所在資料中的序號。這裡的序號並不是指工作表的序號或欄號，而是參照範圍的索引號。

「VLOOKUP+MATCH」屬於典型的十字交叉法查詢比對形式。其通用的語法形式如下：

```
VLOOKUP( 查詢值 , 搜尋範圍 ,MATCH( 查詢值 , 搜尋範圍 ,0),0)
```

除了採用「VLOOKUP+MATCH」外，還有一種比較常用的方法也可以解決上面的問題。

在 J3 儲存格中輸入以下公式，向下填滿至 L5 儲存格：

=INDEX($A$1:$G$8,MATCH($I3,$A$1:$A$8,0),MATCH(J$2,$A$1:$G$1,0))

公式解釋

同上述方法一樣，這裡的 MATCH 函數分別傳回的是查詢值所在儲存格的位置，即處於資料範圍的第幾列與第幾欄。如 I3 儲存格處於資料範圍 $A$1:$A$8 的第 2 列，而 J2 儲存格處於資料範圍 $A$1:$G$1 的第 3 欄。

INDEX 函數可用來傳回儲存格範圍中欄與列交叉處的值或者儲存格參照。其語法形式如下：

INDEX(資料範圍 , 列索引 , 欄索引)

根據 MATCH 傳回的結果，以 J3 儲存格中的公式為例，公式可以簡化為 INDEX（$A$1:$G$8,2,3）。這個公式就可以理解為在資料範圍 $A$1:$G$8 中處於第 2 列與第 3 欄交叉處的儲存格的值，即 C2 儲存格的值 3087139。

「INDEX+MATCH」在交叉條件尋找的案例中應用廣泛。其語法形式如下：

INDEX(資料範圍 ,MTACH(列條件 , 列條件範圍 ,0),MTACH(欄條件 , 欄條件範圍 ,0))

如果只有一個列條件或欄條件時，那麼可以省略其中的一個 MATCH。

在 Excel 中，關於儲存格的參照方式一般情況下有三種，這三種儲存格參照方式被統稱為「A1」樣式。

- 相對參照：相對參照指在不同方向進行填滿時，儲存格的位址會隨之發生變化。通常情況下，相對參照的格式一般為欄標號 + 列標號，並且在欄標號與列標號前無任何的其他符號，如 C2。若儲存格中的公式為「=C2」，則在向下填滿的過程中，參照的儲存格會發生變化，會依次更改為 C3、C4、C5……，同理，在向右填滿時，會依此更改為 D2、E2、F2……。

- 絕對參照：絕對參照與相對參照正好相反，一般情況下絕對參照的標示為「$」。使用了絕對參照的儲存格不管從哪個方向進行填滿，其位置都不會發生變化。其一般的格式為「$ 欄標號 $ 列標號」，例如 $D$3。

- 混合參照：混合參照就是同時使用相對參照與絕對參照進行組合，在向某一方向進行填滿時，可使欄號或者列號中的某一個固定不變，而另一個則進行相應的位置變動。例如，對於 A$1，在進行填滿時，列標維持不變，而欄標會進行相對位置的變化；而 $A1 在進行填滿時，欄標會維持不變。

注意：若要進行以上三種參照方式的切換，則無須手動輸入符號「$」，可以使用 <F4> 鍵進行切換，即把游標定位在參照上，按 <F4> 鍵進行參照方式的切換。

4.1.2 從不標準的資料表中尋找考核等級

在實際工作中，各式各樣的不標準表格導致資料的查詢比對難以進行。

如圖 4-2 所示，是某公司員工的月度考核等級表。根據月度考核名單，從月度考核等級表中尋找所對應員工的考核等級。

在 G2 儲存格中輸入以下公式，向下填滿至 G13 儲存格：

```
=LOOKUP(9^9,FIND(E2,$J$3:$J$7),$I$3:$I$7)
```

G2 {=LOOKUP(9^9,FIND(E2,$J$3:$J$7),$I$3:$I$7)}

	A	B	C	D	E	F	G
1	序號	歷經月	部門	員工編號	姓名	職務	考核等級
2	1	201909	銷售部	HE13862	楊翠花	業務經理	B
3	2	201909	銷售部	HE14672	吳麗	購車顧問	A
4	3	201909	銷售部	HE13011	何凡	手續管理員	B
5	4	201909	銷售部	HE13864	朱藝	分隊隊長	D
6	5	201909	銷售部	HE10349	棄月	購車顧問	A
7	6	201909	銷售部	HE13633	孫冰露	購車顧問	D
8	7	201909	銷售部	HE10949	孫莉	購車顧問	D
9	9	201909	銷售部	HE11603	棄啟倩	購車顧問	C
10	10	201909	銷售部	HE10880	沈悅明	小隊隊長	C
11	11	201909	銷售部	HE13029	棄苑	催收專員	E
12	12	201909	銷售部	HE10563	衛顯	購車顧問	B
13	13	201909	質檢部	HE12799	韓怡	駐店評估師	B
14							

I	J	K	L	M
等級	人員	占比	人數	等級
A	吳麗、棄月	17%	2	A
B	楊翠花、何凡、韓怡、衛顯	33%	4	B
C	沈悅明、棄啟倩	17%	2	C
D	朱藝、孫莉、孫冰露	25%	3	D
E	棄苑	8%	1	E

▲ 圖 4-2

公式解釋

以上公式中的 9^9 表示一個很大的數。在實際的公式中未必要是這個數字，只要比資料範圍的列數大即可。

FIND(E2,$J$3:$J$7) 表示在資料範圍 $J$3:$J$7 中尋找 E2 字串是否出現過。如果它出現過，則傳回對應的位置；如果沒有出現過，則傳回錯誤值。以 G2 儲存格中的公式為例，E2 儲存格中的值「楊翠花」在範圍 $J$3:$J$7 中出現的位置：用滑鼠選取公式編輯欄中的 FIND(E2,$J$3:$J$7)，按 <F9> 鍵可以查看此部分的結果，即 {#VALUE!;1;#VALUE!;#VALUE!;#VALUE!}。

如圖 4-3 所示，FIND(E2,$J$3:$J$7) 中的資料範圍 $J$3:$J$7 與資料範圍 $I$3:$I$7 的尺寸大小保持一致。使用 FIND 函數尋找「楊翠花」，得到第 2 列的結果為 1，即對應的等級為 B。因此，LOOKUP 函數最後傳回 1 對應的等級 B。

E2	FIND(E2,$J$3:$J$7)的結果	$I$3:$J$7的結果
	#VALUE!	A
	1	B
	#VALUE!	C
	#VALUE!	D
	#VALUE!	E

▲ 圖 4-3

上面的例子具有通用性，其通用的語法形式如下：

LOOKUP(9^9,FIND(查詢值 , 對應的範圍), 結果範圍)

利用 LOOKUP+FIND 函數還可以處理一些簡稱與全稱之間相互查詢比對的問題。

值得注意的是，使用 VLOOKUP 函數也可以解決上述問題。如果你不熟悉陣列公式，可以將月度考核等級表中的「等級」與「人員」互換位置，之後使用包含萬用字元的方法來進行尋找。關於萬用字元的具體內容，可以參看 3.3.4 節。

如圖 4-4 所示，將這兩欄的位置進行互換，之後尋找員工所對應的考核等級。

G2 =VLOOKUP("*"&E2&"*",$I$3:$J$7,2,0)

序號	歷經月	部門	員工編號	姓名	職務	考核等級
1	201909	銷售部	HE13862	楊翠花	業務經理	B
2	201909	銷售部	HE14672	吳麗	購車顧問	A
3	201909	銷售部	HE13011	何凡	手續管理員	B
4	201909	銷售部	HE13864	朱藝	分隊隊長	D
5	201909	銷售部	HE10349	秦月	購車顧問	A
6	201909	銷售部	HE13633	孫冰露	購車顧問	D
7	201909	銷售部	HE10949	孫莉	購車顧問	D
9	201909	銷售部	HE11603	秦啟倩	購車顧問	C
10	201909	銷售部	HE10880	沈悅明	小隊隊長	C
11	201909	銷售部	HE13029	秦苑	催收專員	E
12	201909	銷售部	HE10563	衛顯	購車顧問	B
13	201909	質檢部	HE12799	韓怡	駐店評估師	B

人員	等級	占比	人數
吳麗、秦月	A	17%	2
楊翠花、何凡、韓怡、衛顯	B	33%	4
沈悅明、秦啟倩	C	17%	2
朱藝、孫莉、孫冰露	D	25%	3
秦苑	E	8%	1

▲ 圖 4-4

在 G2 儲存格中輸入以下公式，向下填滿至 G13 儲存格：

```
=VLOOKUP("*"&E2&"*",$I$3:$J$7,2,0)
```

公式解釋

在 E2 前後各連接一個萬用字元（*），這表示字串中包含 E2。與上述 LOOKUP 函數結合 FIND 函數是同樣的原理。

處理這類問題時，特別是以員工姓名的方式尋找對應的資料時，一定要特別留意是不是有同名同姓的人。用員工編號去查詢比對是最準確的。在實際工作中，一定要注意資料的有效性。

補充說明

在 Excel 中，如果公式比較長或者公式出錯了，那麼，若想尋找每一個嵌套或者其中一部分的運算結果，則一般情況下有以下兩種方法。

- 方法 1：用滑鼠選取公式中要查看結果的部分，然後按 <F9> 鍵，這樣就可以看到其運算的結果。但是這種操作具有不可逆性，若想恢復原狀，則只能使用回到上一步的方式。

- 方法 2：選取公式，在【公式】頁籤中按一下【評估值公式】按鈕，在彈出的對話方塊中按一下【評估值】按鈕，這樣即可看到每一步的運算結果。如果公式中有定義的「名稱」，則可按一下【逐步執行】按鈕進行查看。

上面兩種方法的用途十分廣泛，不僅可以幫助使用者自己查看一些比較難以理解的公式，還可以藉由公式求值的方式檢查公式出錯的部分。

4.1.3 用樞紐分析表統計各個季度不同訂單類型的數量

如圖 4-5 所示，這裡的資料為半年度核算的物流部門的訂單類型數量。A 欄至 F 欄是資料交易明細，H 欄至 L 欄是統計結果。

	A	B	C	D	E	F
1	交易時間	訂單編號	始發地	目的地	車型	訂單類型
2	2019/1/1	137630	茂名	長沙	賓士 GLA級 2017款 2.0T 自動 GLA220時尚	標準
3	2019/1/5	140810	河源	昆明	起亞 K5 2012款 2.0 自動 DLX	標準
4	2019/1/6	146213	嘉興	西安	江淮 瑞風S2 2015款 1.5 手動 豪華智慧型	標準
5	2019/1/7	147184	瀋陽	濰坊	寶馬 X1 2012款 2.0T 自動 20i領先型後驅	標準
6	2019/1/9	146794	大連	汕尾	豐田 銳志 2013款 2.5 自動 V尚銳版	高效
7	2019/1/10	147278	金華	汕尾	寶馬 3系 2016款 1.6T 自動 316i時尚型	標準
8	2019/1/11	148195	佛山	烏魯木齊	林肯 MKX 2015款 2.7T 自動 尊耀版四驅	高效
9	2019/1/12	149508	東莞	烏魯木齊	日產 逍客 2016款 2.0 自動 精英版	高危
10	2019/1/13	149814	瀋陽	汕頭	納智捷 優6 2015款 1.8T 自動 時尚型	高效
11	2019/1/14	150100	銀川	濰坊	Jeep 自由俠 2017款 1.4T 自動 180T高能版	標準
12	2019/1/16	150784	大慶	貴陽	大眾 速騰 2017款 1.6 手動 舒適型	高效
13	2019/1/17	150879	瀋陽	鄂爾多斯	賓士 E級 2013款 1.8T 自動 E260L優雅型CC	高效
14	2019/1/20	151300	長沙	銀川	奧迪 A4L 2018款 2.0T 自動 30周年年型40T	標準
15	2019/1/21	151309	龍岩	西安	本田 飛度兩廂 2014款 1.5 自動 LX舒適版	標準
16	2019/1/22	150933	包頭	長沙	眾泰 T600 Coupe 2017款 1.5T 自動 尊享型	標準
17	2019/1/27	150923	大慶	貴陽	富豪 S60 2013款 2.0T 自動 T5舒適版	標準
18	2019/1/28	151616	廣州	上海	寶馬 Z4敞篷車 2013款 2.0T 自動 20i硬頂領	高危
19	2019/1/30	152034	台州	北京	瑪莎拉蒂 Levante 2018款 3.0T 自動 350Hp	高危
20	2019/2/12	152475	銀川	煙臺	起亞 K5 2012款 2.0 自動 DLX	標準
21	2019/2/13	151791	西寧	武漢	起亞 K3 2016款 1.6 自動 電商專供版	標準
22	2019/2/14	152393	東莞	北京	別克 君越 2016款 1.5T 自動 20T精英型	高效
23	2019/2/15	152495	廣州	武威	賓士 SLC級 2016款 2.0T 自動 SLC300豪華	高危
24	2019/2/16	152400	大連	威海	奧迪 A6L 2012款 2.0T 自動 TFSI標準型	標準
25	2019/2/17	152516	大連	烏魯木齊	三菱 帕傑羅 2011款 3.0 自動 精英超越版五	高危
26	2019/2/18	152465	瀋陽	昆明	寶馬 X6 2015款 2.0T 自動 28i	高效
27	2019/2/22	152676	福州	烏魯木齊	豐田 漢蘭達 2015款 2.0T 自動 精英版7座前	標準
28	2019/2/23	152640	上海	蘭州	雪佛蘭 科帕奇 2014款 2.4 自動 旗艦版7座四	標準
29	2019/2/24	152355	珠海	安陽	大眾 高爾夫GTI 2012款 2.0T 自動	標準
30	2019/2/25	152471	昆明	烏魯木齊	北京 北京40 2016款 2.0T 手動 尊貴版後驅	高效
31	2019/2/26	152931	大慶	大連	長安歐尚 歐諾 2014款 1.5 手動 基本型	標準

計數 - 車型	欄標籤			
列標籤	高危	高效	標準	總計
第一季				
1月	3	5	10	18
2月	3	3	7	13
3月	11	5	7	23
第一季 合計	17	13	24	54
第二季				
4月	9	9	5	23
5月	11	4	7	22
6月	7	10	7	24
第二季 合計	27	23	19	69
總計	44	36	43	123

交易明細

▲ 圖 4-5

操作步驟如下。

Step 01 選擇資料範圍中的任意一個儲存格。在【插入】頁籤中按一下【樞紐分析表】選項，開啟【建立樞紐分析表】對話方塊，選擇【已經存在的工作表】選項，之後在對應的編輯方塊中選擇 H1 儲存格，最後按一下【確定】按鈕，如圖 4-6 所示。

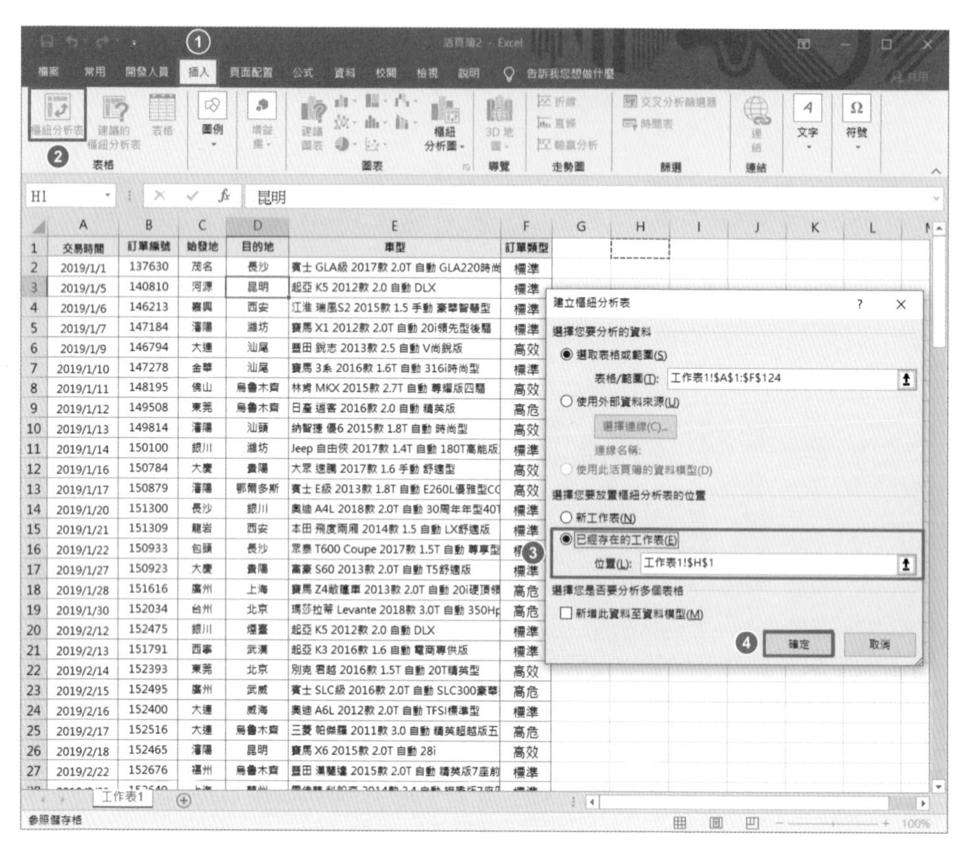

▲ 圖 4-6

Step 02 在【樞紐分析表欄位】窗格中，將「交易時間」欄位拖放至【列】，將「訂單類型」拖放至【欄】，將「車型」拖放至【值】，預設計算類型為「計數」，如圖 4-7 所示。

▲ 圖 4-7

Step 03 在樞紐分析表範圍中選擇「交易時間」欄中的任意一個儲存格後，按一下滑鼠右鍵，在彈出的快顯功能表中選擇【組成群組】選項，開啟【群組】對話方塊，在【間距值】列表中分別選擇「月」與「季度」，最後按一下【確定】按鈕，如圖 4-8 所示。

▲ 圖 4-8

Step 04 在樞紐分析表範圍中選擇要合併之欄中，任意一個不為空的儲存格後，按一下滑鼠右鍵，在彈出的快顯功能表中選擇【樞紐分析表選項】選項，開啟【樞紐分析表選項】對話方塊，勾選【具有標籤的儲存格跨欄置中】核取方塊，最後按一下【確定】按鈕，如圖 4-9 所示。

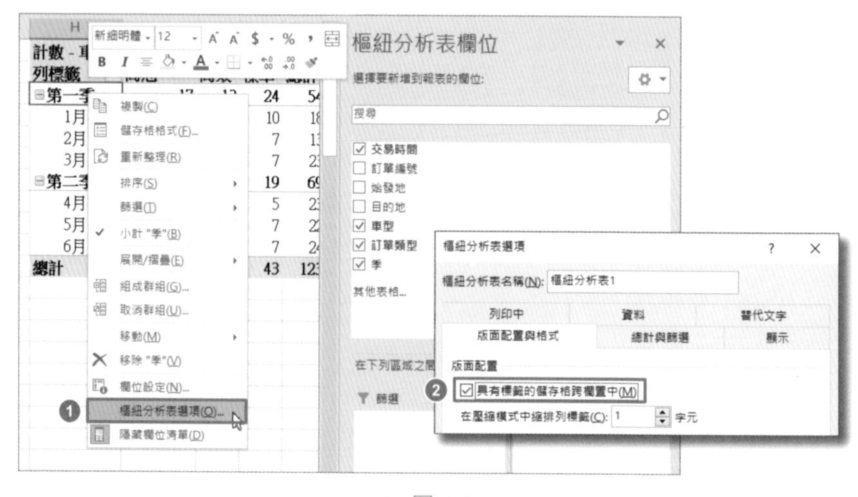

▲ 圖 4-9

使用樞紐分析表中的組合功能時，需要注意：

- 日期格式一定是可以被 Excel 所識別的格式。如果日期格式屬於非法格式，則請參照 3.1.1 節中的內容進行調整後再執行相關操作。
- 跟季度與月的組合一樣，在樞紐分析表中可以設定以「週」為單位的時段，即將時間的間距選擇為「天」，「天數」修改為 7 天。
- 設定數字區間。比如，將銷售額每 500 為一個區間進行統計，可以設定間距為 500。遺憾的是，在樞紐分析表中只能設定相同間距的區間，不能自訂不同間距的區間。

4.1.4 資料的查詢比對不可或缺的「進階篩選」功能

Excel 中的一般篩選功能很多人都會用，但是進階篩選功能使用的人卻不多。本節主要藉由使用進階篩選功能來代替查詢比對功能的函數，使得大家輕鬆、快速地完成績效資料的查詢比對工作。

如圖 4-10 所示，從左邊的 A:F 資料來源中尋找右邊 I1:K2 欄位所對應的條件的值，即「交易時間」在 2019/3/31 之後、「車型」包含「奧迪」二字，以及「訂單類型」除「標準」外的所有記錄。

交易時間	訂單編號	始發地	目的地	車型	訂單類型
2019/1/1	137630	茂名	長沙	賓士 GLA級 2017款 2.0T 自動 GLA220時尚型四驅	標準
2019/1/5	140810	河源	昆明	起亞 K5 2012款 2.0 自動 DLX	標準
2019/1/6	146213	嘉興	西安	江淮 瑞風S2 2015款 1.5 手動 豪華智能型	標準
2019/1/7	147184	瀋陽	濰坊	寶馬 X1 2012款 2.0T 自動 20i領先型後驅	標準
2019/1/9	146794	大連	汕尾	豐田 銳志 2013款 2.5 自動 V尚銳版	高效
2019/1/10	147278	金華	汕尾	寶馬 3系 2016款 1.6T 自動 316i時尚型	標準
2019/1/11	148195	佛山	烏魯木齊	林肯 MKX 2015款 2.7T 自動 尊耀版四驅	高效
2019/1/12	149508	東莞	烏魯木齊	日產 逍客 2016款 2.0 自動 精英版	高危
2019/1/13	149814	瀋陽	汕頭	納智捷 優6 2015款 1.8T 自動 時尚型	高效
2019/1/14	150100	銀川	濰坊	Jeep 自由俠 2017款 1.4T 自動 180T高能版前驅	標準
2019/1/16	150784	大慶	貴陽	大眾 速騰 2017款 1.6 手動 舒適型	高效
2019/1/17	150879	瀋陽	鄂爾多斯	賓士 E級 2013款 1.8T 自動 E260L優雅型CGI	高效
2019/1/20	151300	長沙	銀川	奧迪 A4L 2018款 2.0T 自動 30周年年型40TFSI進取型	標準
2019/1/21	151309	龍岩	西安	本田 飛度兩廂 2014款 1.5 自動 LX舒適版	標準
2019/1/22	150933	包頭	長沙	眾泰 T600 Coupe 2017款 1.5T 自動 尊享型	標準
2019/1/27	150923	大慶	貴陽	富豪 S60 2013款 2.0T 自動 T5舒適版	標準
2019/1/28	151616	廣州	上海	寶馬 Z4敞篷車 2013款 2.0T 自動 20i硬頂領先版	高危
2019/1/30	152034	台州	北京	瑪莎拉蒂 Levante 2018款 3.0T 自動 350Hp標準版	高危
2019/2/12	152475	銀川	瀋陽	起亞 K5 2012款 2.0 自動 DLX	標準
2019/2/13	151791	西寧	武漢	起亞 K3 2016款 1.6 自動 電商專供版	標準
2019/2/14	152393	東莞	北京	別克 君越 2016款 1.5T 自動 20T精英型	高效
2019/2/15	152495	廣州	武威	賓士 SLC級 2016款 2.0T 自動 SLC300豪華運動型	高危
2019/2/16	152400	大連	威海	奧迪 A6L 2012款 2.0T 自動 TFSI標準型	標準
2019/2/17	152516	大連	烏魯木齊	三菱 帕傑羅 2011款 3.0 自動 精英超越版五門	高危

明細

交易時間	車型	訂單類型
>2019-3-31	奧迪	<>標準

交易時間	訂單編號	始發地	目的地	車型	訂單類型
2019/4/2	153011	龍岩	佛山	奧迪 A5-Coupe 2012款 2.0T 自動 TFSI	高危
2019/4/21	153732	吉林	廈門	奧迪 A6L 2012款 2.0T 自動 TFSI標準型	高危
2019/4/23	153737	呼和浩特	合肥	奧迪 A3兩廂五門版 2010款 1.4T 自動 豪華版	高危
2019/5/18	154772	汕頭	哈爾濱	奧迪 A6L 2014款 2.0T 自動 TFSI標準型	高效
2019/5/19	154742	銀川	成都	奧迪 Q5 2013款 2.0T 自動 40TFSI技術型	高效
2019/5/31	154904	吉安	烏魯木齊	奧迪 A6L 2012款 2.0T 自動 TFSI標準型	高危

▲ 圖 4-10

操作步驟如下。

Step 01 在【資料】頁籤中按一下【進階】按鈕，開啟【進階篩選】對話方塊，選擇【將篩選結果複製到其他地方】選項，在【資料範圍】編輯方塊中選擇資料範圍 A1:F124，在【準則範圍】編輯方塊中選擇資料範圍 I1:K2，在【複製到】編輯方塊中選擇儲存格 I5，最後按一下【確定】按鈕，如圖 4-11 所示。

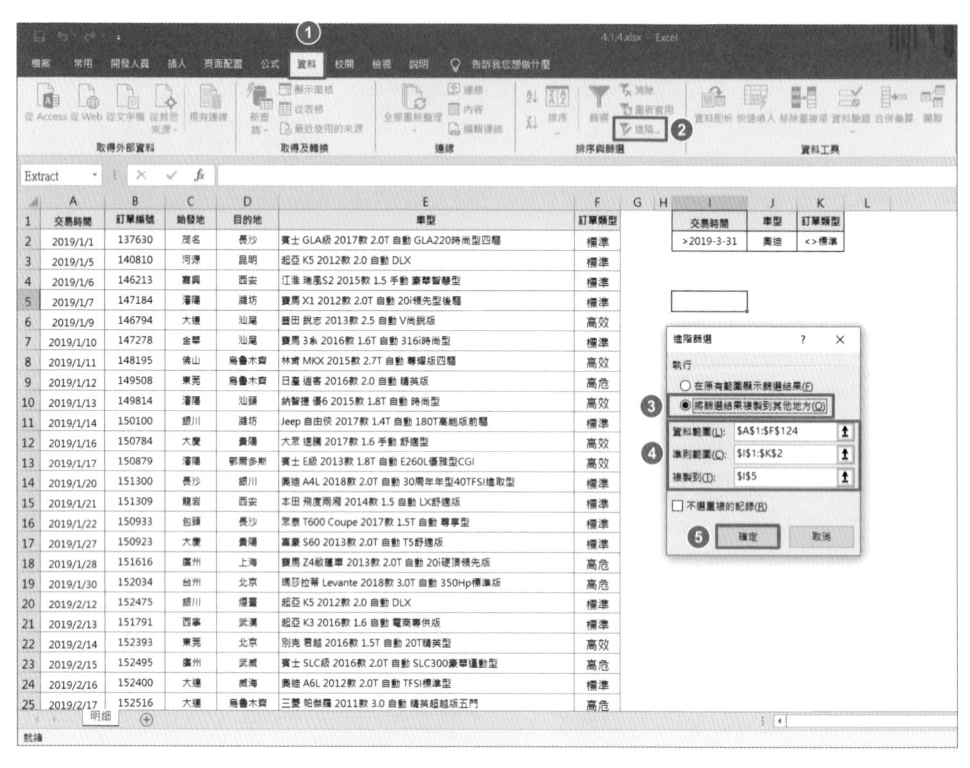

▲ 圖 4-11

Step 02 在實際工作中，經常會遇到多個條件對應一個結果或一個條件對應多個結果的查詢比對情形。學習進階篩選功能後，利用基本的滑鼠操作就可以完成相應的查詢比對。

使用進階篩選功能時需要注意以下四點：

- 條件範圍中的標題列一定要與資料來源中的標題列保持一致，否則在進階篩選的時候就無法篩選到相應的資料。
- 在如上案例中，條件範圍中的「車型」包含「奧迪」二字，這是模糊的比對，即包含「奧迪」的所有列。如果要查詢比對的儲存格僅為「奧迪」時，則可以將條件修改為「＝奧迪」。
- 進階篩選不等同於使用公式，當條件發生變化時，進階篩選的結果不會發生相應的變化。
- 進階篩選的條件範圍中的條件可以是多個條件。但是需要注意條件之間的「和」與「或」的關係，這樣才能正確地傳回相應的資料。

4.1.5 在多個條件約束下查詢比對各個部門的業績資料

前面講述了如何使用進階篩選功能進行多條件查詢比對。遺憾的是，如果比對條件發生了變化，進階篩選的結果並不會動態地更新。本節主要講解多條件下的查詢比對，從多個函數的視角與實際問題出發，針對同一問題提供不同的解決方案，以便盡可能地滿足大多數讀者的使用需求。

如圖 4-12 所示，從 A 欄到 D 欄的資料來源中尋找 F 欄到 G 欄條件要求下的資料，即尋找各個分公司所對應的 7 月與 9 月的銷售額（單位：元）。

H4 =LOOKUP(1,0/(($F4=$A$2:$A$37)*($G4=$B$2:$B$37)*(H$3=$C$2:$C$37)),$D$2:$D$37)

	A	B	C	D
1	分公司	品類	月份	銷售額
2	盤錦分公司	冰箱	7月	2,916,483
3	盤錦分公司	冰箱	8月	2,824,974
4	盤錦分公司	冰箱	9月	3,186,532
5	盤錦分公司	電視機	7月	1,596,626
6	盤錦分公司	電視機	8月	1,582,908
7	盤錦分公司	電視機	9月	2,139,596
8	盤錦分公司	空調	7月	8,620,697
9	盤錦分公司	空調	8月	1,868,182
10	盤錦分公司	空調	9月	2,627,326
11	丹東分公司	冰箱	7月	1,591,580
12	丹東分公司	冰箱	8月	1,297,747

	F	G	H	I
3	分公司	品類	7月	9月
4	盤錦分公司	冰箱	2,916,483	3,186,532
5	丹東分公司	電視機	1,020,152	1,235,619
6	大慶分公司	空調	7,929,192	1,168,713
7	包頭分公司	電視機	2,145,293	3,278,302
8	盤錦分公司	空調	8,620,697	2,627,326
9	丹東分公司	冰箱	1,591,580	1,663,579
10	大慶分公司	冰箱	4,648,042	5,587,667

▲ 圖 4-12

在 H4 儲存格中輸入公式，然後向下填滿至 I10 儲存格：

=LOOKUP(1,0/(($F4=$A$2:$A$37)*($G4=$B$2:$B$37)*(H$3=$C$2:$C$37)),$D$2: $D$37)

公式解釋

(($F4=$A$2:$A$37)*($G4=$B$2:$B$37)*(H$3=$C$2:$C$37)) 部分將用查詢比對的條件與條件範圍中的每一個資料進行對比，傳回的結果是由邏輯值 TRUE 和 FALSE 組成的陣列，其尺寸大小與條件範圍的尺寸大小一致。在 Excel 的公式中，根據邏輯值與數值的轉換原則，TRUE=1，FALSE=0。所以，這部分公式最後產生的是一個由 0 和 1 組成的 1 欄 36 列的陣列。

再用 0 除以上述的 0 與 1 的組合，可以得到一組 0 和錯誤值 #DIV/0 組成的陣列。然後使用 LOOKUP 函數在資料範圍 $D$2:$D$37 中尋找符合條件的值，即 0 對應的值。所以，最終結果是，LOOKUP 函數傳回 0 所對應的 $D$2:$D$37 資料範圍中之列的值。

上面的 LOOKUP 函數查詢比對，不是很好理解，在大多情況下可以不用刻意去理解它的意思，只要記住其語法形式即可。其語法形式如下：

LOOKUP(1,0/((條件 1= 條件範圍 1)*(條件 2= 條件範圍 2)*……)), 結果範圍)

除了上述方法外，還有更加簡單的 SUMIFS 函數可以實現此功能。

即在 H4 儲存格中輸入公式，向下填滿至 I10 儲存格：

=SUMIFS($D$2:$D$37,$A$2:$A$37,$F4,$B$2:$B$37,$G4,$C$2:$C$37,H$3)

注意：使用 SUMIFS 函數來替代 LOOKUP 函數進行尋找時，結果必須是數值。如果結果為文字時，SUMIFS 函數就會傳回錯誤值。因此，使用 LOOKUP 函數具有通用性，無論結果是文字型的還是數值型的，都是可以正確地回傳結果的。

補充說明 在一般情況下，VLOOKUP 函數只能從左往右進行查詢比對。如果是結果在左側，條件在右側時，就可以使用上面的 LOOKUP 查詢方法（還可以使用 4.1.1 節中 INDEX+MATCH 函數的組合方法）。

尋找和參照函數可以變換不同的組合方式來解決各類問題。因此，我們應舉一反三，根據不同問題搭配最適合自己的公式，這樣才能提高工作效率。

4.1.6 使用 Power Query 批次不規則績效考核表中的資料

在績效考核的實際操作中，如果沒有特定的考核指標時，則一般情況下就會根據員工當月的工作計畫與工作完成總結，給予員工相應的績效分數。

本節講解如何使用 Excel 中的 Power Query 功能，批次彙總多個活頁簿中不規則的考核表中的考核成績。

如圖 4-13 所示，是某公司 2019 年 9 月各個部門各個職務員工月度績效考核的活頁簿。現擷取這些活頁簿中的被考核人部門、被考核人編號、被考核人姓名、被考核人職務、考核人姓名以及考核成績等欄位所對應的值。需要說明的是每個考核表的列標題是一致的，但是成績的合計所在的列是不確定的。

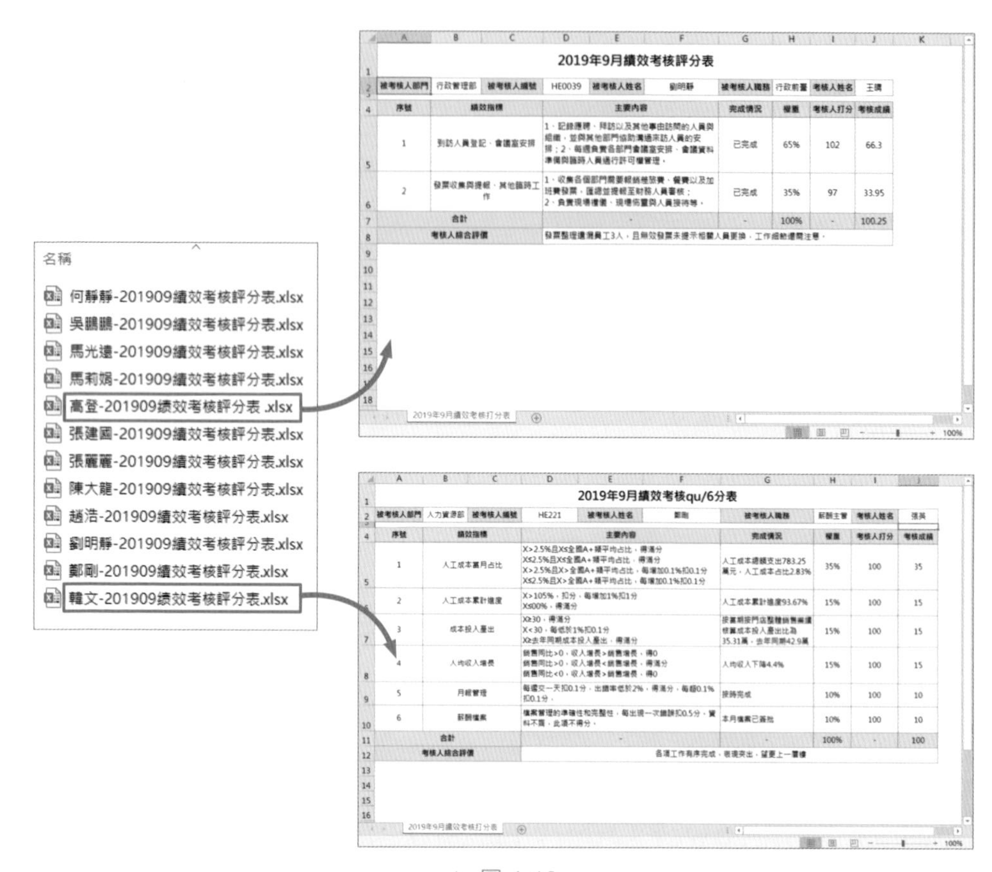

▲ 圖 4-13

彙總結果如圖 4-14 所示。

	A	B	C	D	E	F
1	被考核人部門	被考核人編號	被考核人姓名	被考核人職位	考核人姓名	考核成績
2	人力資源部	HE222	何靜靜	人事主管	張英	100
3	行政管理部	HE0039	劉明靜	行政前臺	王晴	100.25
4	客服部	HE0054	吳鵬鵬	客服主管	尹大力	100
5	人力資源部	HE0089	張建國	績效主管	張英	97.5
6	行政管理部	HE0095	張麗麗	資產與後勤主管	王晴	97.95
7	人力資源部	HE0112	趙浩	HRBP	張英	95
8	人力資源部	HE221	鄭剛	薪酬主管	張英	100
9	安保部	HE0077	陳大龍	安保班長	楊成	100
10	督導檢查部	HE0115	韓文	專員	馬明貢	99.5
11	行政管理部	HE0091	馬光遠	司機	王晴	100
12	行政管理部	HE0099	馬莉娟	行政前臺	王晴	98.95
13	人力資源部	HE223	高登	薪酬主管	張英	98.5

▲ 圖 4-14

操作步驟如下。

Step 01 由於每一個工作表的欄結構是一樣的，因此需要定位各主要欄位的值在表中的位置，目的是在後面的步驟 Step 08 中構建自訂函數中使用。具體如表 4-1 所示。

▼ 表 4-1 主要欄位的值在表中的位置

標題	被考核人部門	被考核人編號	被考核人姓名	被考核人職務	考核人姓名	考核成績
列標	2	2	2	2	2	合計
欄標	2	4	6	8	10	10

Step 02 在【資料】頁籤中依次選擇【取得資料】→【從檔案】→【從資料夾】選項，如圖 4-15 所示。

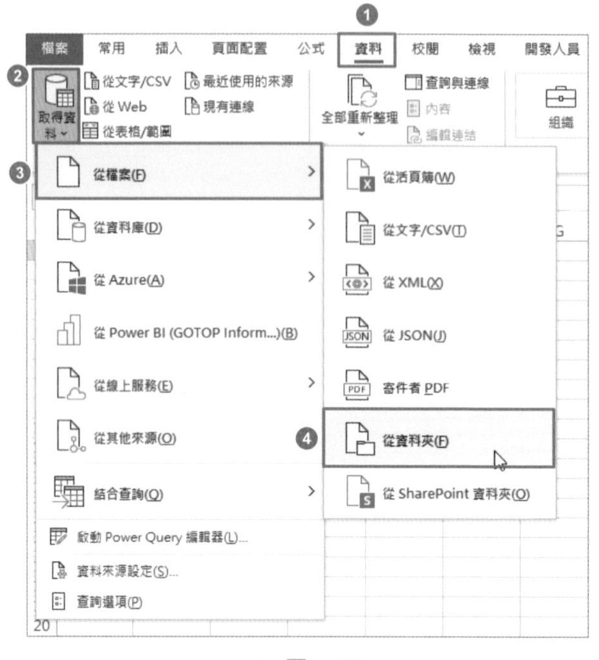

▲ 圖 4-15

Step 03 在開啟的【資料夾】對話方塊中按一下【瀏覽】按鈕，選取存放考核表之資料夾的路徑，最後按一下【開啟】按鈕，如圖 4-16 所示。

資料夾名稱(N): 4.1.6素材

工具(L) ▼ 開啟(O)

▲ 圖 4-16

Step 04 在開啟的對話方塊中無須任何的操作，按一下【轉換資料】按鈕，如圖 4-17 所示。

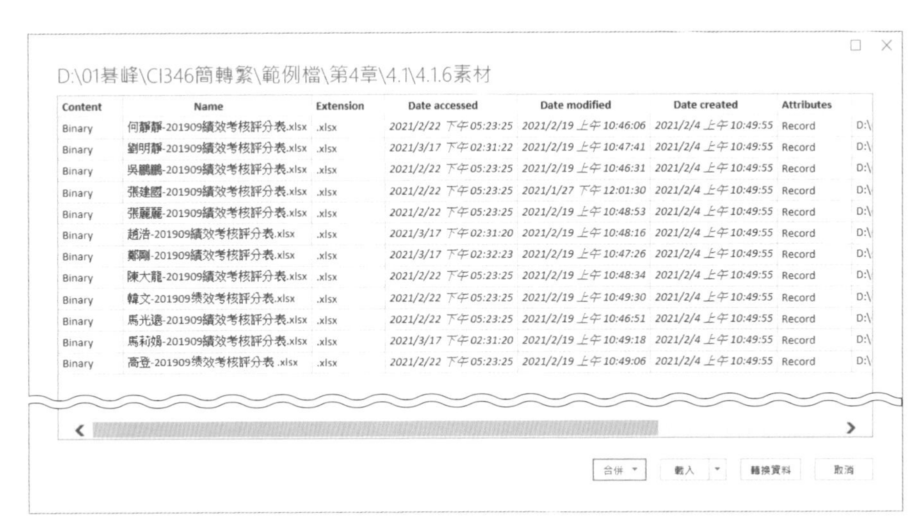

▲ 圖 4-17

Step 05 此時自動進入 Power Query 編輯器介面，選擇「Content」欄，按一下滑鼠右鍵，在彈出的快顯功能表中選擇【移除其他資料行】，如圖 4-18 所示。

▲ 圖 4-18

Step 06 在【新增資料行】頁籤中按一下【自訂資料行】按鈕，開啟【自訂資料行】對話方塊。在【新資料行名稱】文字方塊中輸入「Data」（也可以是其他名稱），在【自訂資料行公式】編輯方塊中輸入以下公式，最後按一下【確定】按鈕，如圖 4-19 所示。

```
=Excel.Workbook([Content],false)
```

公式解釋

這裡的公式屬於 Excel Power Query 中的 M 公式，一定要注意大小寫。此處公式的意思是將從資料夾中載入的二進位檔案解析成表格，第二個參數 false 表示不會將第一列記錄提升為標題。

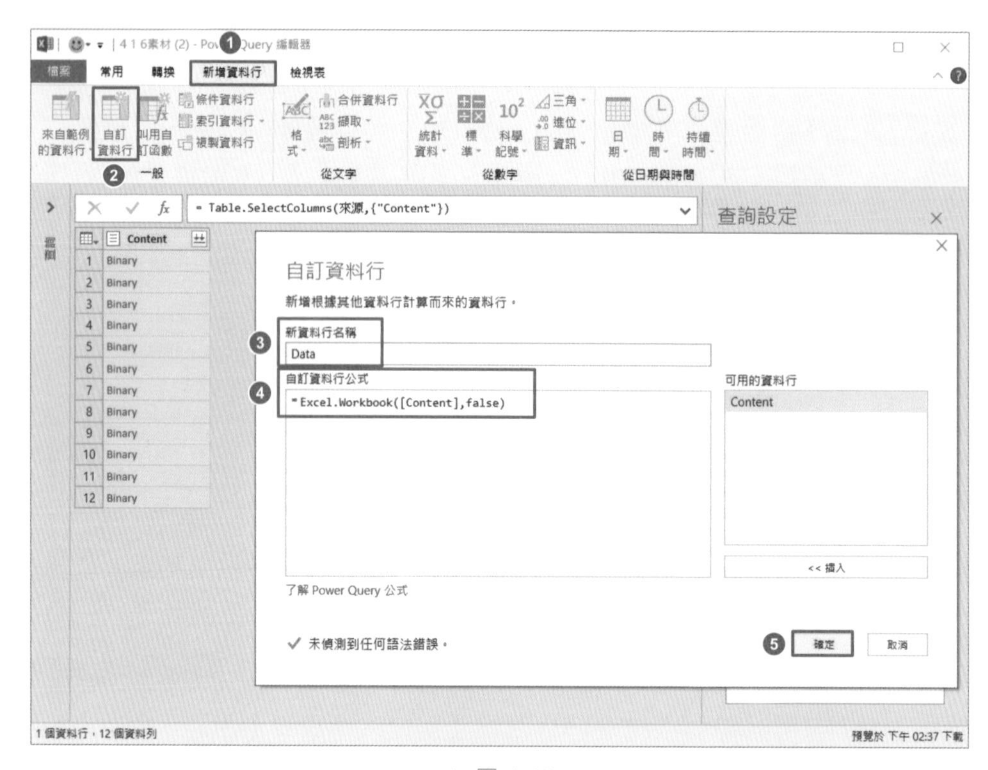

▲ 圖 4-19

Step 07 按一下公式編輯欄中的 *fx* 按鈕，新增一個步驟，在公式編輯欄中輸入以下公式，並按 <Enter> 鍵完成，如圖 4-20 所示：

```
= Table.TransformColumns( 已新增自訂 ,{"Data",each _{0}[Data]})
```

公式解釋

該公式的意思是，使用 Table.TransformColumns 函數將「Data」中每一個 Table 的「Data」欄位提出來。{0} 表示深化第 1 行，[Data] 表示深化「Data」中 Table 的內容。這裡的深化相當於工作表函數中的儲存格參照。

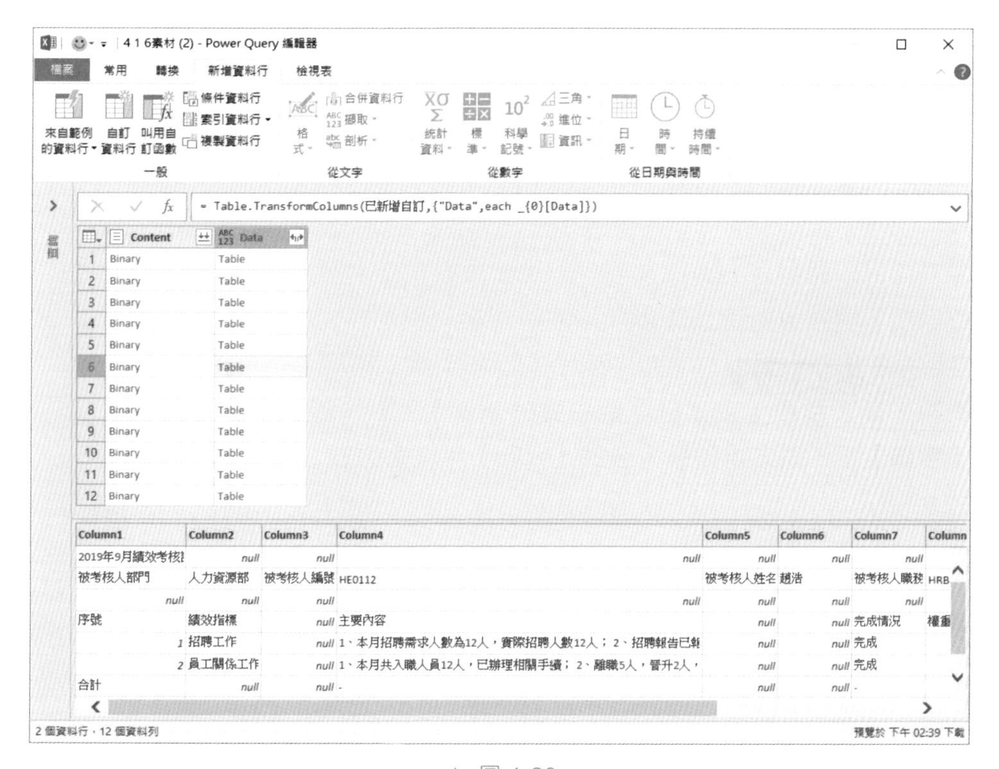

▲ 圖 4-20

Step 08 再次按一下公式編輯欄中的 *fx* 按鈕，新增一個步驟，在公式編輯欄中輸入以下自訂函數的公式，如圖 4-21 所示：

```
=(x as table)=> #table(
        {" 被考核人部門 "," 被考核人編號 "," 被考核人姓名 ",
        " 被考核人職務 "," 考核人姓名 "," 考核成績 "},
        {{
        x{1}[Column2],x{1}[Column4],x{1}[Column6],
        x{1}[Column8],x{1}[Column10],x{[Column1=" 合計 "]}[Column10]
        }})
```

▲ 圖 4-21

公式解釋

上述公式的實質是定義了一個自訂函數。這個自訂函數是一個表。#table 函數是 Excel Power Query 中構建表格的函數。需要注意的是 Power Query 中的列號是從 0 開始的，所以在使用 Step 01 中的行號時要將原值減去 1，這樣才能傳回正確的結果。

Step 09 再次按一下公式編輯欄的 *fx* 按鈕，在公式編輯欄中輸入以下公式，然後按一下 <Enter> 鍵，如圖 4-22 所示：

```
= Table.Combine(Table.AddColumn( 自訂 1,"a",each 自訂 2([Data]))[a])
```

公式解釋

上述公式的作用是，新增一欄名為 "a" 的內容，使用自訂函數取得 "Data" 欄中每個 Table 中的資料，最後使用 Table.Combine 函數對各個表進行合併。

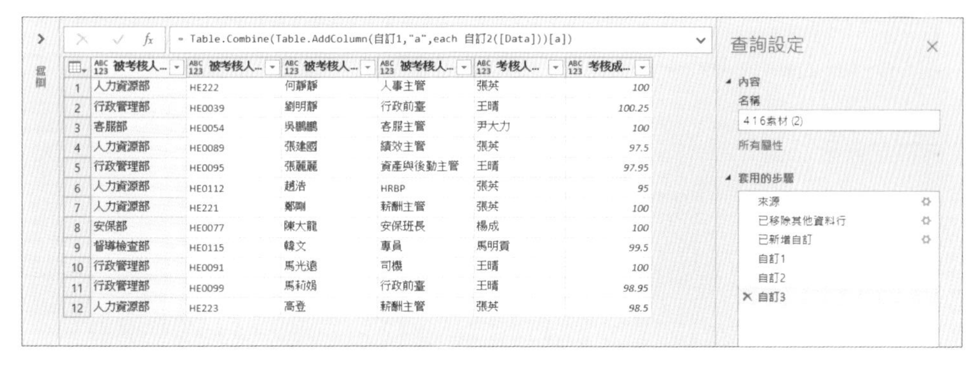

= Table.Combine(Table.AddColumn(自訂1,"a",each 自訂2([Data]))[a])

	被考核人...	被考核人...	被考核人...	被考核人...	考核人...	考核成...
1	人力資源部	HE222	何靜靜	人事主管	張英	100
2	行政管理部	HE0039	劉明靜	行政前臺	王晴	100.25
3	客服部	HE0054	吳鵬鵬	客服主管	尹大力	100
4	人力資源部	HE0089	張建國	績效主管	張英	97.5
5	行政管理部	HE0095	張麗麗	資產與後勤主管	王晴	97.95
6	人力資源部	HE0112	趙浩	HRBP	張英	95
7	人力資源部	HE221	鄭剛	薪酬主管	張英	100
8	安保部	HE0077	陳大龍	安保班長	楊成	100
9	督導檢查部	HE0115	韓文	專員	馬明貴	99.5
10	行政管理部	HE0091	馬光遠	司機	王晴	100
11	行政管理部	HE0099	馬莉娟	行政前臺	王晴	98.95
12	人力資源部	HE223	高登	薪酬主管	張英	98.5

▲ 圖 4-22

Step 10 對圖 4-22 中右側【查詢設定】窗格裡【套用的步驟】清單底下的名稱進行重新命名，重新命名前後的對比結果如圖 4-23 所示。

查詢設定
內容
名稱
416素材
所有屬性
套用的步驟
來源
已移除其他資料行
已新增自訂
自訂1
自訂2
自訂3

查詢設定
內容
名稱
416素材
所有屬性
套用的步驟
來源
移除資料行
轉換
Data
TQ
合併

▲ 圖 4-23

Step 11 在【常用】頁籤中依次選擇【關閉並載入】→【關閉並載入】選項，即可將結果表上載至工作表中，如圖 4-24 所示。

▲ 圖 4-24

完整的公式如圖 4-25 所示。

▲ 圖 4-25

- 如果在資料原始檔案夾中有加入新的活頁簿，則只需要在結果表中選取任意一個儲存格，按一下滑鼠右鍵，在彈出的快顯功能表中選擇【重新整理】選項即可獲得最新的結果。
- 當修改每個步驟的名稱後，在公式中參照的步驟名稱也會相應地發生變化。
- 如果資料來源的檔案路徑發生了變化，以致結果無法更新時，則可在 Power Query 編輯器中，在【常用】頁籤中依次選擇【資料來源設定】→【變更來源】選項，將資料來源的路徑修改為目前的路徑。

4.2 績效管理中的各類計算

績效核算指的是根據績效規則來核算績效獎金，其間所涉及的函數也是比較多的。本節主要講解績效實際核算中的一些常見案例。

4.2.1 統計各個部門的月度考核人數

注意，這裡假定當員工休產假、病假、事假等時，不參與績效考核。

如圖 4-26 所示，是某公司 2019 年 9 月各個部門的考核成績情況。要求：統計各個部門實際參與考核的人數（有考核成績的人員）。

H4 {=SUMPRODUCT((G4=$B$2:$B$13)*(ISNUMBER($E$2:$E$13)))}

	A	B	C	D	E	F	G	H
1	歷經月	部門	員工編號	姓名	考核成績			
2	201909	人資部	HE13862	楊翠花	97			
3	201909	客服部	HE14672	吳麗	82		部門	實際參與考核人數
4	201909	財務部	HE13011	何凡	82		人資部	3
5	201909	行政部	HE13864	朱藝	事假		客服部	2
6	201909	人資部	HE10349	秦月	91		財務部	2
7	201909	客服部	HE13633	孫冰露	100		行政部	2
8	201909	財務部	HE10949	孫莉	產假			
9	201909	行政部	HE11603	秦啟倩	97			
10	201909	人資部	HE10880	沈悅明	100			
11	201909	客服部	HE13029	秦苑	病假			
12	201909	財務部	HE10563	衛顯	81			
13	201909	行政部	HE12799	韓怡	80			

▲ 圖 4-26

在 H4 儲存格中輸入以下公式，向下填滿至 H7 儲存格：

```
=SUMPRODUCT((G4=$B$2:$B$13)*(ISNUMBER($E$2:$E$13)))
```

公式解釋

該公式中一共有兩個判斷條件，以 H4 儲存格中的公式為例。這兩個判斷條件分別為 G4=$B$2:$B$13 和 ISNUMBER($E$2:$E$13)。

第一個判斷條件 G4=$B$2:$B$13 表示將 G4 儲存格中的值分別與資料範圍 $B$2:$B$13 中的值進行比較，傳回與資料範圍 $B$2:$B$13 尺寸一致的由邏輯值 TRUE 和 FALSE 組成的陣列；第二個判斷條件 ISNUMBER($E$2:$E$13) 將判斷資料範圍 $E$2:$E$13 中的每個資料是否為數字，同第一個判斷條件一樣，傳回與資料範圍 $E$2:$E$13 尺寸一致的由邏輯值 TRUE 和 FALSE 組成的陣列。

最後根據 TRUE=1 與 FALSE=0 的原則進行轉換，使用 SUMPRODUCT 函數傳回同時滿足上述兩個判斷條件的個數。

SUMPRODUCT 是一個非常強大的函數，其主要作用是傳回陣列或範圍的乘積和。

ISNUMBER 函數只有一個參數，可用來判斷一個值是否為數字，傳回 TRUE 或者 FALSE。

此外，還有一種比較簡單的方法。

在 H4 儲存格中輸入以下公式，向下填滿至 H7 儲存格：

```
=COUNTIFS($B$2:$B$13,G4,$E$2:$E$13,">0")
```

與上面的公式相比較，顯然 COUNTIFS 的公式看起來更加簡潔。

SUMPRODUCT 函數還可以用來進行條件加總與條件計數。其語法形式如下：

計數：SUMPRODUCT((條件 1= 條件範圍 1)*(條件 2= 條件範圍 2)*……)

加總：SUMPRODUCT((條件 1= 條件範圍 1)*(條件 2= 條件範圍 2)*……*(加總範圍))

4.2.2 為考核規則設定上 / 下限

在績效考核中，常常會遇到封頂值與保底值的問題。本節將從兩個方面來講解如何快速地設定上 / 下限的問題。

如圖 4-27 所示，某公司所設定的一線業務人員績效係數規則如下：銷量任務達成率大於 200%（不含 200%），績效係數為 2；銷量任務達成率小於 70%（不含 70%），績效係數按照 0.7 計算；其他部分按照實際值計算（注意：銷量任務與實際銷量的單位為「元」）。

F2 =MAX(MIN(E2,2),0.7)

	A	B	C	D	E	F
1	縣市	業務人員姓名	銷量任務	實際銷量	任務達成率	績效係數
2	金門	魏紫霜	985328	768337	78.0%	0.78
3	雲林	孫成倩	566725	487076	86.0%	0.86
4	苗栗	何寵婷	1022404	1296944	127.0%	1.27
5	新竹	孫亦寒	593910	1364738	230.0%	2
6	新北	周彩菊	1045144	1213381	116.0%	1.16
7	台東	朱豔	589459	923918	157.0%	1.57
8	花蓮	王淑芬	598694	1559624	261.0%	2
9	台北	馮秀	788966	1500351	190.0%	1.9
10	高雄	華成倩	647234	597525	92.0%	0.92
11	台中	雲睿婕	833857	573835	69.0%	0.7
12	桃園	李千萍	601335	600564	100.0%	1
13	嘉義	彭清怡	656046	1346486	205.0%	2
14	南投	雲枝	845908	574062	68.0%	0.7

▲ 圖 4-27

在 F2 儲存格中輸入以下公式，向下填滿至 F14 儲存格：

=MAX(MIN(E2,2),0.7)

公式解釋

MAX 是求取最大值的函數；MIN 是求取最小值的函數。

MIN(E2,2) 表示將 E2 儲存格中的值與 2 相比較，兩個值中取一個最小值，該部分的目的是設定上限功能。

=MAX(MIN(E2,2),0.7) 表示將 MIN 取得的最小值與 0.7 相比較，兩個值中取一個最大值，即該部分的目的是設定下限的功能。

MAX 與 MIN 這兩個函數也可以交換位置，實現同樣的結果，即公式還可以寫成：

=MIN(MAX(E2,0.7),2)

上面的方法可以總結為通用的語法形式，即：

MIN(MAX(值 , 下限值), 上限值)

或者

MAX(MIN(值 , 上限值), 下限值)

除此之外，還可以使用另外一個函數完成上述的上 / 下限（或封頂值與保底值）設定功能。

在 F2 儲存格中輸入以下公式，並向下填滿至 F14 儲存格：

=MEDIAN(E2,0.7,2)

公式解釋

在公式中，將 E2 儲存格中的值與 0.7、2 相比較，如果 E2 儲存格中的值小於 0.7 時，那麼 0.7 就是中間的值；如果 E2 儲存格中的值大於 0.7 且小於 2 時，那麼 E2 儲存格中的值就是中間的值；否則，2 就是中間的值。

MEDIAN 函數的功能是傳回一組數的中值。其語法形式如下：

MEDIAN(值 1, 值 2, 值 3,……)

4.2.3 使用「線性插值法」計算績效得分

插值法在一些行業有著廣泛應用。在人力資源管理中，也會經常應用插值法來設計一些考核規則。本節將主要講解人力資源管理中績效插值的簡單計算問題。

某公司的績效考核規則：對其任務達成率進行考核。達成率大於 150% 時，其績效得分為 150 分；達成率小於 70% 時，其績效得分為 0；達成率為 70% ～ 150%（包含 70% 與 150%）時，按照實際達成率在 60 分至 120 分之間（包含 60 分與 120 分）利用線性插值法計算得分。

圖 4-28 展示了該公司各個業務縣市負責人的業績達成情況，現需要計算這些負責人的績效得分（銷量任務和實際銷量的單位為「萬元」）。

F2 {=IF(E2<70%,0,MIN(ROUND(FORECAST(E2,{60,120},{70,150}%),2),150))}

	A	B	C	D	E	F	G	H
1	縣市	姓名	銷量任務	實際銷量	任務達成率	績效得分		
2	金門	魏紫霜	985328	768337	78.0%	66		
3	雲林	孫成倩	566725	487076	86.0%	72		
4	苗栗	何龍婷	1022404	1296944	127.0%	102.75		
5	新竹	孫亦寒	593910	1364738	230.0%	150		
6	新北	周彩菊	1045144	1213381	116.0%	94.5		
7	台東	朱醫	589459	884188.5	150.0%	120		
8	花蓮	王淑芬	598694	1559624	261.0%	150		
9	台北	馮秀	788966	1000351	127.0%	102.75		
10	高雄	華成倩	647234	597525	92.0%	76.5		
11	台中	雲睿婕	833857	573835	69.0%	0		
12	桃園	李千萍	601335	601335	100.0%	82.5		
13	嘉義	彭清怡	656046	846486	129.0%	104.25		
14	南投	雲枝	845908	574062	68.0%	0		
15								

▲ 圖 4-28

在 F2 儲存格中輸入以下公式，向下填滿至 F14 儲存格：

```
=IF(E2<70%,0,MIN(ROUND(FORECAST(E2,{60,120},{70,150}%),2),150))
```

公式解釋

FORECAST 函數可根據現有值計算或預測未來值。根據直線 y=ax+b，預測值為給定 x 值後求得的 y 值。已知值為現有 x 值與 y 值，並藉由線性回歸來預測新值。可以使用該函數來預測未來銷售、庫存需求或消費趨勢等。該函數的語法形式如下：

```
FORECAST(x,known_y's,known_x's)
```

第二個參數與第三個參數為含有多個數據點的陣列或者陣列範圍。

公式的整體意思如下：藉由已知點 {60,120} 和 {70,150}%，求作一條直線的函數 F(x)，然後求這條直線上的一個橫座標值（如 E2 儲存格的值 78%）所對應的縱座標軸上的值，即 66。再利用 MIN 函數對 66 與 150 取小值，達到設定上限的目的。最後使用 IF 函數判斷達成率，如果小於 70% 的，則傳回 0。

此外，還有一個辦法，即：

```
=IF(E2<70%,0,MIN(ROUND(TREND({60,120},{70,150}%,E2),2),150))
```

公式解釋

TRANED 函數可用來傳回沿趨勢線的值。該函數的語法形式如下：

```
TREND(known_y's,[known_x's],[new_x's],[const])
```

該函數的用法基本上與上面的函數類似。這裡不再贅述。

上面介紹了線性插值法在 Excel 中的應用。這裡簡單說明一下線性插值的原理。

已知座標軸中的兩個座標點 (x_0, y_0) 和 (x_1, y_1)，要得到 $[x_0, x_1]$ 區間內某一值的 x 在直線上所對應的 y 值，那麼這兩個座標點所構成的直線方程式可以寫成：

$$\frac{y-y_0}{y_1-y_0}=\frac{x-x_0}{x_1-x_0}$$

假設方程式的兩邊都等於 m，那麼此時 m 就是這個插值的係數，即 x_0 到 x 的距離與 x_0 到 x_1 的距離的比值，也可以是 y_0 到 y 的距離與 y_0 到 y_1 的距離的比值。可以寫成：

$$m=\frac{x-x_0}{x_1-x_0} \quad 或 \quad m=\frac{y-y_0}{y_1-y_0}$$

因此，上面的函數運算式也可以寫成：

$$y=(1-m)y_0+my_1$$

或者

$$y=y_0+m(y_1-y_0)$$

回到本例中的績效插值計算問題，達成率為 70% ～ 150% 時，按實際達成率在 60 分至 120 分之間採用線性插值法計算得分。因此，此處可以得到兩個座標點，即 (70,60) 和 (150,120)，利用這兩個點可以得出這個直線的方程式如下：

$$\frac{y-60}{120-60}=\frac{x-70\%}{150\%-70\%}$$

得到公式：

$$y=75x+7.5$$

在此，以 E2 儲存格中的值 78% 為例，代入上述公式，求出績效得分如下：y＝75*78%＋7.5＝66。以此類推，可以計算其他儲存格所對應的績效插值得分。

需要注意的是，即使 x 不在區間 $[x_0, x_1]$ 上，上面推導的方程式也是成立的。因此，在上述案例的公式中使用了 MIN 函數與 IF 函數進行上 / 下限的設定。

在 Excel 中，只要能夠釐清問題的原理是什麼，寫公式就變得非常簡單了。

4.2.4 績效考核中的權重與抽成計算

在 KPI（Key Performance Indicator，關鍵績效指標）中，往往一個一級指標可能包含很多二級指標與三級指標，每個指標的重要程度由其權重決定。在對銷售類職務的人員進行考核時，一般會按照銷售額的比例進行抽成。

如圖 4-29 所示，某職務員工有三項考核指標，各員工的總分為每項指標的得分乘以對應的權重後相加。下面計算每個員工的總分。

F3 {=SUMPRODUCT(C3:E3*$C$2:$E$2)}

	A	B	C	D	E	F
1	縣市	業務姓名	銷售同比達成得分	淨利潤同比達成得分	融資完成得分	總分
2			50%	30%	20%	
3	金門	魏紫霜	85	74	85	81.7
4	雲林	孫成倩	94	77	94	88.9
5	苗栗	何龍婷	74	71	87	75.7
6	新竹	孫亦寒	82	83	75	80.9
7	新北	周彩菊	75	86	80	79.3
8	台東	朱豔	92	98	97	94.8
9	花蓮	王淑芬	94	92	92	93
10	台北	馮秀	91	79	89	87
11	高雄	華成倩	94	79	82	87.1

▲ 圖 4-29

在 F3 儲存格中輸入以下公式，向下填滿至 F11 儲存格：

```
=SUMPRODUCT(C3:E3*$C$2:$E$2)
```

公式解釋

SUMPRODUCT 函數具有傳回幾組乘積和的功能。以 F3 儲存格中的公式為例，這裡的公式會先將 C3:E3 與 $C$2:$E$2 進行相乘後再相加，即 C3*$C$2+D3*$D$2+E3*$E$2=85*50%+74*30%+85*20%=81.7。需要注意的是 $C$2:$E$2 部分要使用絕對參照，保證公式下拉填滿時絕對位置保持不變；而且 C3:E3 的尺寸與 $C$2:$E$2 的尺寸大小保持一致，都是 1 列 3 欄。

下面再講另外一個例子。

如圖 4-30 所示，某電器銷售企業一線導購人員所採取的銷售抽成方式如下：各個導購人員可以售賣任何品項中的電器，最後採取銷售額（單位：元）乘以銷售抽成的方法計算銷售抽成。各個品項電器的銷售抽成如下：冰箱為 1%，電視機為 2%，空調為 1.5%，廚具為 3%，小家電為 2%。

G2 =SUMPRODUCT(B2:F2,{0.01,0.02,0.015,0.03,0.02})

	A	B	C	D	E	F	G
1	業務姓名	冰箱	電視機	空調	廚具	小家電	抽成合計
2	魏紫霜	76889	99498	134639	114068	190413	12008.735
3	孫成倩	129639	140585	103625	188586	141816	14156.365
4	何龍婷	120698	107304	184163	101408	未上架	9157.745
5	孫亦寒	189851	160006	該區無貨	118133	92820	10499.02
6	周彩菊	98220	184093	150773	122188	197980	14550.895
7	朱豔	105200	118334	199404	182368	116396	14208.7
8	王淑芬	145472	該區無貨	184652	110073	106661	9659.91
9	馮秀	198346	191676	198059	118313	159848	15534.215
10	華成倩	137235	198420	125634	157700	113592	14228.1

▲ 圖 4-30

與第一個例子不同的是，該例中並沒有對應抽成的欄，且數字與文字混合。

在 G2 儲存格中輸入以下公式，向下填滿至 G10 儲存格：

```
=SUMPRODUCT(B2:F2,{0.01,0.02,0.015,0.03,0.02})
```

公式解釋

這個公式裡面使用了一個常數陣列 {0.01,0.02,0.015,0.03,0.02}，其作用是將 B2:F2 中的每一個值與常數陣列中的每一個值相乘，最後加總。

補充說明

在上面的例子中，使用 SUMPRODUCT 函數時，為什麼有時使用星號（*），有時卻使用逗號 (,) ？兩者的主要區別如下：如果範圍中的資料全部是數值時，使用星號和逗號沒有區別；但是如果任一範圍中存在文字，則應使用逗號。使用逗號時，SUMPRODUCT 函數可以將非數值型的元素當作 0 來處理，這樣就可以避免計算出錯。

因此，在上述的第二個例子中，出現「該區無貨」或者「未上架」的資料時，最終的結果並沒有傳回錯誤值，這是由於 SUMPRODUCT 函數把文字值當成了 0 來計算所致。

4.2.5 超額累計抽成 / 階梯抽成計算

超額累計抽成，又稱為階梯抽成，這是績效考核中一種最常見的績效計算方法，經常運用於業務拓展人員或者其他與業績相關人員的考核中。此外，個人所得稅、累進電價計算等亦採用此方法。

本節將以業績抽成的具體案例來講解超額累計抽成的計算方法。

某企業對業務拓展人員採取超額累計的抽成方法。業績抽成是根據業務拓展人員的業績量分段確定的，規則如下：

- 業績為 0 至 6 萬元（含 6 萬元）的部分，業務拓展人員的抽成比例為 2%；
- 業績為 6 萬元至 12 萬元（含 12 萬元）的部分，業務拓展人員的抽成比例為 3%；
- 業績為 12 萬元至 18 萬元（含 18 萬元）的部分，業務拓展人員的抽成比例為 4%；
- 業績為 18 萬元至 24 萬元（含 24 萬元）的部分，業務拓展人員的抽成比例為 5%；

- 業績為 24 萬元至 30 萬元（含 30 萬元）的部分，業務拓展人員的抽成比例為 6%；
- 業績為 30 萬元以上的部分，業務拓展人員的抽成比例為 7%。

例如，某員工某月的業績量為 15 萬元，那麼其抽成計算公式如下：

=6 萬 *2%+6 萬 *3%+3 萬 *4%=0.12 萬 +0.18 萬 +0.12 萬 =0.42 萬。

根據圖 4-31 中的銷售資料，按照上述規則計算這家企業業務拓展人員 2019 年 5 月的抽成金額（單位：元）。

	A	B	C	D
1	部門	職務	姓名	5月銷售
2	業務1部	業務員	張三	58120
3	業務2部	業務員	李四	109001
4	業務3部	業務員	王五	154612
5	業務1部	業務員	趙六	209870
6	業務2部	業務員	楊旭	261209
7	業務3部	業務員	馬忠	300000
8	業務3部	業務員	趙成	410980
9	業務1部	業務員	羅明	150000

▲ 圖 4-31

對於超額累計抽成問題，使用 IF 函數，會顯得十分冗長，並且不利於公式的維護與修改。因此，本例將不再採用 IF 函數來編寫公式。下面採用分步計算的方法來計算每個員工的抽成金額。

❖ 計算抽成比例

在 E2 儲存格中輸入以下公式，向下填滿至 E9 儲存格，計算每個員工的業績所對應的抽成比例，如圖 4-32 所示。

```
=LOOKUP(D2,{0,6,12,18,24,30}*10000,{2,3,4,5,6,7}%)
```

E2 =LOOKUP(D2,{0,6,12,18,24,30}*10000,{2,3,

	A	B	C	D	E
1	部門	職務	姓名	5月銷售	抽成比例
2	業務1部	業務員	張三	58,120	0.02
3	業務2部	業務員	李四	109,001	0.03
4	業務3部	業務員	王五	154,612	0.04
5	業務1部	業務員	趙六	209,870	0.05
6	業務2部	業務員	楊旭	261,209	0.06
7	業務3部	業務員	馬忠	300,000	0.07
8	業務3部	業務員	趙成	410,980	0.07
9	業務1部	業務員	羅明	150,000	0.04

▲ 圖 4-32

公式解釋

在 3.2.3 節中已經介紹過利用 LOOKUP 進行區間值尋找的方法。

這裡的 {0,6,12,18,24,30}*10000 表示將 {0,6,12,18,24,30} 乘以 10000，相當於 {0,60000,120000,180000,240000,300000}；同樣，{2,3,4,5,6,7}% 跟前者的含義是一樣的，屬於簡寫的方法，這樣可以讓公式更簡潔。

❖ 計算速算數

某級速算數 = 上一級的最大值 *(本級比例 - 上一級比例)+ 上一級的速算扣除數

因此，根據速算數的計算方法，可以得到這裡的各級速算數，如圖 4-33 所示。

C4 =C3*(C2-B2)+B4

	A	B	C	D	E	F	G
1	業績量 (X)	0<X<=60000	60000<X<=120000	120000<X<=180000	180000<X<=240000	240000<X<=300000	X>300000
2	抽成比例	2%	3%	4%	5%	6%	7%
3	區間起點值	0	60000	120000	180000	240000	300000
4	速算數	0	600	1800	3600	6000	9000

▲ 圖 4-33

在 F2 儲存格中輸入公式，向下填滿至 F9 儲存格，如圖 4-34 所示：

=LOOKUP(D2,{0,6,12,18,24,30}*10000,{0,600,1800,3600,6000,9000})

F2 =LOOKUP(D2,{0,6,12,18,24,30}*10000,{0,600,1800,3600,60

	A	B	C	D	E	F
1	部門	職務	姓名	5月銷售	抽成比例	速算數
2	業務1部	業務員	張三	58,120	0.02	0
3	業務2部	業務員	李四	109,001	0.03	600
4	業務3部	業務員	王五	154,612	0.04	1,800
5	業務1部	業務員	趙六	209,870	0.05	3,600
6	業務2部	業務員	楊旭	261,209	0.06	6,000
7	業務3部	業務員	馬忠	300,000	0.07	9,000
8	業務3部	業務員	趙成	410,980	0.07	9,000
9	業務1部	業務員	羅明	150,000	0.04	1,800

▲ 圖 4-34

❖ 計算抽成金額

經過上面的抽成比例與速算數的計算，現在就可以計算抽成金額了，如圖 4-35 所示：

抽成金額 = 業績量 * 對應的抽成比例 - 速算數

在 G2 儲存格中輸入以下公式，向下填滿至 G9 儲存格：

=D2*E2-F2

G2 =D2*E2-F2

	A	B	C	D	E	F	G
1	部門	職務	姓名	5月銷售	抽成比例	速算數	抽成金額
2	業務1部	業務員	張三	58,120	0.02	0	1,162.40
3	業務2部	業務員	李四	109,001	0.03	600	2,670.03
4	業務3部	業務員	王五	154,612	0.04	1,800	4,384.48
5	業務1部	業務員	趙六	209,870	0.05	3,600	6,893.50
6	業務2部	業務員	楊旭	261,209	0.06	6,000	9,672.54
7	業務3部	業務員	馬忠	300,000	0.07	9,000	12,000.00
8	業務3部	業務員	趙成	410,980	0.07	9,000	19,768.60
9	業務1部	業務員	羅明	150,000	0.04	1,800	4,200.00

▲ 圖 4-35

當然，除了採用上述分步計算超額累計抽成金額的方法外，還可以使用一個完整的公式來計算業績抽成金額，如圖 4-36 所示。

即在 E2 儲存格中輸入公式，向下填滿至 E9 儲存格：

```
=MAX(D2*{2,3,4,5,6,7}%-{0,600,1800,3600,6000,9000},0)
```

E2 | {=MAX(D2*{2,3,4,5,6,7}%-{0,600,1800,3600,6000,9000},0)}

	A	B	C	D	E	F
1	部門	職務	姓名	5月銷售	抽成	
2	業務1部	業務員	張三	58120	1162.4	
3	業務2部	業務員	李四	109001	2670.03	
4	業務3部	業務員	王五	154612	4384.48	
5	業務1部	業務員	趙六	209870	6893.5	
6	業務2部	業務員	楊旭	261209	9672.54	
7	業務3部	業務員	馬忠	300000	12000	
8	業務3部	業務員	趙成	410980	19768.6	
9	業務1部	業務員	羅明	150000	4200	

▲ 圖 4-36

公式解釋

同上面的公式一樣，該公式也遵循「抽成金額 = 業績量 * 抽成比例 - 速算數」的原則。

公式中的 {2,3,4,5,6,7}% 是不同抽成區間的比率，即 2%、3%、4%、5%、6%、7%；而 {0,600,1800,3600,6000,9000} 是各個區間所對應的速算數。

整個公式的意思如下：用業績量乘以各個抽成比例，再依次減去各個抽成區間的速算數，算出所有的抽成金額，然後使用 MAX 函數取最大值。

超額累計抽成的計算與個人所得稅的計算是同類型的計算。個人所得稅的計算將在 6.2.1 節講解。

4.2.6 根據評分標準計算績效得分並評定績效等級

在績效考核中，通常會透過多種條件來綜合計算被考核者的績效得分，之後藉由績效得分來判定被考核者的績效等級。本節將以實際的案例講解績效得分與績效等級判斷的計算。

某企業某職務的員工評分標準如下：以實際達成率 *100 為基準值。如果實際達成率高於目標達成率，則每高於目標值 5%，加 2 分，最多加 10 分；如果實際達成率低於目標達成率，則每低於目標值 5%，減 2 分，最多扣 20 分；不足 5% 的部分不予增減。績效得分在 90 分以上（含 90 分）的人員，績效等級評為 A；80 分以上（含 80 分）的人員，績效等級評為 B；70 分以上（含 70 分）的人員，績效等級評為 C；70 分以下的人員，績效等級評為 D。

如圖 4-37 所示，計算每個員工的最終績效得分與績效等級。

	A	B	C	D	E	F	G
1	負責區域	員工編號	姓名	目標達成率	實際達成率	績效得分	績效等級
2	金門	HE116314	魏紫霜	100%	88%	84	B
3	雲林	HE134720	孫成倩	100%	84%	78	C
4	苗栗	HE125869	何龍婷	100%	84%	78	C
5	新竹	HE192929	孫亦寒	100%	99%	99	A
6	新北	HE209228	周彩菊	100%	110%	114	A
7	台東	HE122212	朱豔	100%	90%	86	B
8	花蓮	HE163300	王淑芬	100%	74%	64	D
9	台北	HE119882	馮秀	100%	79%	71	C
10	高雄	HE169524	華成倩	100%	57%	41	D
11	台中	HE203088	雲睿婕	100%	95%	93	A
12	桃園	HE209567	李千萍	100%	84%	78	C
13	嘉義	HE153042	彭清怡	100%	99%	99	A
14	南投	HE174148	雲枝	100%	64%	50	D

▲ 圖 4-37

❖ 計算績效得分

在 F2 儲存格中輸入以下公式，並向下填滿至 F14 儲存格：

```
=E2*100+MIN(MAX(ROUNDDOWN((E2-D2)/5%,0)*2,-20),10)
```

公式解釋

ROUNDDOWN 函數的作用是沿著 0 的方向將數字進行向下捨入。其語法形式如下：

```
ROUNDDOWN( 數字 , 捨入的數字 )
```

以 F2 儲存格中的公式為例，ROUNDDOWN((E2-D2)/5%,0) 的意思是，用實際達成率減去目標達成率的差值除以 5%，得到有幾個 5%，然後使用 ROUNDDOWN 函數得到一個整數。比如（88%-100%）/5%=-2.4，ROUNDDOWN(-2.4)=-2。

使用 MAX 函數，設定上限不得超過 10；再嵌套 MIN 函數，下限不得小於 -20。

❖ 計算績效等級

在 G2 儲存格中輸入以下公式，並向下填滿至 G14 儲存格：

```
=LOOKUP(F2,{0,70,80,90},{"D","C","B","A"})
```

當然，還有使用者喜歡使用 IF 嵌套函數。因此，公式還可以寫成：

```
=IF(F2>=90,"A",IF(F2>=80,"B",IF(F2>=70,"C","D")))
```

如果 ROUNDDOWN 函數的第 2 個參數，

- 大於 0 時，則將數字向下捨入到指定的小數位數；
- 等於 0 時，則將數字向下捨入到最接近的整數；
- 小於 0 時，則將數字向下捨入到小數點左邊的相應位數。

4.2.7 計算交叉區間範圍內員工的績效獎金基數

如表 4-2 所示，是某教育機構針對班主任的一個考核標準，主要分為三個維度，即班主任所負責的年級（高一、高二與高三）及其考核指標——帶班人數與上課率（s）。比如，班主任張三，所帶年級為高二，班級人數為 100 ～ 199 人，上課率為 50%，那麼該班主任的績效獎金基數（簡稱「績效基數」）為 12 元。表 4-2 為班主任的帶班人數、上課率與績效獎金基數對照表。

▼ 表 4-2 班主任的帶班人數、上課率與績效獎金基數對照表

高一	高二	高三	0 ～ 49 人	50 ～ 99 人	100 ～ 199 人	200 人及以上
s<24%	s<29%	s<31%	0 元	0 元	0 元	0 元
24%≤s<38%	29%≤s<46%	31%≤s<50%	6 元	7 元	8 元	9 元
38%≤s<48%	46%≤s<58%	50%≤s<62%	10 元	11 元	12 元	13 元
48%≤s<52%	58%≤s<62%	62%≤s<65%	15 元	16 元	17 元	18 元
s≥52%	s≥62%	s≥65%	21 元	22 元	23 元	24 元

根據表 4-2 中的資料計算該教育機構班主任 2019 年 11 月的績效獎金基數。

先將上面的考核標準進行轉換，得到一個計算的輔助資料範圍，如圖 4-38 所示。

	A	B	C	D	E	F	G
1	計算規則						
2	高一	高二	高三	0	50	100	200
3	0	0	0	0	0	0	0
4	24%	29%	31%	6	7	8	9
5	38%	46%	50%	10	11	12	13
6	48%	58%	62%	15	16	17	18
7	52%	62%	65%	21	22	23	24

▲ 圖 4-38

在 G10 儲存格中輸入以下公式，向下填滿至 G18 儲存格，如圖 4-39 所示：

```
=INDEX($D$3:$G$7,MATCH($E10,OFFSET(A$3:A$7,0,MATCH(D10,$A$2:$C$2,0)-1),1),MATCH($F10,$D$2:$G$2,1))
```

G10 =INDEX($D$3:$G$7,MATCH($E10,OFFSET(A$3:A$7,0,MATCH(D10,$A$2:$C$2,0)-1),1),MATCH($F10,$D$2:$G$2,1))

	A	B	C	D	E	F	G
1	計算規則						
2	高一	高二	高三	0	50	100	200
3	0	0	0	0	0	0	0
4	24%	29%	31%	6	7	8	9
5	38%	46%	50%	10	11	12	13
6	48%	58%	62%	15	16	17	18
7	52%	62%	65%	21	22	23	24
8							
9	員工編號	姓名	職務	年級	上課率	帶班人數	績效基數
10	HE001	陳明晨	優秀班主任	高一	99%	34	21
11	HE002	李大力	班主任	高二	58%	346	18
12	HE003	吳莉	班主任	高三	31%	100	8
13	HE004	李江	金牌班主任	高一	107%	372	24
14	HE005	劉雪娟	班主任	高二	88%	200	24
15	HE006	蔣明明	班主任	高三	45%	180	8
16	HE007	梁龍	金牌班主任	高一	110%	289	24
17	HE008	吳寶明	班主任	高二	18%	375	0
18	HE009	朱更強	班主任	高三	44%	429	9

▲ 圖 4-39

公式解釋

本例中的 INDEX+MATCH 函數組合在 4.1.1 節中有詳細的說明。

OFFSET 函數是 Excel 中的一個進階函數，主要用來動態地取得給定偏移量後的儲存格或者儲存格範圍的參照。該函數的語法形式如下：

OFFSET(偏移對象 , 向下偏移幾列 , 向右偏移幾欄 , 向下偏移的高度 , 向右偏移的寬度)

該公式中的 OFFSET(A$3:A$7,0,MATCH(D10,$A$2:$C$2,0)-1) 部分表示將儲存格範圍 A$3:A$7 向下偏移 0 列（即不偏移）；向右偏移的欄數為 MATCH(D10,$A$2:$C$2,0)-1)。

其中，MATCH(D10,$A$2:$C$2,0) 部分表示 D10 在範圍 $A$2:$C$2 所處的位置。

藉由 MATCH($E10,OFFSET(A$3:A$7,0,MATCH(D10,$A$2:$C$2,0)-1),1) 部分，可判斷 $E10 儲存格中的上課率處於 OFFSET(A$3:A$7,0,MATCH(D10,$A$2:$C$2,0)-1) 傳回的結果中的位置。由於是模糊比對，因此 MATCH 的第 3 個參數為 1。

MATCH($F10,$D$2:$G$2,1) 表示傳回 $F10 在資料範圍 $D$2:$G$2 的位置，這也是模糊比對，第 3 個參數同樣為 1。

最後使用 INDEX 函數從資料範圍 $D$3:$G$7 中回傳結果。

4.3 績效排名問題不求人

4.3.1 一般績效排名與多範圍績效排名

本節主要講解如何使用 RANK 函數進行績效排名。

如圖 4-40 所示，對下面的同類職務人員的績效得分進行降冪排名。

G2 =RANK(F2,$F$2:$F$14,0)

	A	B	C	D	E	F	G
1	負責區域	員工編號	姓名	目標達成率	實際達成率	績效得分	排名
2	金門	HE116314	魏紫霜	100%	88%	84	6
3	雲林	HE134720	孫成倩	100%	84%	78	7
4	苗栗	HE125869	何寵婷	100%	84%	78	7
5	新竹	HE192929	孫亦寒	100%	99%	99	2
6	新北	HE209228	周彩菊	100%	110%	114	1
7	台東	HE122212	朱豔	100%	90%	86	5
8	花蓮	HE163300	王淑芬	100%	74%	64	11
9	台北	HE119882	馮秀	100%	79%	71	10
10	高雄	HE169524	華成倩	100%	57%	41	13
11	台中	HE203088	雲睿婕	100%	95%	93	4
12	桃園	HE209567	李千萍	100%	84%	78	7
13	嘉義	HE153042	彭清怡	100%	99%	99	2
14	南投	HE174148	雲枝	100%	64%	50	12

▲ 圖 4-40

在 G2 儲存格輸入以下公式，向下填滿至 G14 儲存格：

=RANK(F2,$F$2:$F$14,0)

公式解釋

RANK 函數可用來傳回一個數字在一組數字中的排名大小。語法如下：

RANK(數字 , 數字所在的範圍 ,[降冪 0/ 昇冪 1])

需要注意的是該函數的第 2 個參數一定要使用絕對參照，否則結果會出錯。RANK 函數是一個相容性函數，為了保證結果的精度，可以使用其替代函數 RANK.EQ。

如圖 4-41 所示，分別為「業務一部」與「業務二部」人員的績效得分，對這兩個部門的人員按績效得分進行降冪排名。

	A	B	C	D	E	F	G	H	I	J
1	部門	員工編號	姓名	績效得分	排名	負責區域	員工編號	姓名	績效得分	排名
2	業務一部	HE163300	王淑芬	64	11	業務二部	HE116314	魏紫霜	84	6
3	業務一部	HE119882	馮秀	71	10	業務二部	HE134720	孫成倩	78	7
4	業務一部	HE169524	華成倩	41	12	業務二部	HE125869	何龍婷	78	7
5	業務一部	HE203088	雲睿婕	93	4	業務二部	HE192929	孫亦寒	99	2
6	業務一部	HE209567	李千萍	78	7	業務二部	HE209228	周彩菊	114	1
7	業務一部	HE153042	彭清怡	99	2	業務二部	HE122212	朱豔	86	5

▲ 圖 4-41

在 E2 儲存格中輸入以下公式，向下填滿至 E7 儲存格：

=RANK(D2,($D$2:$D$7,$I$2:$I$7),0)

再將公式複製 / 貼上到 J2 儲存格中，向下填滿至 J7 儲存格。

公式解釋

($D$2:$D$7,$I$2:$I$7) 部分表示資料範圍 $D$2:$D$7 與資料範圍 $I$2:$I$7 連接的一個整體，兩個範圍中間的逗號也叫聯合運算子。需要注意的是，這兩個資料範圍要用括弧括起來，否則函數會出現錯誤。

下面再看另外一個例子。

如圖 4-42 所示，分別為「業務一部」與「業務二部」人員的績效得分，對這兩個部門的員工按績效得分進行降冪排名。

部門	員工編號	姓名	績效得分	排名
業務一部	HE163300	王淑芬	64	11
業務一部	HE119882	馮秀	71	10
業務一部	HE169524	華成倩	41	13
業務一部	HE203088	雲睿婕	93	4
業務一部	HE209567	李千萍	78	7
業務一部	HE153042	彭清怡	99	2
業務一部	HE174148	雲枝	50	12

負責區域	員工編號	姓名	績效得分	排名
業務二部	HE116314	魏紫霜	84	6
業務二部	HE134720	孫成倩	78	7
業務二部	HE125869	何寵婷	78	7
業務二部	HE192929	孫亦寒	99	2
業務二部	HE209228	周彩菊	114	1
業務二部	HE122212	朱豔	86	5

▲ 圖 4-42

與本節中的第一個例子不同的是，前者是同一個工作表的範圍；後者是不同的兩個工作表，且兩個工作表的資料筆數也是不一致的。

在「業務一部」工作表的 E2 儲存格中輸入以下公式，然後向下填滿至 E8 儲存格：

```
=RANK(D2, 業務一部 : 業務二部 !$D$2:$D$8,0)
```

將公式複製 / 貼上到「業務二部」工作表的 E2 儲存格中，向下填滿至 E7 儲存格。

需要注意的是，輸入第 2 個參數的時候可以先按住 <Shift> 鍵不放，之後依次選擇 「業務一部」工作表與「業務二部」工作表，然後選擇「業務一部」的資料範圍 $D$2:$D$8。輸入完整個公式後，記得取消組合工作表。

在跨工作表排名時，如果兩個工作表中的列數不一致時，需要按列數最多的工作表的列數確定參照的資料範圍的大小。比如，本例中選擇的就是「業務一部」工作表中的範圍，因為該工作表中的列數比「業務二部」工作表的列數多一列。

補充說明

第一個例子中為什麼可以用逗號連接兩個儲存格範圍呢？這裡必須要介紹一下參照運算子了。通常，參照運算子有以下三種。

- 冒號（也叫範圍運算子）：藉由冒號連接前後兩個儲存格的位址，表示某一個矩形範圍。冒號的兩端分別表示這個矩形範圍的左上角的儲存格與右下角的儲存格（或者說第一個儲存格與最後一個儲存格）。比如，E3:F6 表示一個 2 欄 4 列的矩形範圍。如果要整列或者整欄參照時，可以不寫列號或者欄號。比如 1:1，表示整列參照，即第 1 列；G:G 則表示整欄參照，即第 G 欄。
- 逗號（也叫聯合運算子）：使用逗號連接前後兩個儲存格範圍，表示參照這兩個儲存格範圍共同組成的聯合範圍。這兩個儲存格範圍可以是連續的，也可以是獨立的、非連續的。比如，（D1:E1,D2:E2）聯合了兩個連續的儲存格範圍；（D1:E1,G2:G2）聯合兩個獨立的、非連續的儲存格範圍。
- 空格（也叫交叉運算子）：使用空格連接兩個儲存格範圍，表示參照該儲存格範圍組成的交叉範圍。比如，=SUM(B4:E8 D7:F12)，表示計算這個交叉儲存格範圍的和，等價於 =SUM(D7:E8)。

4.3.2 考核成績分組排名

前面介紹了如何對績效得分進行一般排名，主要用到了 RANK 函數。但是，RANK 函數不能進行條件排名。本節將主要講述如何按條件分組排名。

如圖 4-43 所示，某集團公司共設有若干區域，每個區域有若干個分公司。要求：對該集團各分管區域的總經理的考核成績按區域進行降冪排名。

G2 fx {=SUMPRODUCT((A2=$A$2:$A$26)*(F2<$F$2:$F$26))+1}

	A	B	C	D	E	F	G
1	區域	分公司	銷售得分	利潤得分	專項得分	最終得分	區域內排名
2	華東	安徽	109.3	115.2	90	107.2	1
3	華北	北京	88.2	115.7	77	94.2	6
4	西北	甘肅	113.8	118.6	95	111.5	1
5	華南	廣東	93.8	96.3	90	93.8	1
6	西南	貴州	102.4	102.8	99	101.8	2
7	華北	河北	110.4	120.3	77	106.7	3
8	華中	湖北	89.3	96.1	92	91.9	3
9	華中	湖南	106.0	101.5	79	99.3	2
10	東北	吉林	118.7	112.4	97	112.5	1
11	華中	河南	104.5	108.1	97	104.1	1
12	華東	江蘇	114.9	108.0	82	106.3	2
13	華北	內蒙古	100.7	107.6	100	102.6	4
14	西北	青海	109.5	110.3	89	105.6	2
15	華北	天津	149.3	111.7	96	127.4	1
16	華北	山西	107.9	122.4	102	111.1	2
17	西北	陝西	102.8	104.2	94	101.5	3
18	華東	上海	82.0	89.6	93	86.5	4
19	東北	吉林	112.3	100.4	82	102.7	2
20	西南	四川	91.2	91.2	84	89.8	4
21	華東	浙江	72.4	89.5	89	80.9	5
22	華北	天津	101.9	96.7	92	98.4	5
23	西北	新疆	99.2	105.9	100	101.4	4
24	西南	雲南	112.3	99.0	99	105.7	1
25	華東	浙江	89.6	83.3	96	89.0	3
26	西南	重慶	99.9	107.9	90	100.3	3

▲ 圖 4-43

在 G2 儲存格中輸入以下公式，向下填滿至 G26 儲存格：

=SUMPRODUCT((A2=$A$2:$A$26)*(F2<$F$2:$F$26))+1

公式解釋

SUMPRODUCT 函數的語法形式在前面的章節中已經介紹過。這裡屬於一個典型的條件排名問題，其原理是分組比較數字大小並且對比較結果進行計數。比如在 1、2、3 中，對 2 進行昇冪排名，大於 2 的數字只有 3 一個，那麼 2 的排名為 1 加 1，即 2。

A2=$A$2:$A$26 部分中的 A2 為一個分組條件。這部分的結果是由 TRUE 和 FALSE 邏輯值組成的與資料範圍 $A$2:$A$26 尺寸一致的陣列。根據 TRUE=1、FALSE=0 的轉換原則，其結果可以轉換為一組由 0 和 1 組成的常數陣列。

同樣，F2<$F$2:$F$26 最終的結果也是一組由 0 和 1 組成的與資料範圍 $F$2:$F$26 尺寸一致的常數陣列。

最後，將 A2=$A$2:$A$26 部分與 F2<$F$2:$F$26 部分的結果同位置相乘後使用 SUMPRODUCT 函數相加，並且將最終結果加 1 即可（目的是強制轉換為數值）。

下面以 G2 儲存格中的公式為例來分析該公式的計算過程，如圖 4-44 所示。

	A欄	F欄	條件1 (A2=$A$2:$A$26)	條件2 (F2<$F$2:$F$26)	條件1*條件2
1	區域	最終得分	判斷是否為A2	判斷是否大於F2	相乘的結果
2	華東	107.21	1	0	0
3	華北	94.21	0	0	0
4	西北	111.48	0	1	0
5	華南	93.79	0	0	0
6	西南	101.84	0	0	0
7	華北	106.69	0	0	0
8	華中	91.88	0	0	0
9	華中	99.25	0	0	0
10	東北	112.47	0	1	0
11	華中	104.08	0	0	0
12	華東	106.25	1	0	0
13	華北	102.63	0	0	0
14	西北	105.64	0	0	0
15	華北	127.36	0	1	0
16	華北	111.07	0	1	0
17	西北	101.46	0	0	0
18	華東	86.48	1	0	0
19	東北	102.67	0	0	0
20	西南	89.76	0	0	0
21	華東	80.85	1	0	0
22	華北	98.36	0	0	0
23	西北	101.37	0	0	0
24	西南	105.65	0	0	0
25	華東	88.99	1	0	0
26	西南	100.32	0	0	0

=0+1=1

▲ 圖 4-44

降冪條件排名，公式可以總結成如下的語法形式：

SUMPRODUCT((條件 1=條件範圍 1)*(條件 2=條件範圍 2)*……*(條件 n<條件範圍 n))+1

4.3.3 中式排名與中式分組 / 條件排名

在 4.3.1 節與 4.3.2 節中所介紹的排名都是美式排名，而本節主要介紹中式排名。究竟什麼是美式排名、什麼是中式排名呢？

美式排名指的是，排名中如果存在相等的數字時，該並列數字佔用名次。比如對 1、2、2、3 進行降冪排名，則結果為第四名、第二名、第二名、第一名。Excel 中的 RANK、RANK.EQ 以及 RANK.AVG 函數都是美式排名的函數。

中式排名指的是，排名中如果存在相等的數字時，該並列數字不佔用名次。比如對 1、2、2、3 進行降冪排名，則結果為第三名、第二名、第二名、第一名。

如圖 4-45 所示，根據績效得分對每個人進行降冪排名，相等的數字不佔用名次。

F2 | {=SUMPRODUCT(($E$2:$E$14>=E2)/COUNTIF($E$2:$I

	A	B	C	D	E	F
1	員工編號	姓名	目標達成率	實際達成率	績效得分	排名
2	HE116314	魏紫霜	100%	88%	84	4
3	HE134720	孫成倩	100%	84%	78	5
4	HE125869	何龍婷	100%	84%	78	5
5	HE192929	孫亦寒	100%	99%	99	2
6	HE209228	周彩菊	100%	110%	114	1
7	HE122212	朱豔	100%	90%	50	8
8	HE163300	王淑芬	100%	74%	64	7
9	HE119882	馮秀	100%	79%	71	6
10	HE169524	華成倩	100%	57%	50	8
11	HE203088	雲睿婕	100%	95%	93	3
12	HE209567	李千萍	100%	84%	78	5
13	HE153042	彭清怡	100%	99%	99	2
14	HE174148	雲枝	100%	64%	50	8

▲ 圖 4-45

在 F2 儲存格中輸入以下公式，向下填滿至 F14 儲存格：

```
=SUMPRODUCT(($E$2:$E$14>=E2)/COUNTIF($E$2:$E$14,$E$2:$E$14))
```

公式解釋

$E$2:$E$14>=E2 部分用範圍 $E$2:$E$14 中的每一個值與 E2 進行大小比較，傳回的結果是由 TRUE 和 FALSE 組成的與 $E$2:$E$14 尺寸一致的陣列。根據 TRUE=1 和 FALSE=0 的轉換原則，將其轉換成由 0 和 1 組成的常數陣列，即結果為 {1;0;0;1;1;0;0;0;0;1;0;1;0}。

COUNTIF($E$2:$E$14,$E$2:$E$14) 部分可用來計算 $E$2:$E$14 中每個儲存格出現的次數，傳回的結果為 {1;3;3;2;1;3;1;1;3;1;3;2;3}。

用 $E$2:$E$14>=E2 的值除以 COUNTIF($E$2:$E$14,$E$2:$E$14) 的值，即可以得到另外一個常數陣列，即 {1,0,0,1/2,1,0,0,0,0,1,0,1/2,0}。然後使用 SUMPRODUCT 函數對這個常數陣列加總，結果為 4。這部分主要達到「去重」的作用。

如果要求分組並做中式排名，又該怎麼做呢？

如圖 4-46 所示，是某集團公司各區域的分公司得分情況，要求以各區域為分組條件，對各個分公司的最終得分進行降冪排名，相同的數值不佔用名次。

G2 {=SUMPRODUCT((A2=$A$2:$A$26)*(F2<=$F$2:$F$26)/COUNTIFS($F$2:$F$26,$F$2:$F$26,$A$2:$A$26,$A$2:$A$26))}

	A	B	C	D	E	F	G	H
1	區域	分公司	銷售得分	利潤得分	專項得分	最終得分	區域內排名	
2	華東	安徽	109.3	115.2	90	107.2	1	
3	華北	北京	88.2	115.7	77	94.2	6	
4	西北	甘肅	113.8	118.6	95	111.5	1	
5	華南	廣東	93.8	96.3	90	93.8	1	
6	西南	貴州	102.4	102.8	99	101.8	2	
7	華北	河北	110.4	120.3	77	106.7	3	
8	華中	湖北	89.3	96.1	92	91.9	3	
9	華中	湖南	106.0	101.5	79	99.3	2	
10	東北	吉林	118.7	112.4	97	112.5	1	
11	華中	河南	104.5	108.1	97	104.1	1	
12	華東	江蘇	114.9	108.0	82	106.3	2	
13	華北	內蒙古	100.7	107.6	100	102.6	4	
14	西北	青海	113.8	118.6	95	111.5	1	
15	華北	天津	149.3	111.7	96	127.4	1	
16	華北	山西	107.9	122.4	102	111.1	2	
17	西北	陝西	102.8	104.2	94	101.5	2	
18	華東	上海	82.0	89.6	93	86.5	4	
19	東北	吉林	118.7	112.4	97	112.5	1	
20	西南	四川	91.2	91.2	84	89.8	4	
21	華東	浙江	72.4	89.5	89	80.9	5	
22	華北	天津	101.9	96.7	92	98.4	5	
23	西北	新疆	99.2	105.9	100	101.4	3	
24	西南	雲南	112.3	99.0	99	105.7	1	
25	華東	浙江	89.6	83.3	96	89.0	3	
26	西南	重慶	99.9	107.9	90	100.3	3	
27								

▲ 圖 4-46

在 G2 儲存格中輸入以下公式，向下填滿至 G26 儲存格：

```
=SUMPRODUCT((A2=$A$2:$A$26)*(F2<=$F$2:$F$26)/COUNTIFS($F$2
:$F$26,$F$2:$F$26,$A$2:$A$26,$A$2:$A$26))
```

這個公式其實是在中式排名的公式基礎上增加了一個條件，在計算儲存格數量的時候使用 COUNTIFS 函數即可。

4.3.4 績效百分比排名

百分比排名在績效管理中的應用十分廣泛，通常情況下用來計算參與排名的目標在整體中所處的位置。比如，在考核中排名前 10% 的員工享有漲薪評優的資格，後 10% 的員工會有相應的職務調整。

如圖 4-47 所示，是某部門人員績效考核成績，對這些員工的得分計算百分比排名。

G2 =PERCENTRANK.INC($F$2:$F$14,F2)

	A	B	C	D	E	F	G
1	序號	員工編號	姓名	目標達成率	實際達成率	績效得分	百分比排名
2	1	HE116314	魏紫霜	100%	88%	84	58%
3	2	HE134720	孫成倩	100%	84%	78	33%
4	3	HE125869	何龍婷	100%	84%	78	33%
5	4	HE192929	孫亦寒	100%	99%	99	83%
6	5	HE209228	周彩菊	100%	110%	114	100%
7	6	HE122212	朱豔	100%	90%	86	67%
8	7	HE163300	王淑芬	100%	74%	64	17%
9	8	HE119882	馮秀	100%	79%	71	25%
10	9	HE169524	華成倩	100%	57%	41	0%
11	10	HE203088	雲睿婕	100%	95%	93	75%
12	11	HE209567	李千萍	100%	84%	78	33%
13	12	HE153042	彭清怡	100%	99%	99	83%
14	13	HE174148	雲枝	100%	64%	50	8%

▲ 圖 4-47

在 G2 儲存格中輸入以下公式，向下填滿至 G14 儲存格：

=PERCENTRANK.INC($F$2:$F$14,F2)

公式解釋

PERCENTRANK.INC 函數是 PERCENTRANK 函數的升級版，主要用來計算一個數值在一組數中的百分比排名，其排名是介於 0 與 1 之間的（包含 0 與 1）。其語法形式如下：

PERCENTRANK.INC(排名範圍 , 排名 ,[有效小數位數])

除使用上述公式獲得百分比排名外，還可以使用 Excel 中提供的分析工具計算百分比排名。

操作步驟如下。

Step 01 載入分析工具功能。在【開發人員】頁籤中按一下【Excel 增益集】按鈕，在開啟的【增益集】對話方塊中勾選【分析工具箱】核取方塊，最後按一下【確定】按鈕，如圖 4-48 所示。

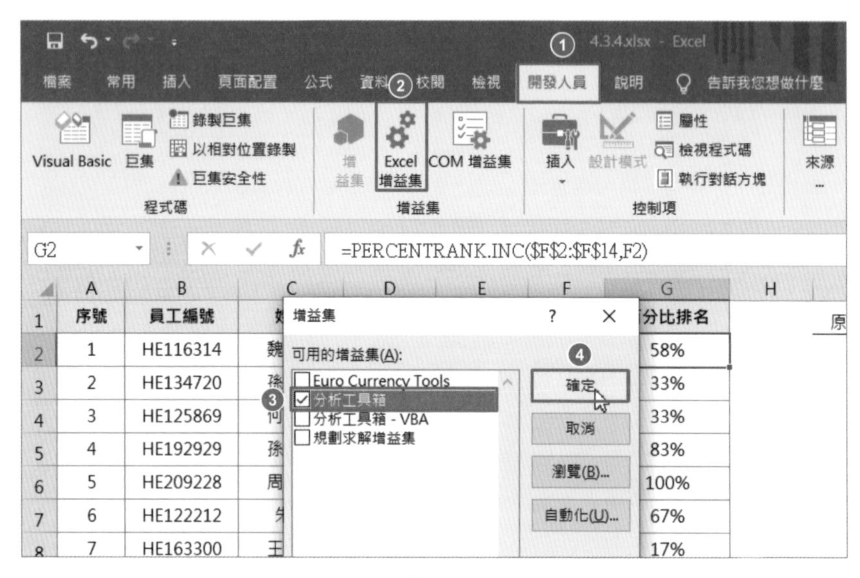

▲ 圖 4-48

Step 02 在【資料】頁籤中按一下【資料分析】按鈕，在開啟的【資料分析】對話方塊中選擇【等級和百分比】，最後按一下【確定】按鈕，如圖 4-49 所示。

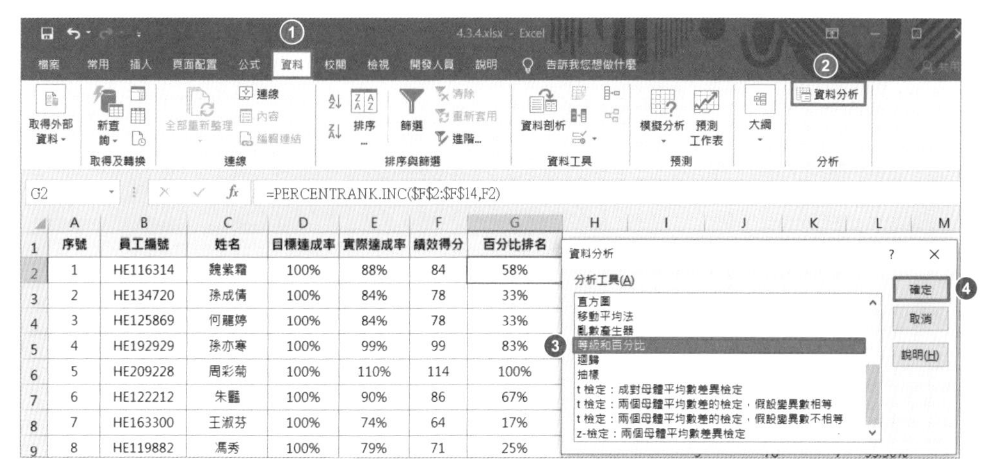

▲ 圖 4-49

Step 03 在開啟的【等級和百分比】對話方塊中的【輸入範圍】編輯方塊中選擇 F1:F14 資料範圍，在【分組方式】欄中預設選擇【逐欄】，勾選【類別軸標記是在第一列上】核取方塊；在【輸出範圍】編輯方塊中選擇存放結果的位置為 I1 儲存格，最後按一下【確定】按鈕，如圖 4-50 所示。

序號	員工編號	姓名	目標達成率	實際達成率	績效得分	百分比排名
1	HE116314	魏紫霜	100%	88%	84	58%
2	HE134720	孫成倩	100%	84%	78	33%
3	HE125869	何麗婷	100%	84%		
4	HE192929	孫亦寒	100%	99%		
5	HE209228	周彩菊	100%	110%		
6	HE122212	朱豔	100%	90%		
7	HE163300	王淑芬	100%	74%		
8	HE119882	馮秀	100%	79%		
9	HE169524	華成倩	100%	57%		
10	HE203088	雲睿婕	100%	95%		
11	HE209567	李千萍	100%	84%		
12	HE153042	彭濤怡	100%	99%		
13	HE174148	雲枝	100%	64%	50	8%

等級和百分比
輸入
輸入範圍(I): $F$1:$F$14
分組方式: 逐欄(C) 逐列(R)
類別軸標記是在第一列上(L)
輸出選項
輸出範圍(O): $I$1
新工作表(P):
新活頁簿(W)
確定 取消 說明(H)

▲ 圖 4-50

結果如圖 4-51 所示。這與 PERCENTRANK.INC 函數傳回的結果是一致的。結果中的「原順序點」代表的是除標題外的列號。

	A	B	C	D	E	F	G	H	I	J	K	L
1	序號	員工編號	姓名	目標達成率	實際達成率	績效得分	百分比排名		原順序點	績效得分	等級	百分比
2	1	HE116314	魏紫霜	100%	88%	84	58%		5	114	1	100.00%
3	2	HE134720	孫成倩	100%	84%	78	33%		4	99	2	83.30%
4	3	HE125869	何龍婷	100%	84%	78	33%		12	99	2	83.30%
5	4	HE192929	孫亦寒	100%	99%	99	83%		10	93	4	75.00%
6	5	HE209228	周彩菊	100%	110%	114	100%		6	86	5	66.60%
7	6	HE122212	朱豔	100%	90%	86	67%		1	84	6	58.30%
8	7	HE163300	王淑芬	100%	74%	64	17%		2	78	7	33.30%
9	8	HE119882	馮秀	100%	79%	71	25%		3	78	7	33.30%
10	9	HE169524	華成倩	100%	57%	41	0%		11	78	7	33.30%
11	10	HE203088	雲睿婕	100%	95%	93	75%		8	71	10	25.00%
12	11	HE209567	李千萍	100%	84%	78	33%		7	64	11	16.60%
13	12	HE153042	彭濤怡	100%	99%	99	83%		13	50	12	8.30%
14	13	HE174148	雲枝	100%	64%	50	8%		9	41	13	0.00%
15												

▲ 圖 4-51

補充說明

在百分比排名中，與 PERCENTRANK.INC 函數具有同樣功能的是 PERCENTRANK.EXC 函數。兩者的語法形式類似。其主要區別在於，前者包含 0 和 1，而後者不包含 0 和 1。

通常，使用 PERCENTRANK 或 PERCENTRANK. INC 函數皆可。但是，PERCENTRANK.INC 函數只能在 Excel 2010 之後的版本才能使用。

4.3.5 其他特殊排名

本節將講述一種特殊的排名方法。

如圖 4-52 所示，是某零售企業 2019 年 9 月各門市的銷售額與利潤。要求：對每個門市的銷售額進行降冪排名。如果有銷售額相同的門市，那麼再根據利潤額的高低對這些門市進行降冪排名。

F2 =RANK(D2,$D$2:$D$17,0)+SUMPRODUCT((D2=$D$2:$D$17)*(E2<$E$2:$E$17))

	A	B	C	D	E	F
1	門市編號	員工編號	負責人	銷售/萬元	利潤/萬元	排名
2	AED110	Z14741	陳明	22	9	13
3	AED114	Z14437	李千萍	22	5	14
4	AED119	Z13297	彭清怡	46	20	1
5	AED132	Z13730	馮秀	23	12	11
6	AED136	Z12786	雲睿婕	34	18	5
7	AED154	Z12873	華成倩	18	9	15
8	AED172	Z12727	張昌盛	23	11	12
9	AED174	Z14989	吳達	45	12	2
10	AED177	Z12570	王淑芬	28	10	10
11	AED183	Z11787	周彩菊	28	13	8
12	AED223	Z10399	孫成倩	36	9	4
13	AED223	Z12488	孫亦搴	31	10	7
14	AED225	Z10548	何龍婷	34	13	6
15	AED254	Z12906	魏紫霜	37	14	3
16	AED288	Z11257	雲枝	13	4	16
17	AED291	Z11806	朱豔	28	12	9

▲ 圖 4-52

這樣的排名是有先後順序的，可以用 RANK 函數與 SUMPRODUCT 函數的組合來完成。

在 F2 儲存格中輸入以下公式，向下填滿至 F17 儲存格：

=RANK(D2,$D$2:$D$17,0)+SUMPRODUCT((D2=$D$2:$D$17)*(E2<$E$2:$E$17))

公式解釋

RANK 函數對銷售額這一列進行降冪排名。

SUMPRODUCT 函數在前面的排名範例中有詳細的講述，該函數在這裡發揮了計數的作用。

公式中的 (D2=$D$2:$D$17)*(E2<$E$2:$E$17) 部分其實是一個判斷條件。其意思可以表達為下面這樣：如果有相同名次的門市，那麼再判斷相同名次的門市所對應利潤的高低。

因為 RANK 是美式排名函數，所以相同的數字會佔用後面名次的位置。如果有 2 個第 13 名，那麼第 14 名就會被占掉。因此，在門市有相同名次時，可使用 SUMPRODUCT((D2=$D$2:$D$17)*(E2<$E$2:$E$17)) 部分來作為 RANK 公式的補充。

比如，D2 儲存格與 D3 儲存格中銷售額的 RANK 排名均為 13，那麼第 14 名就會被占掉。此時，再比較這 2 個第 13 名門市的銷售額所對應的利潤額，其利潤額分別為 9 萬元和 5 萬元。因此，(D2=$D$2:$D$17)*(E2<$E$2:$E$17) 傳回的結果為 FALSE。根據 FALSE=0 的轉換原則，得到該部分的結果為 0，加到 RANK 公式部分，則排名為 13+0=13，故 F2 儲存格中的最終排名為 13；而在 F3 儲存格中，(D3=$D$2:$D$17)*(E3<$E$2:$E$17) 傳回的結果為 1，加到 RANK 公式部分，則排名為 13+1=14，故 F3 儲存格中的最終排名為 14。

除上述方法外，還可以將銷售額擴大一定的倍數，然後加上利潤額，得到一欄新值，再對新值使用 RANK 函數計算排名。這也不失為一種好的排名方法。

4.3.6 綜合案例：根據參與人數計算員工的績效係數

某企業的績效考核規則如下：各部門非業績導向員工的月度績效係數由員工所在部門的負責人進行評分，之後對員工的得分進行線性排名插值計算。插值係數區間是根據部門參與考核的人員數量決定，即：

- 只有 1 人時，不參與排名，需要進行單獨考核。
- 參與排名的人數為 2 人時，係數區間為 0.95 ～ 1.05。
- 參與排名的人數為 3 ～ 5 人時，係數區間為 0.9 ～ 1.1。
- 參與排名的人數為 6 ～ 10 人時，係數區間為 0.85 ～ 1.15。
- 參與排名的人數為 10 人以上時，係數區間為 0.8 ～ 1.2。

需要說明的是績效評分不允許有相同值。

如圖 4-53 所示，為某公司行政管理部 2019 年 9 月考核得分的「9 月績效係數表」工作表。

（行政管理部）部門（2019）年（9）月績效係數表								
序號	部門	員工編號	姓名	職務	考核得分	排名	績效係數	備註
1	行政管理部	HE16500	陶子鑫	主管	100.00	1	1.15	
2	行政管理部	HE84732	衛珊	主管	95.00	9	0.88	
3	行政管理部	HE77578	陶冰露	專員	99.50	2	1.12	
4	行政管理部	HE38367	朱勝珍	專員	99.00	3	1.08	
5	行政管理部	HE76097	華翠柔	專員	98.50	4	1.05	
6	行政管理部	HE56091	鄭紈	專員	98.00	5	1.02	
7	行政管理部	HE77147	孔靈竹	專員	97.50	6	0.98	
8	行政管理部	HE71753	王靜嫻	主管	97.00	7	0.95	
9	行政管理部	HE13572	魏光桃	專員	96.50	8	0.92	
10	行政管理部	HE37039	曹迎曼	主管	80.00	10	0.85	

▲ 圖 4-53

操作步驟如下。

Step 01 設定「9 月績效係數表」工作表的格式。選擇目前除標題列以外的有效範圍，按 <CTRL+T> 組合鍵將資料範圍轉換成「表」，目的是當填寫新的資料時可以自動擴展列，如圖 4-54 所示。

	A	B	C	D	E	F	G	H	I
1	（行政管理部）部門（2019）年（9）月績效係數表								
2	序號	部門	員工編號	姓名	職務	考核得分	排名	績效係數	備註
3	1	行政管理部	HE16500	陶子鑫	主管	100.00			
4	2	行政管理部	HE84732	衛珊	主管	95.00			
5	3	行政管理部	HE77578	陶冰露	專員	99.50			
6	4	行政管理部	HE38367	朱勝珍	專員	99.00			
7	5	行政管理部	HE76097	華翠柔	專員	98.50			
8	6	行政管理部	HE56091	鄭紈	專員	98.00			
9	7	行政管理部	HE77147	孔靈竹	專員	97.50			
10	8	行政管理部	HE71753	王靜嫻	主管	97.00			
11	9	行政管理部	HE13572	魏光桃	專員	96.50			
12	10	行政管理部	HE37039	曹迎曼	主管	80.00			

▲ 圖 4-54

Step 02 對員工的考核得分進行降冪排名。在 G3 儲存格中輸入以下排名公式，向下填滿至 G12 儲存格，如圖 4-55 所示：

=RANK(F3,$F$3:$F$12,0)

G3 =RANK(F3,$F$3:$F$12,0)

（行政管理部）部門（2019）年（9）月績效係數表

序號	部門	員工編號	姓名	職務	考核得分	排名	績效係數	備註
1	行政管理部	HE16500	陶子鑫	主管	100.00	1		
2	行政管理部	HE84732	衛珊	主管	95.00	9		
3	行政管理部	HE77578	陶冰露	專員	99.50	2		
4	行政管理部	HE38367	朱勝珍	專員	99.00	3		
5	行政管理部	HE76097	蘇盈柔	專員	98.50	4		
6	行政管理部	HE56091	鄭紈	專員	98.00	5		
7	行政管理部	HE77147	孔靈竹	專員	97.50	6		
8	行政管理部	HE71753	王靜嫻	主管	97.00	7		
9	行政管理部	HE13572	魏光桃	專員	96.50	8		
10	行政管理部	HE37039	曹迎曼	主管	80.00	10		

▲ 圖 4-55

Step 03 根據參與考核的人數來選擇對應的績效係數區間。為了讓公式更加簡潔，在使用人數判斷績效係數區間時可以先將 LOOKUP 函數需要的參數的常數值以名稱的方式定義好，如圖 4-56 所示。

分隔點：{2,3,6,11}

區間最大值：{1.05,1.1,1.15,1.2}

區間最小值：{0.95,0.9,0.85,0.8}

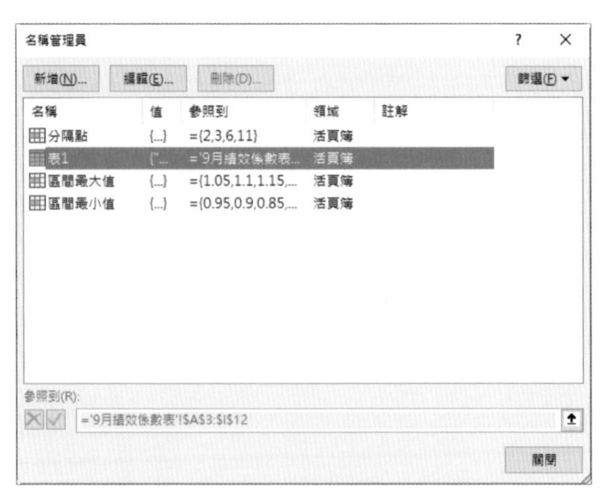

▲ 圖 4-56

Step 04 在 H3 儲存格中輸入以下公式，向下填滿至 H12 儲存格，如圖 4-57 所示：

=LOOKUP(MAX($G$3:$G$12), 分隔點 , 區間最大值)-(G3-1)/(MAX($G$3:$G$12)-1)* (LOOKUP(MAX($G$3:$G$12), 分隔點 , 區間最大值)-LOOKUP(MAX($G$3:$G$12), 分隔點 , 區間最小值))

H3 =LOOKUP(MAX($G$3:$G$12),分隔點,區間最大值)-(G3-1)/(MAX($G$3:$G$12)-1)*(LOOKUP(MAX($G$3:$G$12),分隔點,區間最大值)-LOOKUP(MAX($G$3:$G$12),分隔點,區間最小值))

（行政管理部）部門（2019）年（9）月績效係數表

序號	部門	員工編號	姓名	職務	考核得分	排名	績效係數	備註
1	行政管理部	HE16500	陶子鑫	主管	100.00	1	1.15	
2	行政管理部	HE84732	衛珊	主管	95.00	9	0.88	
3	行政管理部	HE77578	陶冰露	專員	99.50	2	1.12	
4	行政管理部	HE38367	朱勝珍	專員	99.00	3	1.08	
5	行政管理部	HE76097	華翠柔	專員	98.50	4	1.05	
6	行政管理部	HE56091	鄭紈	專員	98.00	5	1.02	
7	行政管理部	HE77147	孔靈竹	專員	97.50	6	0.98	
8	行政管理部	HE71753	王靜嫻	主管	97.00	7	0.95	
9	行政管理部	HE13572	魏光桃	專員	96.50	8	0.92	
10	行政管理部	HE37039	曹迎曼	主管	80.00	10	0.85	

▲ 圖 4-57

公式解釋

MAX($G$3:$G$12) 表示計算排名中最大的名次。

LOOKUP(MAX($G$3:$G$12), 分隔點 , 區間最大值) 表示計算目前排名人數所對應的績效係數區間的最大值，LOOKUP(MAX($G$3:$G$12), 分隔點 , 區間最小值) 則表示計算目前排名人數所對應的績效係數區間的最小值。

整個公式如下：

目前績效係數 = 最大績效係數 -（目前名次 -1）/(總人數 -1)*(最大績效係數 - 最小績效係數)

這相當於 4.2.3 節績效插值法中的線性函數的另一種表示方法。

補充說明 Excel 中的名稱是一種比較特殊的公式。其由使用者預先定義，但並不儲存在儲存格的公式中。名稱與一般公式的區別主要在於，名稱是被特別命名的公式，並且可以用這個名稱來調用該公式的運算結果。名稱可在【公式】頁籤中進行定義。其可以是一般公式、儲存格參照、資料範圍或常數等。

4.4 製作圖表

本章前面主要介紹了 Excel 在績效管理中的資料取得與整理、核算以及統計與分析等內容。如果將前面三節內容看作「做菜」，那麼本節介紹的內容就是如何「擺盤上菜」。

4.4.1 使用直條圖進行績效獎金的同期比較

本節主要講述如何將一般的直條圖變成採用三角形符號標示增長與下降的圖表。如圖 4-58 所示，是某企業 2019 年 9 月的各區域績效獎金與同年上月的獎金對比圖（績效獎金的單位：萬元）。

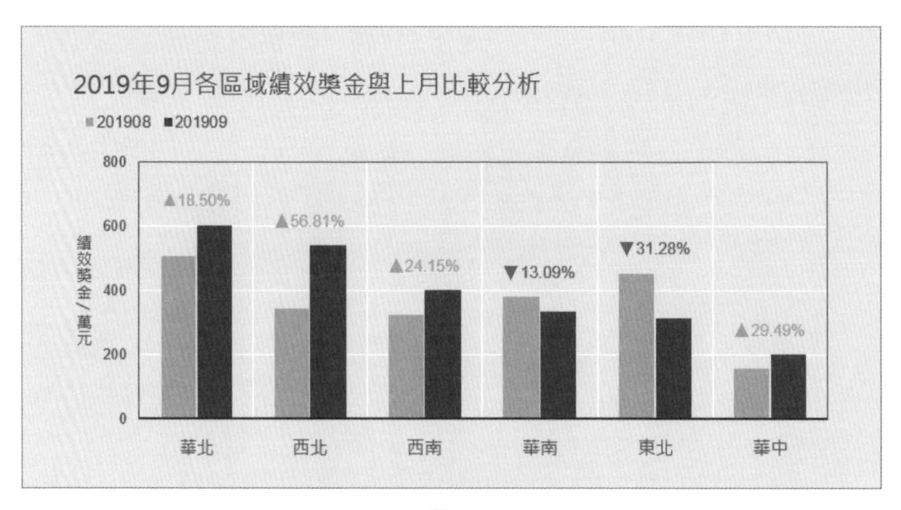

▲ 圖 4-58

操作步驟如下。

Step 01 準備資料來源。如圖 4-59 所示，在 D2 儲存格中輸入以下計算公式，向下填滿至 D7 儲存格：

=C2/B2-1

然後新增一個輔助欄，目的是確定直條圖上方增加／下滑標示的位置。在 E2 儲存格中輸入以下公式，向下填滿至 E7 儲存格：

=MAX(B2:C2)

新增一個比上月增加的輔助欄。在 F2 儲存格中輸入以下公式，向下填滿至 F7 儲存格：

=IF(D2>0,D2,"")

再新增一個比上月下滑的輔助欄。在 G2 儲存格中輸入以下公式，向下填滿至 G7 儲存格：

=IF(D2>0,"",D2)

選取資料範圍 F2:G7，按 <Ctrl+1> 組合鍵，開啟【設定儲存格格式】對話方塊。切換到【數值】頁籤，選擇【自訂】選項，在右側的【類型】文字方塊中輸入代碼：「▲* 0.00%;▼* 0.00%;-」，為儲存格設定格式。最後，按一下【確定】按鈕。

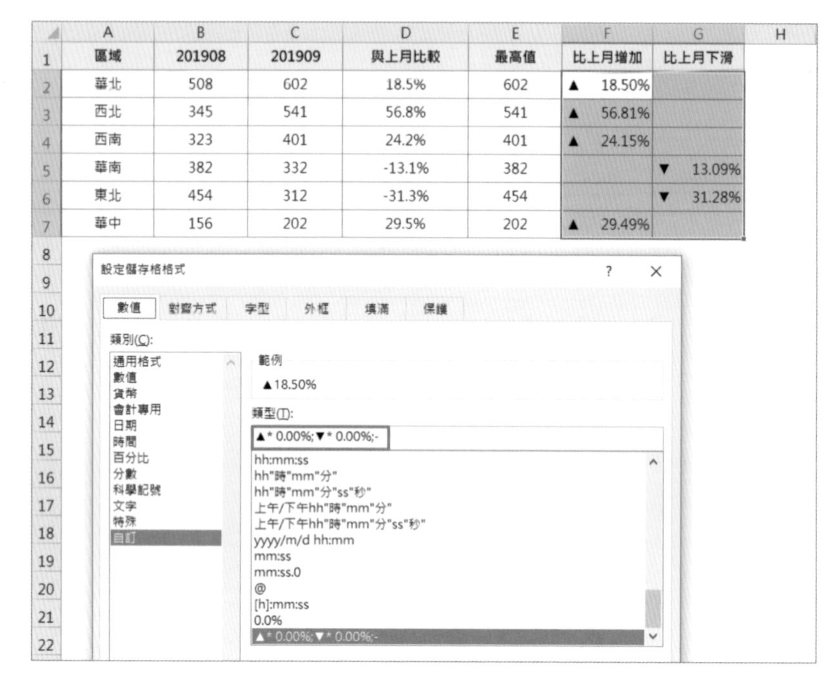

區域	201908	201909	與上月比較	最高值	比上月增加	比上月下滑
華北	508	602	18.5%	602	▲ 18.50%	
西北	345	541	56.8%	541	▲ 56.81%	
西南	323	401	24.2%	401	▲ 24.15%	
華南	382	332	-13.1%	382		▼ 13.09%
東北	454	312	-31.3%	454		▼ 31.28%
華中	156	202	29.5%	202	▲ 29.49%	

▲ 圖 4-59

Step 02 按住 <Ctrl> 鍵，分別選擇資料範圍 A1:C7 和資料範圍 E1:E7，在【插入】頁籤中按一下【插入直條圖或橫條圖】按鈕，在【平面直條圖】中選擇【群組直條圖】選項，如圖 4-60 所示。

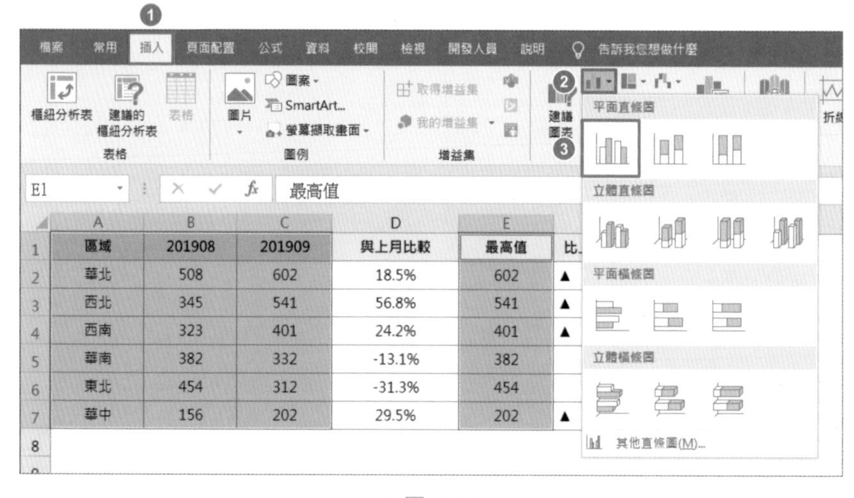

區域	201908	201909	與上月比較	最高值	比
華北	508	602	18.5%	602	▲
西北	345	541	56.8%	541	▲
西南	323	401	24.2%	401	▲
華南	382	332	-13.1%	382	
東北	454	312	-31.3%	454	
華中	156	202	29.5%	202	▲

▲ 圖 4-60

Step 03 按 <Ctrl+C> 組合鍵複製資料範圍 E1:E7，選取已經插入的圖表後再按 <Ctrl+V> 組合鍵進行貼上。再次選取圖表後，按一下滑鼠右鍵，在彈出的快顯功能表中選擇【變更數列圖表類型】選項，開啟【變更圖表類型】對話方塊。選擇【所有圖表】頁籤中的【組合圖】選項，在【選擇資料數列的圖表類型和座標軸】欄中選擇「最高值」，分別將其【圖表類型】設定為【折線圖】，並分別勾選【副座標軸】核取方塊，最後按一下【確定】按鈕，如圖 4-61 所示。

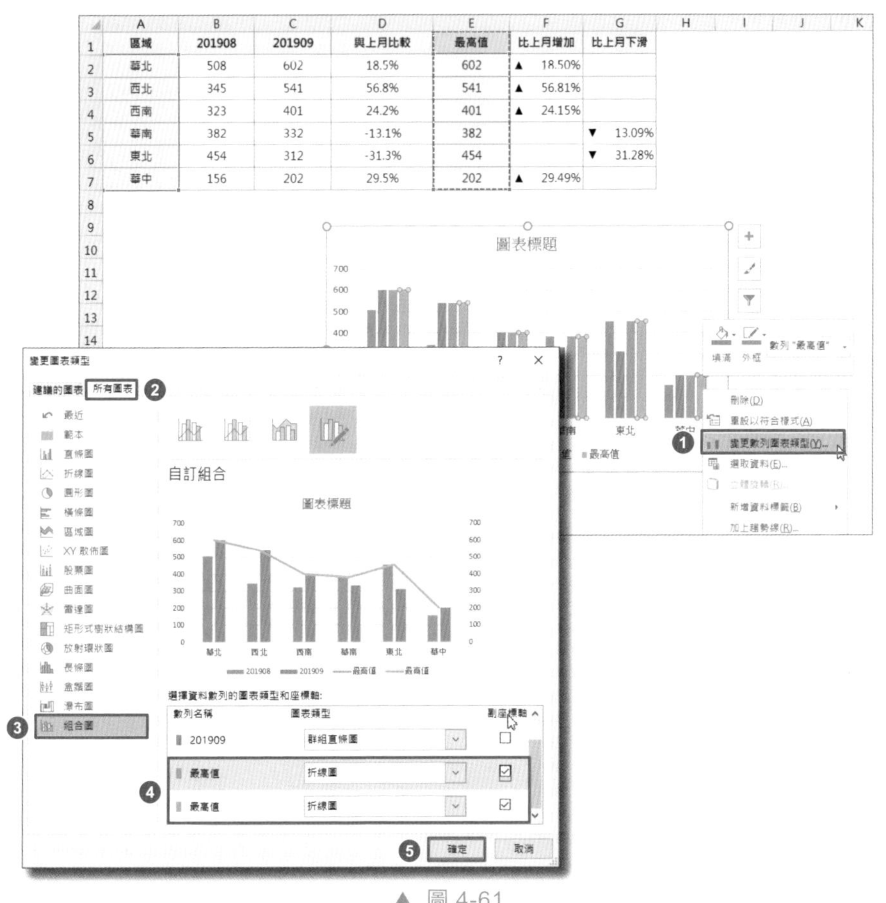

▲ 圖 4-61

Step 04 在柱狀圖上按兩下，開啟【資料數列格式】窗格，按一下【數列選項】頁籤，將【數列重疊】的值設定為 -5%，將【類別間距】的值設定為 120%，如圖 4-62 所示。

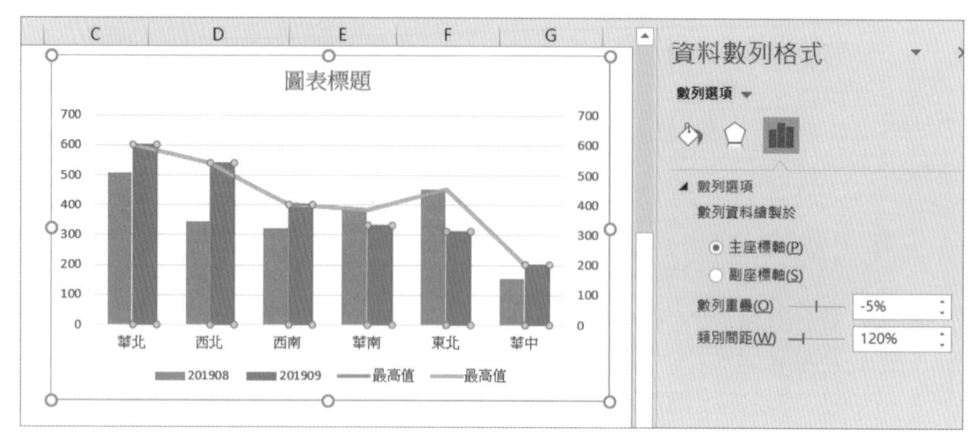

▲ 圖 4-62

Step 05 選擇其中的一個折線數列，按一下右上角的「+」圖示，之後在彈出的選項清單中按一下【資料標籤】右側的三角形按鈕，選擇【其他選項】選項，如圖 4-63 所示。

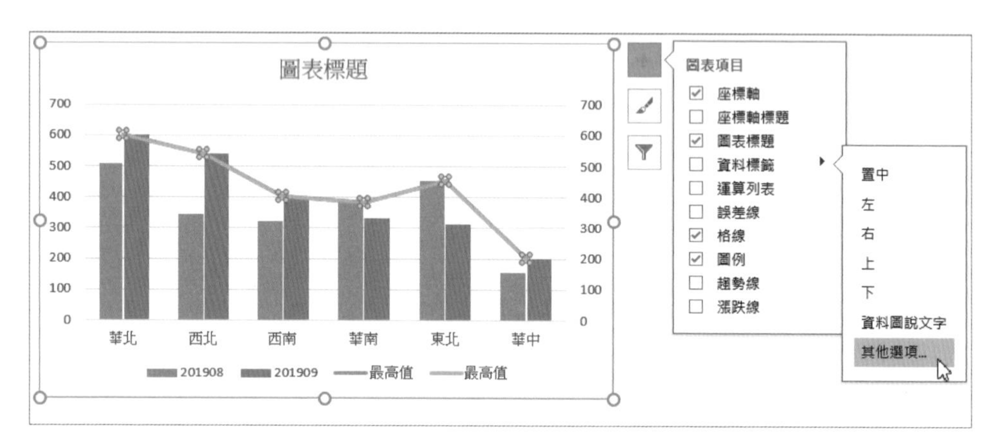

▲ 圖 4-63

Step 06 在【資料標籤格式】窗格中，切換到【標籤選項】頁籤，勾選【儲存格的值】核取方塊，按一下【選取範圍】按鈕，在彈出的編輯方塊中選擇資料範圍 F2:F7，按一下【確定】按鈕。然後取消其他核取方塊的勾選狀態。切換到【標籤位置】欄，選擇【上】選項，如圖 4-64 所示。

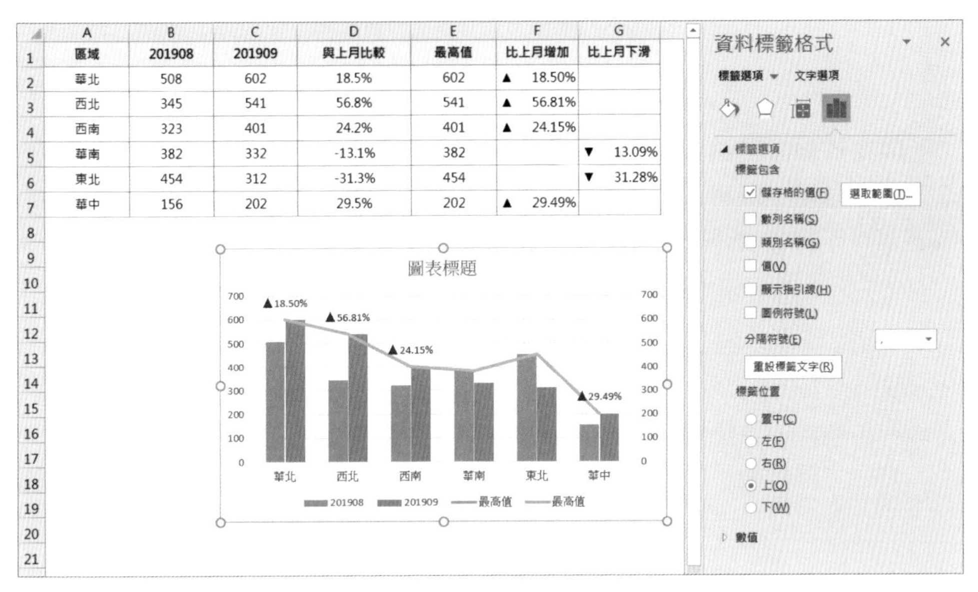

	A	B	C	D	E	F	G
1	區域	201908	201909	與上月比較	最高值	比上月增加	比上月下滑
2	華北	508	602	18.5%	602	▲ 18.50%	
3	西北	345	541	56.8%	541	▲ 56.81%	
4	西南	323	401	24.2%	401	▲ 24.15%	
5	華南	382	332	-13.1%	382		▼ 13.09%
6	東北	454	312	-31.3%	454		▼ 31.28%
7	華中	156	202	29.5%	202	▲ 29.49%	

▲ 圖 4-64

Step 07 按兩下折線數列，開啟【資料數列格式】窗格，切換到【填滿與線條】頁籤，在【線條】欄中選擇【無線條】選項，如圖 4-65 所示。以同樣的方法設定標記為無線條、無填滿形式。

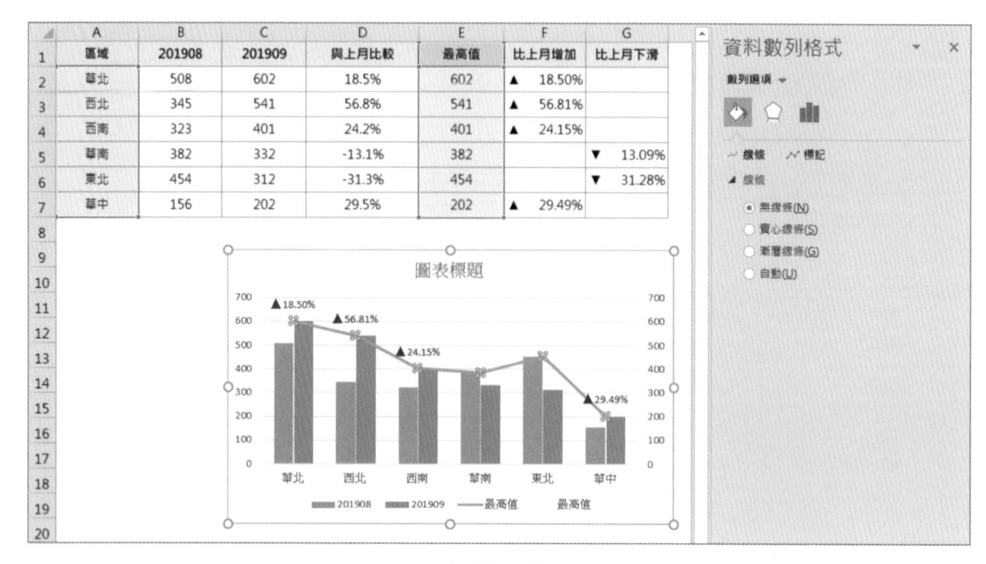

區域	201908	201909	與上月比較	最高值	比上月增加	比上月下滑
華北	508	602	18.5%	602	▲ 18.50%	
西北	345	541	56.8%	541	▲ 56.81%	
西南	323	401	24.2%	401	▲ 24.15%	
華南	382	332	-13.1%	382		▼ 13.09%
東北	454	312	-31.3%	454		▼ 31.28%
華中	156	202	29.5%	202	▲ 29.49%	

▲ 圖 4-65

Step 08 重複 Step5~7 的操作方法，為另外一個折線數列設定資料標籤，資料標籤的值為資料範圍 G2:G7，同樣設定為無線條形式。最後再將「比上月增加」的資料標籤色彩設定為綠色，將「比上月下滑」的資料標籤色彩設定為紅色。

Step 09 選擇「圖例」中的兩個「最高值」，分別按 <Delete> 鍵將其刪除，設定副座標軸的標籤位置為「無」；同時將圖表的標題修改為「2019 年 9 月各區域績效獎金與上月比較分析」，如圖 4-66 所示。

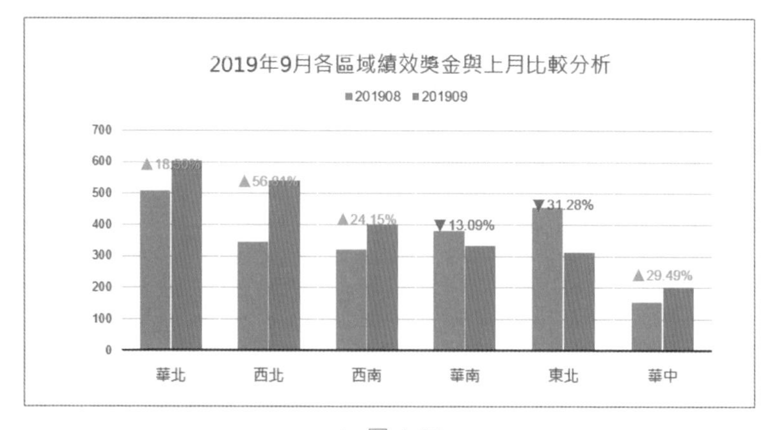

▲ 圖 4-66

Step 10 將圖表的底色填滿 RGB 值設定為（222，235，247），柱形色彩的 RGB 值設定為（0，176，240）和（0，81，108）。最後，調整圖表的位置、圖例的位置、字型大小、座標軸的標題等細節內容。

補充說明 在 Excel 2010 及以下版本中，標籤無法藉由指定範圍的值來加入；但卻可以藉由一款 Excel 外掛程式來添加指定儲存格範圍的值為標籤的值，還可以批次調整標籤在圖表中的位置。這款外掛程式的名稱為「XY Chart Labeler」。

4.4.2 使用階梯圖分析績效獎金的月度變化情況

階梯圖也叫步進圖，它不僅可以反映連續時間內的資料變化情況，還可以反映前一時間點與後一時間點的差距。這類圖表常見於商業、財經類雜誌。本節將以績效獎金的月度變化情況來說明階梯圖表到底是如何製作的。

如圖 4-67 所示，是某集團公司 2019 年員工月度績效獎金變化階梯圖。

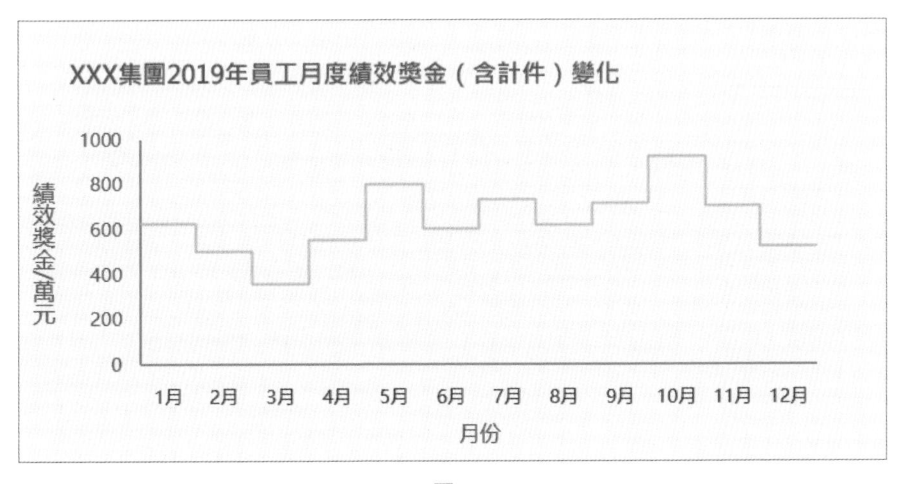

▲ 圖 4-67

操作步驟如下。

Step 01 準備資料來源，如圖 4-68 所示。

	A	B	C	D	E	F	G
1	月份	獎金（萬元）	x	y		輔助欄1	輔助欄2
2	1月	625	0.5	0		0	625
3	2月	500	1.5	0		1	625
4	3月	358	2.5	0		1	500
5	4月	550	3.5	0		2	500
6	5月	800	4.5	0		2	358
7	6月	601	5.5	0		3	358
8	7月	730	6.5	0		3	550
9	8月	620	7.5	0		4	550
10	9月	712	8.5	0		4	800
11	10月	920	9.5	0		5	800
12	11月	702	10.5	0		5	601
13	12月	525	11.5	0		6	601
14						6	730
15						7	730
16						7	620
17						8	620
18						8	712
19						9	712
20						9	920
21						10	920
22						10	702
23						11	702
24						11	525
25						12	525

▲ 圖 4-68

增加 4 個輔助欄，分別為 C 欄、D 欄、F 欄與 G 欄設定對應的公式。

在 C2 儲存格中輸入 0.5，在 C3 儲存格中輸入公式：=C2+1，向下填滿至 C13 儲存格。

在 D2 儲存格中輸入 0，向下複製至 D13 儲存格。

在 F2 儲存格中輸入以下公式，向下填滿至 F25 儲存格：

=ROUND(ROW(A2)/2-1,0)

公式解釋

這裡以 F2 儲存格為例，ROW 函數可用來取得 A2 儲存格的列號，即 2。此公式的結果為 0。ROW 函數主要用來傳回連續的一個清單，即 0、1、1、2、2、3、3⋯⋯。

在 G2 儲存格中輸入以下公式，向下填滿至 G25 儲存格：

=VLOOKUP(INT(ROW(A2)/2)&" 月 ",$A$2:$B$13,2,0)

F 欄與 D 欄主要用來建構散佈圖，散佈圖的兩個維度均為數值。

公式解釋

ROW(A2)/2 將獲得一個小數，用 INT 取得其整數部分，即 1、2、3、4……，之後連接字元「月」即可構成 1 月至 12 月的清單。最後使用 VLOOKUP 函數尋找其對應的績效獎金。

Step 02 選擇資料範圍 F1:G25，在【插入】選項中依次選擇【插入 XY 散佈圖或泡泡圖】→【散佈圖】→【帶有直線的散佈圖】選項，插入圖表，如圖 4-69 所示。

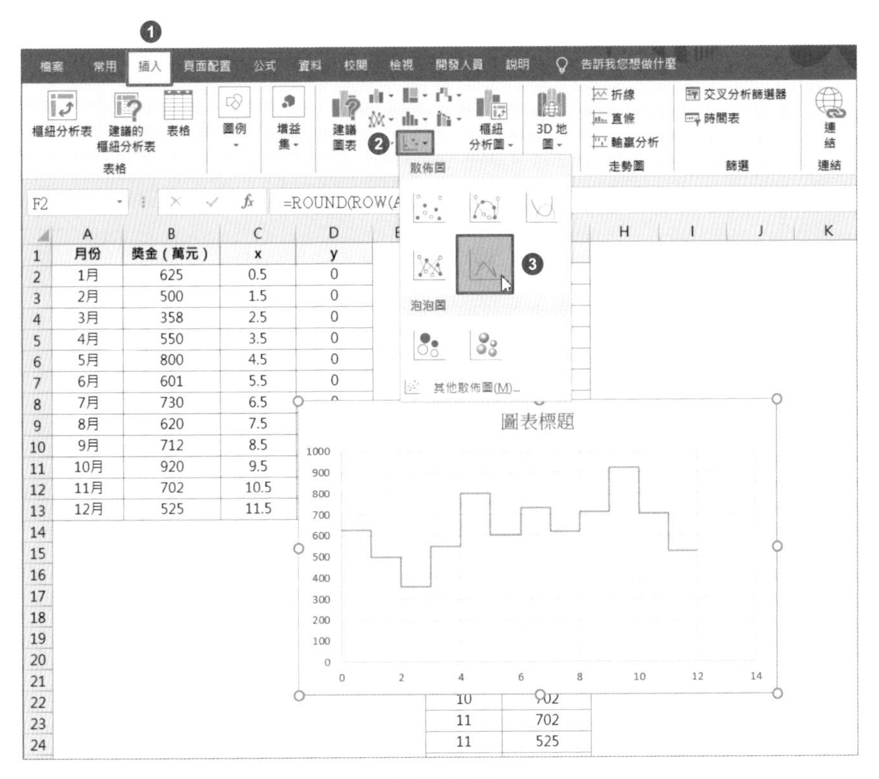

▲ 圖 4-69

Step 03 選擇橫座標軸，按兩下開啟【座標軸格式】窗格，切換到【座標軸選項】頁籤，在【座標軸選項】欄中將邊界中的【最小值】設定為 0，【最大值】設定為 12，將單位中的【主要】設定為 1，如圖 4-70 所示。切換到【標籤】設定部分，在【標籤位置】下拉式清單方塊中選擇「無」。

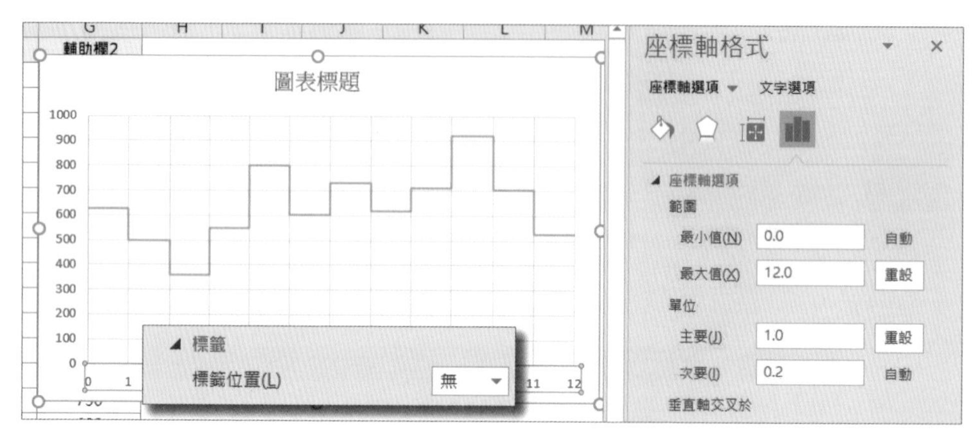

▲ 圖 4-70

Step 04 選取圖表後，按一下滑鼠右鍵，在彈出的快顯功能表中選擇【選取資料】選項，在開啟的【選取資料來源】對話方塊中按一下【新增】按鈕。隨後在開啟的【編輯數列】對話方塊中，在【數列名稱】編輯欄中輸入「軸標籤」，在【數列 X 值】編輯欄中選擇 C2:C13 資料範圍，在【數列 Y 值】編輯欄中選擇 D2:D13 資料範圍。按一下【確定】按鈕，之後在【選取資料來源】對話方塊中再次按一下【確定】按鈕，如圖 4-71 所示。

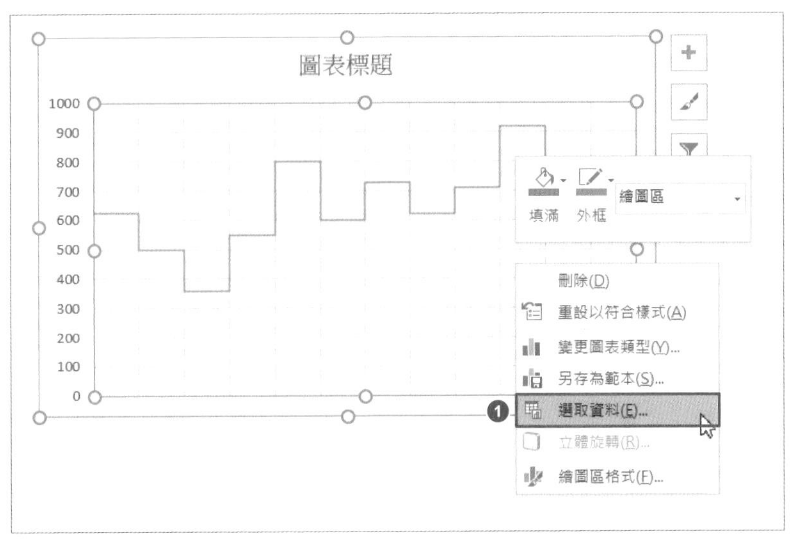
圖表標題
1000
900
800
700
600
500
400
300
200
100
0
填滿
外框
繪圖區
刪除(D)
重設以符合樣式(A)
變更圖表類型(Y)...
另存為範本(S)...
選取資料(E)...
立體旋轉(R)...
繪圖區格式(F)...

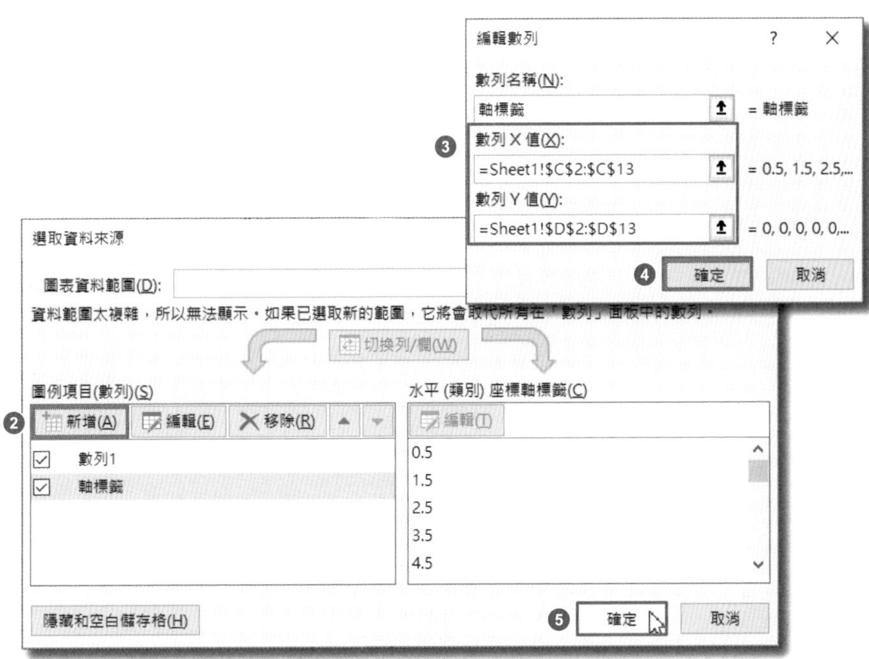
編輯數列
數列名稱(N):
軸標籤
= 軸標籤
數列 X 值(X):
=Sheet1!$C$2:$C$13
= 0.5, 1.5, 2.5,...
數列 Y 值(Y):
=Sheet1!$D$2:$D$13
= 0, 0, 0, 0, 0,...
確定
取消
選取資料來源
圖表資料範圍(D):
資料範圍太複雜，所以無法顯示。如果已選取新的範圍，它將會取代所有在「數列」面板中的數列。
切換列/欄(W)
圖例項目(數列)(S)
新增(A)
編輯(E)
移除(R)
數列1
軸標籤
水平 (類別) 座標軸標籤(C)
編輯(T)
0.5
1.5
2.5
3.5
4.5
隱藏和空白儲存格(H)
確定
取消

▲ 圖 4-71

Step 05 選取 Step 04 新增的資料數列，按一下右上角的 + 按鈕，選擇【資料標籤】選項，按一下該選項右側的三角形按鈕，之後按一下【其他選項】選項，如圖 4-72 所示。

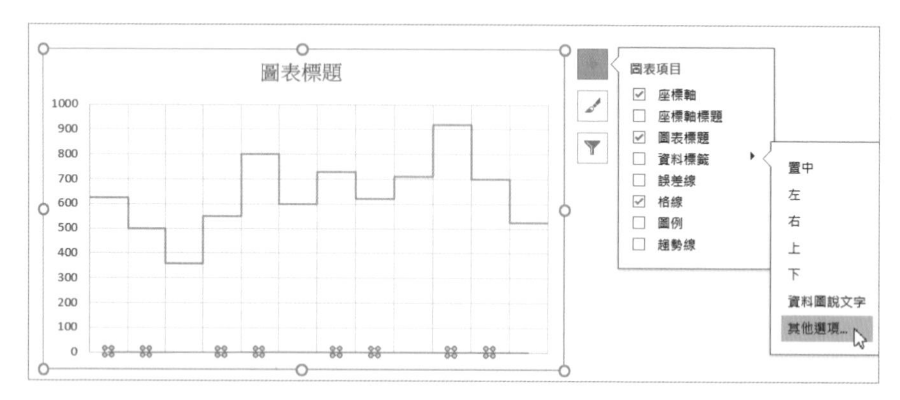

▲ 圖 4-72

Step 06 在開啟的【資料標籤格式】窗格中，切換到【標籤選項】頁籤，勾選【儲存格中的值】核取方塊，如圖 4-73 所示。按一下【選取範圍】按鈕，選擇範圍 A2:A13，並取消其他核取方塊的勾選狀態。再切換到【標籤位置】欄，選擇【下】選項。

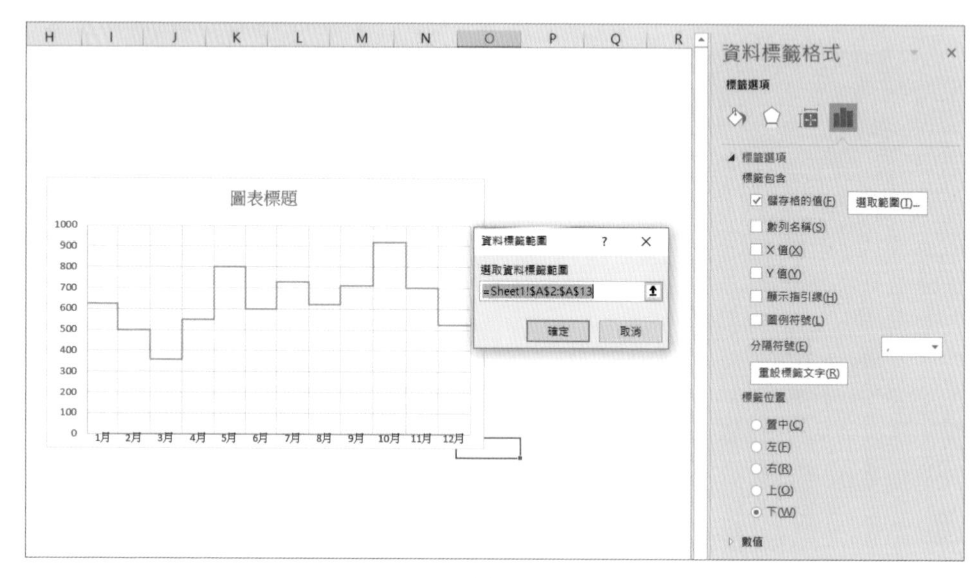

▲ 圖 4-73

Step 07 在【資料數列格式】窗格中，切換到【數列選項】→【填滿與線條】頁籤中，選擇【線條】欄中的【無線條】選項，如圖 4-74 所示；切換到【標記】部分，按同樣的方式設定標記為無線條與無填滿形式。

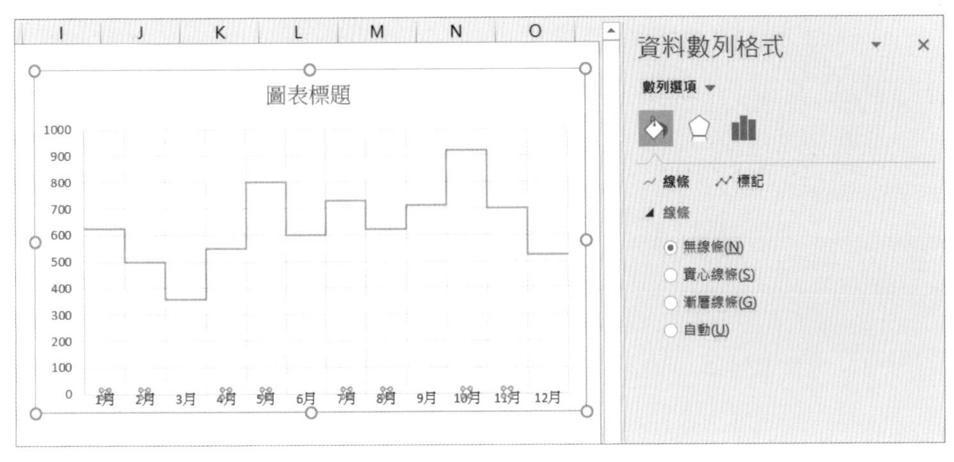

▲ 圖 4-74

Step 08 將圖表的底色填滿 RGB 值設定為（222，235，247），柱形色彩的 RGB 值設定為（0，176，240）。設定主要格線與次要格線的色彩、線條類型與寬度。最後為圖表新增標題，調整字型並美化圖表。

4.4.3 月度業績完成情況折線圖加上平均線會更加直觀

折線圖一般會以日期清單為依據，表達在某一段時間內事物的變化趨勢情況。但是在實際圖表的製作過程中，還需要將這段時間內的平均情況與每個時間點的情況做對比，這樣才能更加直觀地反映出其整體趨勢。

如圖 4-75 所示，是某集團 2019 年上半年各月份業務完成情況的趨勢圖。

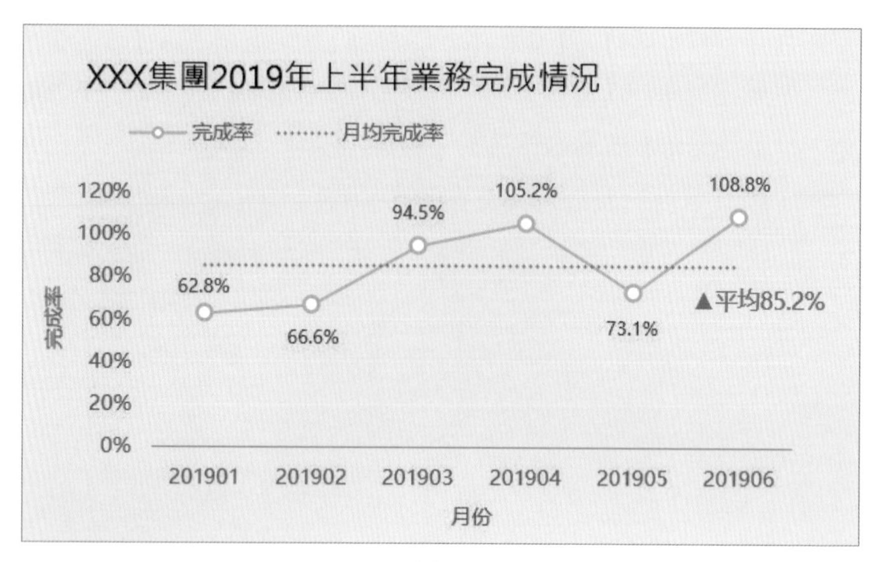

▲ 圖 4-75

操作步驟如下（注意：在本例中，「目標」與「實際」欄位的單位是「萬元」）。

Step 01 新增輔助列平均值，在 E2 儲存格中輸入公式，向下填滿至 E7 儲存格，如圖 4-76 所示：

=AVERAGE($D$2:$D$7)

	A	B	C	D	E
1	月份	目標	實際	完成率	月均完成率
2	201901	508	319	62.8%	85.2%
3	201902	332	221	66.6%	85.2%
4	201903	454	429	94.5%	85.2%
5	201904	382	402	105.2%	85.2%
6	201905	412	301	73.1%	85.2%
7	201906	419	456	108.8%	85.2%

▲ 圖 4-76

Step 02 按住 <Ctrl> 鍵，分別選擇資料範圍 A1:A7 和資料範圍 D1:E7，在【插入】頁籤中依次選擇【插入折線圖或區域圖】→【平面折線圖】→【折線圖】選項，如圖 4-77 所示。

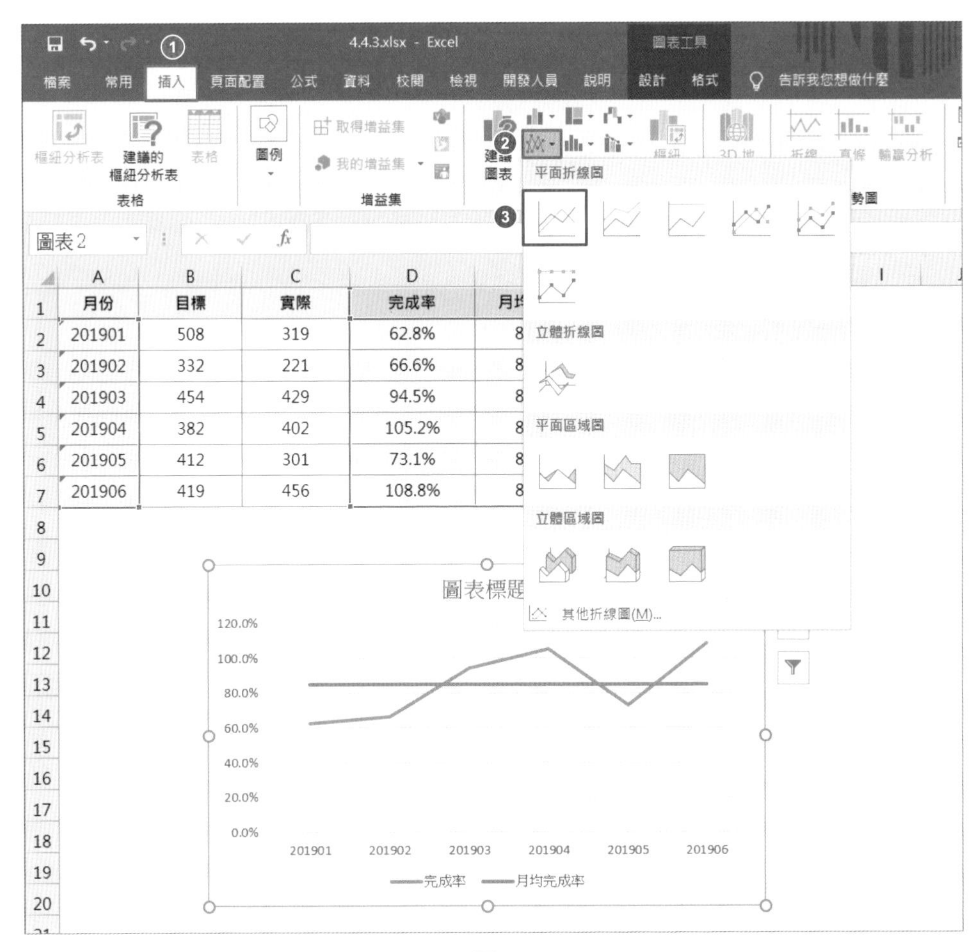

▲ 圖 4-77

Step 03 選擇「完成率」資料數列，開啟【資料數列格式】窗格，切換到【填滿與線條】頁籤，選擇【標記】選項，為折線設定資料數列格式，如圖 4-78 所示。

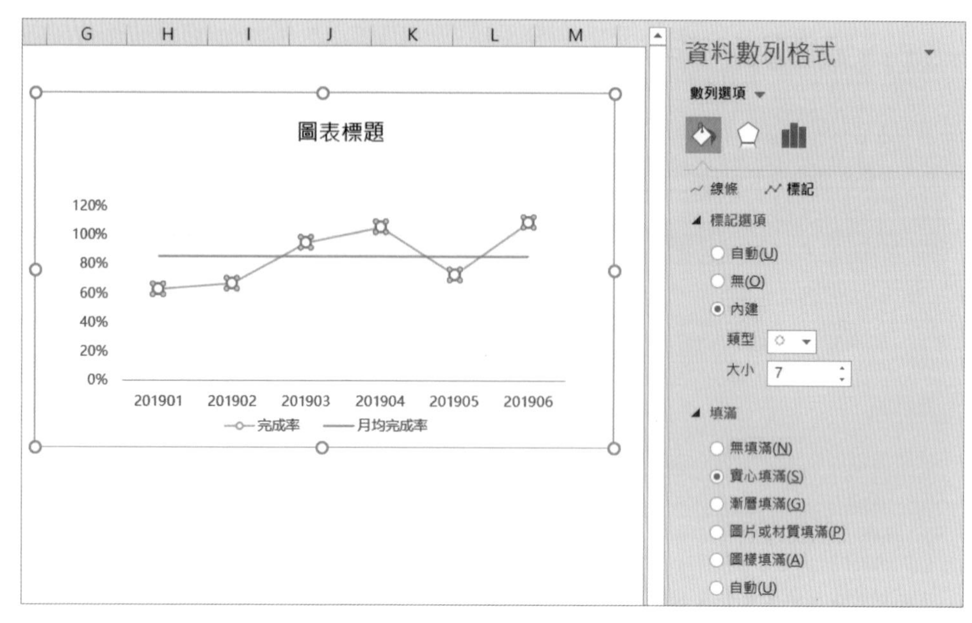

▲ 圖 4-78

Step 04 參照 Step-03 的步驟，對「月均完成率」資料數列進行以下設定：線條色彩設定為紅色，寬度設定為 1.5，線型設定為虛線。然後選擇「完成率」資料數列，按一下右側的 + 按鈕，之後按一下【資料標籤】選項右側的三角形按鈕，在彈出的列表中選擇【上】選項，如圖 4-79 所示。

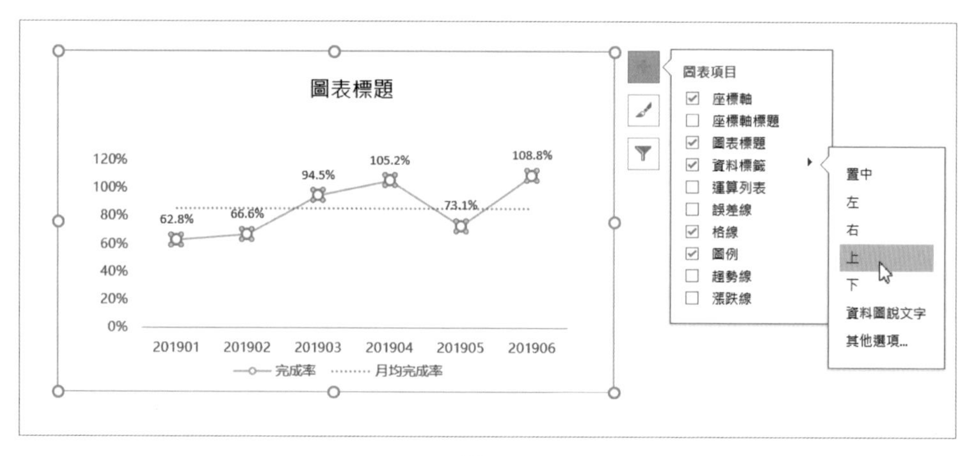

▲ 圖 4-79

Step 05 調整並美化圖表。選擇圖例，調整圖例的位置為左上方，輸入標題名稱並調整好位置。之後選取格線，設定格線的色彩為淺灰、線型為虛線。圖表的底色填滿為「淺藍」，效果如圖 4-80 所示。

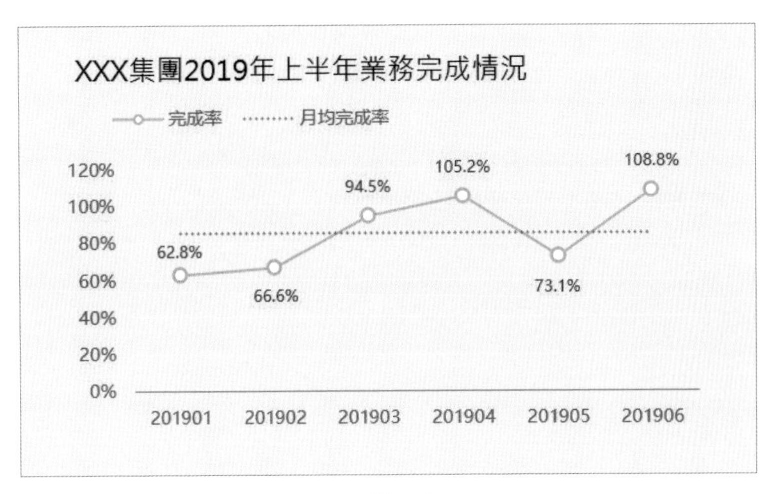

▲ 圖 4-80

Step 06 插入一個文字方塊，將文字方塊的填滿色與邊框色彩均設定為無填滿形式。然後選取該文字方塊，在公式編輯欄中輸入公式：=E2，之後按 <Enter> 鍵，至此完成了文字方塊公式的設定，如圖 4-81 所示。

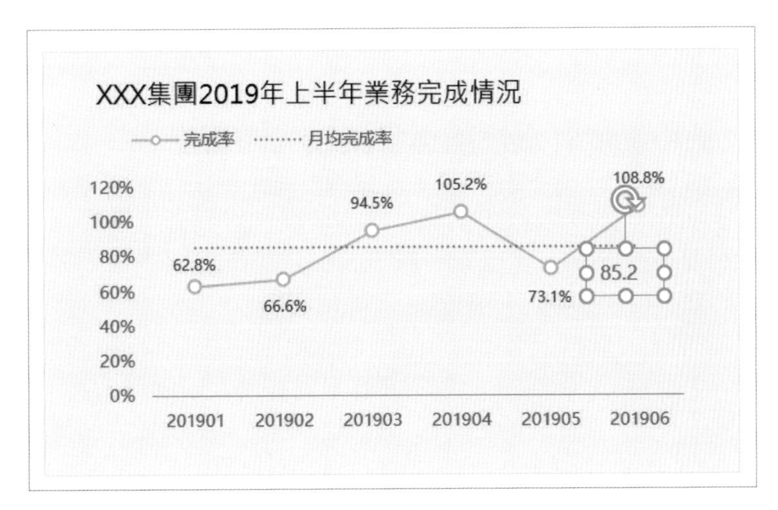

▲ 圖 4-81

Step 07 在文字方塊中輸入文字「▲ 平均」，字型設定成紅色並調整其大小與位置。按住 <Shift> 鍵後依次選擇文字方塊與圖表，按一下滑鼠右鍵，在彈出的快顯功能表中選擇【組成群組】→【組成群組】選項，至此完成圖表的製作，如圖 4-82 所示。

Step 08 最後對圖表進行美化。

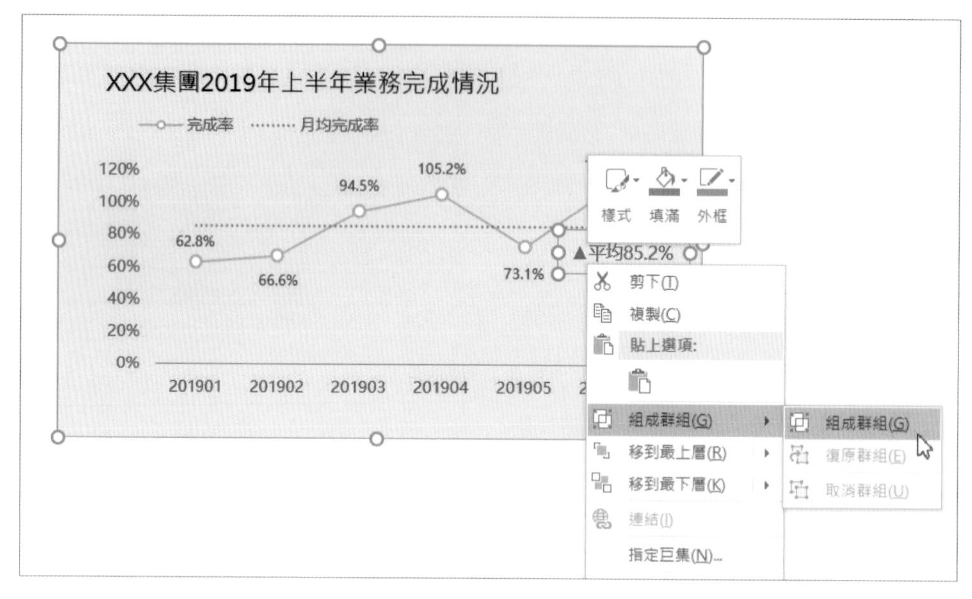

▲ 圖 4-82

4.4.4 使用溫度計直條圖衡量業績完成情況

一般情況下，在一個考核週期或者月度、季度結束後，企業往往會對自己確定的業績指標進行核算，以核查自身是否完成了既定的目標，並根據考核週期內指標的達成情況做出一些調整。

圖 4-83 是某集團下設的各地分公司 2019 年第 3 季度（Q3）的銷售業績達成情況（單位：萬元）。

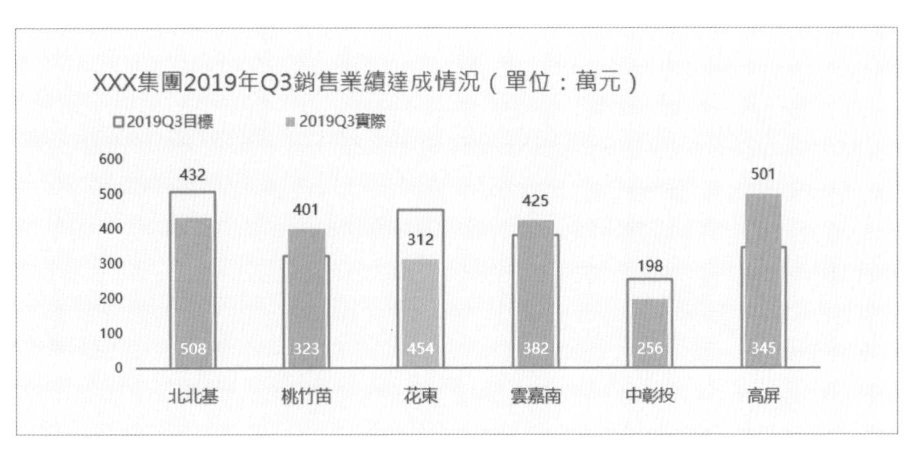

▲ 圖 4-83

操作步驟如下。

Step 01 選擇資料範圍 A1:C7，在 【插入】頁籤中依次選擇【插入直條圖或橫條圖】→【平面直條圖】→【群組直條圖】選項，如圖 4-84 所示。

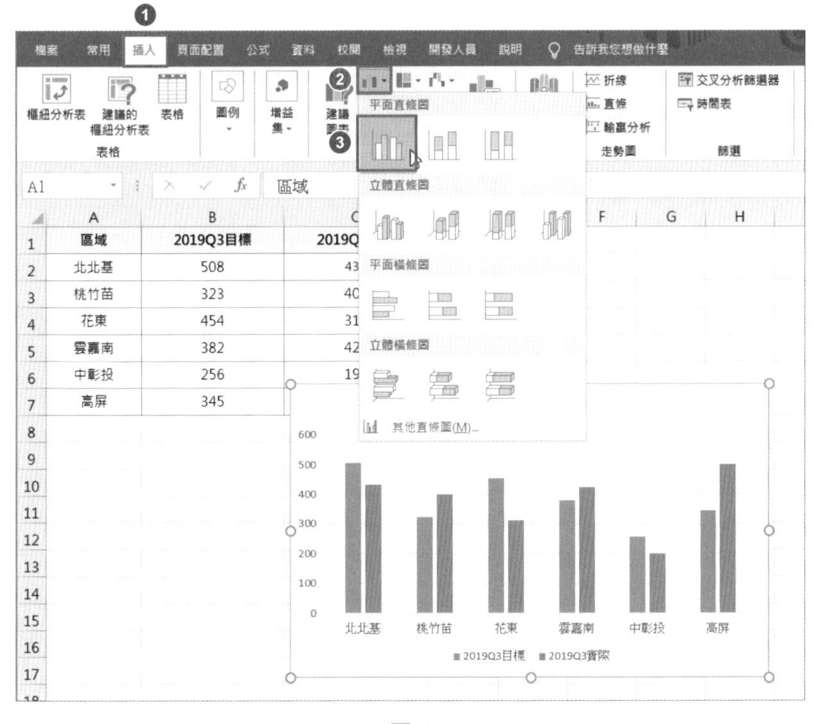

▲ 圖 4-84

Step 02 選取圖表範圍後，按一下滑鼠右鍵，在彈出的快顯功能表中選擇【變更圖表類型】選項，在開啟的【變更圖表類型】對話方塊中選擇【所有圖表】頁籤下的【組合圖】選項，在【選擇資料數列的圖表類型和座標軸】欄中勾選「2019Q3 實際」對應的【副座標軸】核取方塊，之後按一下【確定】按鈕，如圖 4-85 所示。

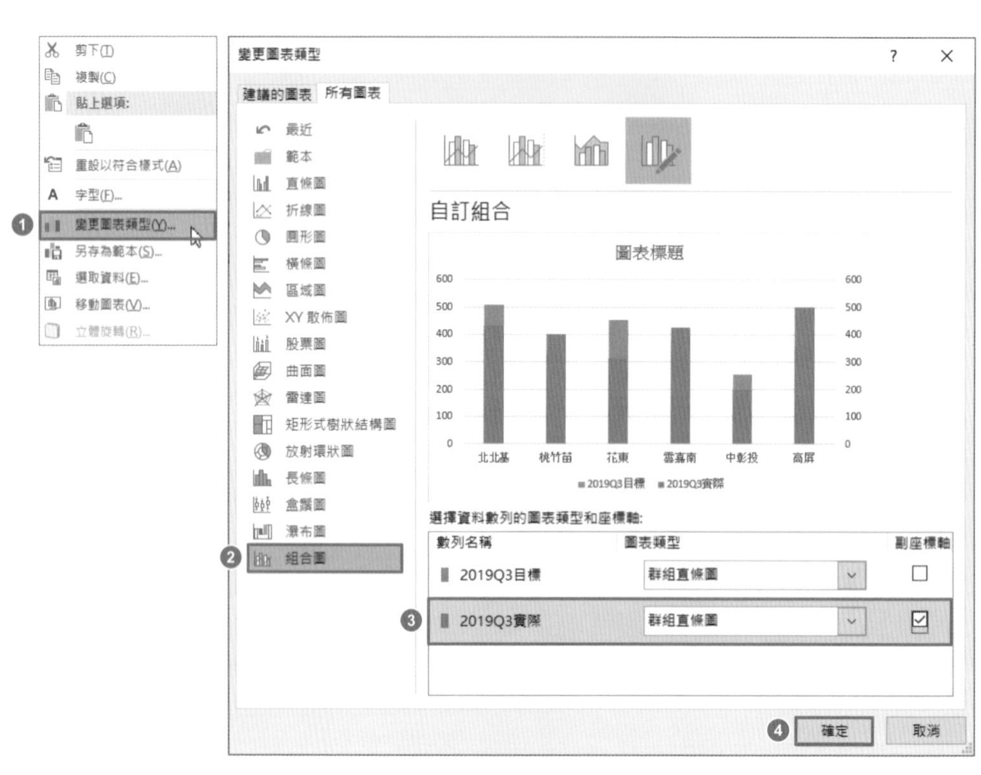

▲ 圖 4-85

Step 03 選取「2019Q3 目標」數列，開啟【資料數列格式】窗格，在【數列選項】頁籤中，將【數列重疊】設定為 100%，【類別間距】設定為 150%，如圖 4-86 所示。

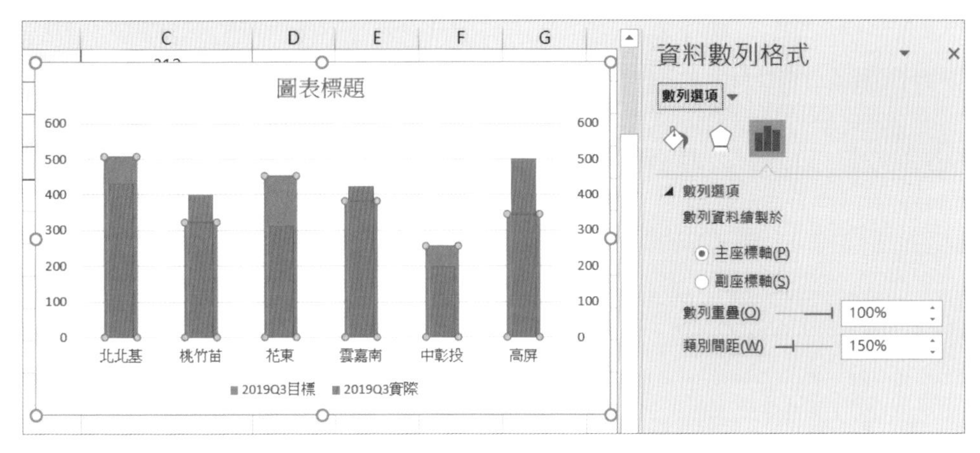

▲ 圖 4-86

Step 04 切換到【填滿與線條】頁籤，在【填滿】欄中選擇【無填滿】選項，在【框線】欄中選擇【實心】選項，將色彩設定為「藍色」，寬度設定為 1.5，如圖 4-87 所示。依照此方法將「2019Q3 實際」柱形的色彩設定成「淺藍」。

Step 05 選擇格線與副座標軸，按 <Delete> 鍵刪除。然後輸入標題，將圖例位置調整至右上角。之後選擇 「2019Q3 目標」數列，開啟【資料標籤格式】窗格，在【標籤選項】欄中只勾選【值】選項，在【標籤位置】欄中選擇【基底內側】選項，如圖 4-88 所示。依照此方法，為「2019Q3 實際」數列設定標籤，標籤位置選擇「資料標籤外」。

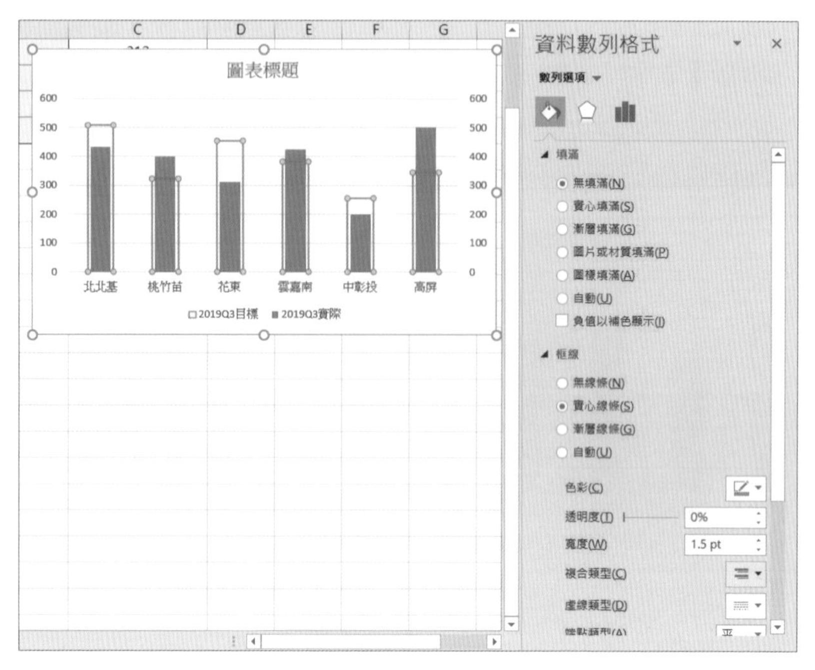

▲ 圖 4-87

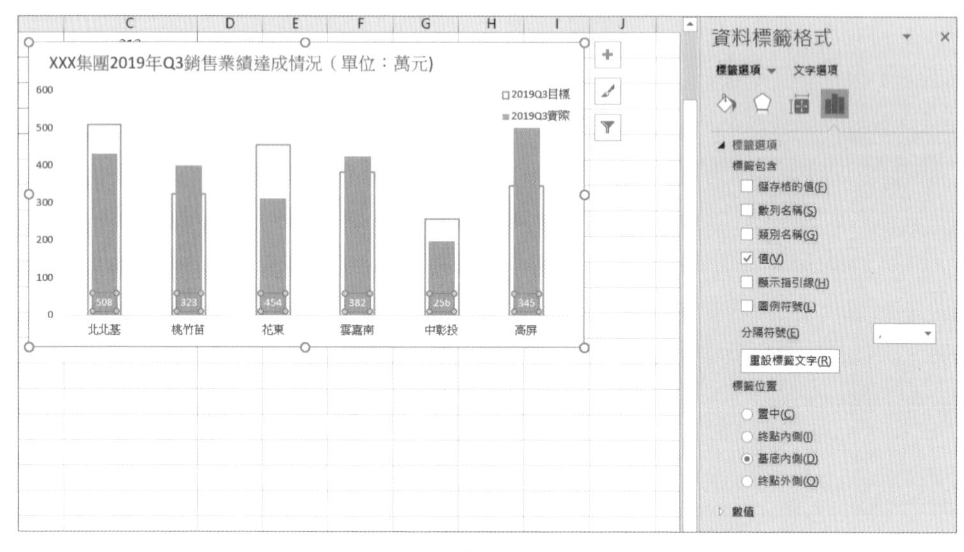

▲ 圖 4-88

Step 06 最後對圖表進行美化、調整，填滿底色，完成圖表的製作。

Excel 與
考勤、假期管理

人力資源管理中的考勤與假期管理，回歸到 Excel 中，主要解決日期與時間的計算問題。

本章主要講解考勤與假期在 Excel 中的應用，幫助讀者深入理解考勤與假期的一些常用的計算與整理方法，同時可進一步學習 Excel 中日期與時間函數的相關知識。

5.1 Excel 中的日期和時間

本節主要介紹 Excel 中的日期和時間基礎知識。藉由對本節的學習，讀者可以解決絕大多數考勤與假期管理中關於日期與時間類的問題，提高工作效率。

5.1.1 Excel 中的日期和時間

在 Excel 中，日期和時間的實質是清單值。

一整天對應的清單值是 1，一天有 24 小時，每 1 小時為 1/24 天；每小時有 60 分鐘，每分鐘為 1/24/60 天；每分鐘有 60 秒，每秒為 1/24/60/60 天。

在 Excel 中日期是以整數的形式存在的，而時間則是以小數的形式存在的。將日期和時間轉換成數字，日期是整數，時間為小數，日期和時間則為大於 0 的非整數，如圖 5-1 所示。

	A	B	C	D
1	格式	日期	時間	日期和時間
2	日期與時間格式	2019/11/5	10:35:12	2019/11/5 10:35:12
3	數字格式	43774.00	0.44	43774.44

▲ 圖 5-1

日期也有開始值與結束值，還有間距。日期是一個初始值為 0、間距為 1 的等差數列。比如，日期 2019-11-1 至 2019-11-3，如果轉換成整數，則分別為 43770、43771、43772。

在 Excel 中，日期的初始值為 0，其所對應的日期為 1900-1-0；而最大的日期為 9999-12-31。因此，1900-1-0 和 9999-12-31 之間的日期就是 Excel 能識別的日期範圍。超過這個區間的日期都不能被 Excel 識別。

同日期一樣，時間也是有上下區間的，即最大的時間清單為 9999:59:59，超過這個值的時間，Excel 會識別成文字。在 Excel 中，超過 24 小時的時間，Excel 會自動地向天進位，如將 2019-11-5 33:12:12 輸入到 Excel 中時，Excel 會將這個日期和時間自動進位，得到的日期和時間值為 2019-11-6 9:12:12。

以上所介紹的日期與時間均指在 Windows 作業系統下 Excel 中的日期和時間。

5.1.2 日期和時間的格式

Excel 中提供了豐富的日期和時間的格式，可以將能被 Excel 識別的日期轉換成各種適合的格式。

日期格式中最常用的幾種格式，如圖 5-2 所示。

	A	B	C	D	E	F	G
1	日期	中文年月日	中文大寫	年月	星期	英文年月日	...
2	2019-11-05	2019年11月5日	二〇一九年十一月五日	2019年11月	星期二	11-05-19	...

▲ 圖 5-2

在某些特殊狀況下日期格式的轉換，可以藉由自訂格式的方法來實現。比如，將 2019-11-5 設定成 20191105 這樣的格式。下面分別使用自訂格式和 TEXT 函數的方法來實現日期格式的設定，如圖 5-3 所示。

	A	B	C
1	日期	yyyymmdd格式	yyyy.m.d格式
2	2019-11-05	20191105	2019.11.05
3	2019-11-06	20191106	2019.11.06
4	2019-11-11	20191111	2019.11.11

▲ 圖 5-3

如圖 5-3 中的資料範圍 A2:A4 設定自訂格式「yyyymmdd」，可轉換成如 B2:B4 這樣的格式；或者輸入「yyyy.m.d」，可以轉換成如圖 5-3 中 C2:C4 這樣的格式。自訂格式只是為儲存格換了「外表」而已，其實質並沒有發生變化。

同樣，也可以使用函數 TEXT 來完成上述操作。不過，與自訂格式不同的是，使用 TEXT 函數實現的結果，本質上已經不是日期的正確格式。分別在 B2 儲存格與 C2 儲存格中輸入以下公式，分別向下填滿至 B4 與 C4 儲存格：

```
=TEXT(A2,"yyyymmdd")
=TEXT(A2,"yyyy.m.d")
```

跟日期一樣，Excel 中也提供了各種不同的時間格式，如圖 5-4 所示。

	A	B	C	D	E	F
1	時間	中文	上午時間	中文上午時間	時分	...
2	11:47:35	11時47分35秒	11:47 AM	上午11時47分	11:47	...

▲ 圖 5-4

當然，也可以使用自訂格式來設定特別的格式，如「hh:mm」之類的格式。

在時間設定中，一般使用 24h 模式來計算時間。如果有其他特殊情況，需要採用 12h 模式進行計算時，則最好將時間設定成有上下午標誌的格式。

當輸入的日期顯示為「#####」時，原因如下：一是儲存格的欄寬不夠；二是輸入的日期為負數或者超出了 Excel 所能識別的最大日期。

關於 Excel 不能識別的日期，大多數情況下都可以利用資料剖析的操作來解決，可參照 3.1.1 節中的內容。

5.1.3 Excel 中日期、時間的合併與分離

日期和時間分別包含了年、月、日、時、分、秒的要素，拆分與合併的應用也比較常見。

第 3 章中已經介紹了 DATE、YEAR 以及 MONTH 這三個函數，分別代表日期、年和月。這裡還有一個 DAY 函數，它是關於天的函數。

例如，2019、11、5 這三個數字分別代表年、月以及日。使用 DATE 函數組成一個日期，公式可以寫成：=DATE(2019,11,5)。日期的三個元素之間可以使用 DATE 函數來連接，也可以直接在儲存格中輸入 2019-11-5。但是當年、月、日是變數時，就需要使用 DATE 函數了。

這裡可分別擷取 2019-11-5 中的年、月以及日：

- 擷取年：=YEAR("2019-11-5")，回傳結果為 2019。
- 擷取月：=MONTH("2019-11-5")，回傳結果為 11。
- 擷取日：=DAY("2019-11-5")，回傳結果為 5。

時間也是可以進行合併與分離的。將 14、12、23 這三個分別代表時、分、秒的數字合併成時間，可以使用公式：=TIME(14,12,23)，回傳結果為 14:12:23。當然，也可以直接在儲存格中輸入 14:12:23。

這裡可分別擷取 14:12:23 中的時、分以及秒，可以使用的函數分別為 HOUR、MINUTE 和 SECOND：

- 小時：=HOUR("14:12:23")，回傳結果為 14。
- 分鐘：=MINUTE("14:12:23")，回傳結果為 12。
- 秒：=SECOND("14:12:23")，回傳結果為 23。

上面簡要介紹了日期和時間的拆分與組合，接下來繼續介紹日期和時間的拆分。

在 5.1.1 節中介紹了日期是整數，時間是小數。下面看一個實際的例子。

如圖 5-5 所示，是某部門的一份考勤表。下面進行日期與時間的拆分。

	A	B	C	D	E
1	姓名	部門	打卡日期時間	打卡日期	打卡時間
2	韓姚	人資部	2019/6/3 8:50:24	2019/6/3	上午 08:50:24
3	平欣怡	人資部	2019/6/3 19:18:23	2019/6/3	下午 07:18:23
4	董寒雁	人資部	2019/6/4 8:57:54	2019/6/4	上午 08:57:54
5	陳麗	人資部	2019/6/4 12:11:09	2019/6/4	下午 12:11:09
6	曹春竹	人資部	2019/6/4 18:27:12	2019/6/4	下午 06:27:12
7	樂正菲	人資部	2019/6/5 8:57:59	2019/6/5	上午 08:57:59
8	李莉莎	人資部	2019/6/5 18:57:42	2019/6/5	下午 06:57:42
9	李亞梅	人資部	2019/6/6 8:58:10	2019/6/6	上午 08:58:10
10	王靈竹	人資部	2019/6/6 12:27:07	2019/6/6	下午 12:27:07
11	張萬敏	人資部	2019/6/6 18:16:37	2019/6/6	下午 06:16:37

▲ 圖 5-5

❖ 擷取日期

在 D2 儲存格中輸入以下公式，向下填滿至 D11 儲存格，然後將格式設定成日期：

```
=INT(C2)
```

公式解釋

INT 函數只有一個參數，可用來對指定的數值截取整數部分。比如 =INT(1.2)，傳回 1。

除了 INT 函數外，另一個截取整數的函數也可以完成此操作，即：

=TRUNC(C2)

公式解釋

TRUNC 函數也可以傳回一個數的整數。那麼，這兩個函數有什麼區別呢？請閱讀下面的「補充說明」部分內容。

❖ 擷取時間

在 E2 儲存格中輸入以下公式，向下填滿至 E11 儲存格，然後將儲存格格式設定成時間：

=C2-INT(C2)

公式解釋

用日期和時間減去日期部分，剩下的小數部分即時間。

除此之外，採用另外一種方法也可完成此操作，如下所示：

=MOD(C2,1)

公式解釋

MOD 函數可用來傳回兩個數值相除後的餘數。其語法形式如下：

MOD(被除數 , 除數)

比如，=MOD(1.2,1) 表示 1.2 除以 1，餘數為 0.2。

注意，日期和時間的合併也可以使用加法來實現。比如，A1 儲存格中的日期為 2019-11-5，B1 儲存格中的時間為 10:35:12，若要合併日期和時間，則可在 C1 儲存格中輸入公式：=A1+B1，最後設定儲存格格式即可。

補充說明 INT 函數與 TRUNC 函數都可以用來取整數。INT 函數可將值向下取整數到最接近的整數。TRUNC 函數可將值截取為整數或者保留指定位數的小數。

從功能上可以看出，這兩個函數的區別如下：

- 當取捨的數字大於 0 時，這兩個函數的結果都是一樣的，即 INT(1.2) 與 TRUNC(1.2) 都回傳結果 1。
- 當取捨的數字小於 0 時，INT(-1.2) 傳回 -2，TRUNC(-1.2) 傳回 -1。
- 另外，TRUNC 函數為單純地截取，所以第 2 個參數在不省略的情況下，可以指定從某一位開始截取。其支持截取小數位數。比如，TRUNC(1.232,2)，傳回的結果為 1.23。

5.1.4 根據日期計算自然年的季度和財報季度

在 Excel 的函數中，並沒有提供可以計算季度資料的函數。對於指定的日期，如何判斷其屬於哪一個季度是本節需要解決的問題。

如圖 5-6 所示，計算每個日期所對應的季度。

	A	B	C	D
1	姓名	部門	報到日期	季度
2	韓姚	人資部	2019/1/23	1
3	平欣怡	市場部	2019/4/12	2
4	董騫雁	財務部	2019/7/30	3
5	陳麗	資訊部	2019/11/15	4

▲ 圖 5-6

在 D2 儲存格中輸入以下公式，向下填滿至 D5 儲存格：

=LOOKUP(MONTH(C2),{1,4,7,10},{1,2,3,4})

公式解釋

MONTH(C2) 擷取每個日期所對應月份的清單，判斷該清單在區間 {1,4,7,10} 中的位置，然後傳回所對應季度的值 {1,2,3,4}。

除了這個方法外，還有一個更加簡單的方法。即採用公式：

=LEN(2^MONTH(C2))

公式解釋

MONTH(C2) 擷取每個日期所對應月份的清單，「^」是 Excel 中乘冪的運算子。整個公式的意思是：計算 2 的月份之次方值，再測量出其長度。

比如，2^1=2，2^2=4，2^3=8，這三個值都只是 1 位數。而 2^4=16，2^5=32，2^6=64，都是 2 位數……以此類推。

除了這種一般性的計算以外，有時企業財報年度開始的月份並非 1 月，這時，財報季度（以下簡稱「財季」）就不同於自然年的季度。

如圖 5-7 所示，某企業以每年的 10 月作為第 1 個財報季度的開始，根據這項條件計算下面各個日期所對應的財季。

B2 =LEN(2^MONTH(EDATE(A2,3)))

	A	B	C
1	放假日期	財報季度	
2	2019/10/1	1	
3	2019/5/1	3	
4	2019/1/1	2	
5	2019/4/15	3	

▲ 圖 5-7

在 B2 儲存格中輸入以下公式，向下填滿至 B5 儲存格：

```
=LEN(2^MONTH(EDATE(A2,3)))
```

公式解釋

該公式的原理與上述計算自然年季度的原理是一樣的。由於 10 月份為其第 1 個財季的開始，而正常的自然年季度從 1 月份開始，二者剛好相差了 3 個月，因此，只要將指定要計算的日期向後推 3 個月，就可以按自然年的季度來計算了。

核心點是藉由 EDATE(A2,3)，計算 A2 儲存格中的日期在 3 個月之後的日期。比如，2019-10-1 向後推算 3 個月，即可得到 2020-1-1。這個日期就是第 1 季度的日期。

同樣，也可以使用 LOOKUP 函數來解決此問題：

```
=LOOKUP(MONTH(EDATE(A2,3)),{1,4,7,10},{1,2,3,4})
```

綜上所述，不管財季是從哪一個月開始的，只要推算該月份往後至下一年的 1 月（正常的自然年中季度的開始月）的月份數，再按自然年的季度計算即可。比如 5 月為財季開始月，那麼距離次年的 1 月還有 8 個月，即推算 8 個月後再正常地計算季度。

5.2 應出勤天數與年假天數的計算

本節將主要深入講解人力資源管理中關於應出勤天數、年假天數等一系列關於日期類的計算問題。鑒於應出勤天數是員工薪資核算的重要依據，因此要做到在 Excel 中計算準確，這是每一位 HR 所必須掌握的知識點。

5.2.1 計算正常雙休制的應出勤天數

一般情況下，公司採取的是「週休二日」的出勤制度，即週一至週五工作，週六、週日休息。在某些特殊的情況下，企業會根據自身的狀況調整休息時間。

某公司採取週一至週五上班，週六、週日休息的出勤安排。計算下列人員 2019 年 11 月的應出勤天數（工作日天數），如圖 5-8 所示。

E2 =NETWORKDAYS(IF(D2<$H$1,$H$1,D2),$H$2)

	A	B	C	D	E	F	G	H
1	員工編號	姓名	部門	入職時間	應出勤天數		當月開始日期	2019/11/1
2	HE157254	張永珍	人資部	2018/5/1	21		當月結束日期	2019/11/30
3	HE729175	李樹平	市場部	2018/9/10	21			
4	HE891775	馮君	財務部	2019/11/11	15			
5	HE981527	葛丹珍	資訊部	2015/10/12	21			
6	HE196756	陳楓	行政部	2013/12/1	21			
7	HE627787	魏濤	市場部	2019/11/28	2			
8	HE160892	施幻波	人資部	2011/11/1	21			
9	HE565497	蔣瑤	資訊部	2017/5/12	21			

▲ 圖 5-8

在 E2 儲存格中輸入以下公式，向下填滿至 E9 儲存格：

```
=NETWORKDAYS(IF(D2<$H$1,$H$1,D2),$H$2)
```

公式解釋

NETWORKDAYS 函數可用來傳回兩個日期之間的完整工作日天數。其語法形式如下：

```
NETWORKDAYS( 開始日期 , 結束日期 ,[ 指定假日 ])
```

該函數的第 3 個參數為可選參數，可以指定開始日期與結束日期之間假日的日期。該參數可以是一個日期值，也可以是一個日期的儲存格範圍。假日可以是法定假日或者非法定假日，這需要自訂。

IF(D2<$H$1,$H$1,D2) 部分主要判斷員工的入職日期是否處於當月。如果處於當月，則說明該員工是新員工，NNETWORKDAYS 的開始日期則為其入職日期，否則為當月的開始日期。

另外，還可以使用 NETWORKDAYS.INTL 函數解決此類問題。

5.2.2 計算單休制的應出勤天數

前面介紹了如何使用 NETWORKDAYS 函數計算兩個日期之間的工作日天數，但是採用這種方法無法自訂休息日。本節講解如何根據不同的休息日期來確定員工的應出勤天數。

某企業員工週一至週六上班，週日休息。計算下列員工 2019 年 11 月的應出勤天數，如圖 5-9 所示。

E2 `=NETWORKDAYS.INTL(IF(D2<$H$1,$H$1,D2),$H$2,11)`

	A	B	C	D	E	F	G	H
1	員工編號	姓名	部門	入職時間	應出勤天數		當月開始日期	2019/11/1
2	HE157254	張永珍	人資部	2018/5/1	26		當月結束日期	2019/11/30
3	HE729175	李樹平	市場部	2018/9/10	26			
4	HE891775	馮君	財務部	2019/11/11	18			
5	HE981527	葛丹珍	資訊部	2015/10/12	26			
6	HE196756	陳楓	行政部	2013/12/1	26			
7	HE627787	魏濤	市場部	2019/11/28	3			
8	HE160892	施幻波	人資部	2011/11/1	26			
9	HE565497	蔣瑤	資訊部	2017/5/12	26			

▲ 圖 5-9

在 E2 儲存格中輸入以下公式，向下填滿至 E9 儲存格：

```
=NETWORKDAYS.INTL(IF(D2<$H$1,$H$1,D2),$H$2,11)
```

公式解釋

NETWORKDAYS.INTL 是 NETWORKDAYS 函數的升級版，它同樣用來計算兩個日期之間的完整工作日天數。但是不同的是，NETWORKDAYS.INTL 函數的第 3 個參數可以指定休息日是星期幾。該函數的語法形式如下：

```
NETWORKDAYS.INTL( 開始日期 , 結束日期 ,[ 指定休息日 ],[ 指定假日 ])
```

公式中的 11 指的是「僅星期日」為休息日。該函數的第 3 個參數的類型如表 5-1 所示。

▼ 表 5-1 參數類型

參數類型	休息日
1 或省略	星期六、星期日
2	星期日、星期一
3	星期一、星期二
4	星期二、星期三
5	星期三、星期四
6	星期四、星期五
7	星期五、星期六
11	僅星期日
12	僅星期一
13	僅星期二
14	僅星期三
15	僅星期四
16	僅星期五
17	僅星期六

本例還可適用於一週 6 天工作制單位計算員工的應出勤天數。

藉由上面函數的第 3 個參數類型可以計算在指定連續的兩個或者單個休息日情況下的應出勤天數計算。

下面的這個問題又該如何計算呢？

某生產部門實行輪休制度，一周內每個員工可以休息 2 天，但需要員工在月初時申報自己本週幾休息。員工可以申報連續 2 天休息，也可以申報不連續的 2 天休息；只需要保證自己每週休息 2 天、上班 5 天（部門每天至少要有 2 人上班，此條件在本例的計算中暫不考慮）。計算每個員工的應出勤天數，如圖 5-10 所示。

F2 =NETWORKDAYS.INTL(IF(D2<$I$1,$I$1,D2),$I$2,REPLACE(REPLACE("0000000",LEFT(E2),1,"1"),RIGHT(E2),1,"1"))

	A	B	C	D	E	F	G	H	I	J
1	員工編號	姓名	部門	入職時間	周幾休息	應出勤天數		當月開始日期	2019/11/1	
2	HE157254	張永珍	人資部	2018/5/1	1,2	22		當月結束日期	2019/11/30	
3	HE729175	李樹平	市場部	2018/9/10	2,4	22				
4	HE891775	馮君	財務部	2019/11/11	3,5	14				
5	HE981527	葛丹珍	資訊部	2015/10/12	6,7	21				
6	HE196756	陳楓	行政部	2013/12/1	2,4	22				
7	HE627787	魏濤	市場部	2019/11/28	1,5	2				
8	HE160892	施幻波	人資部	2011/11/1	3,4	22				
9	HE565497	蔣瑤	資訊部	2017/5/12	2,7	22				

▲ 圖 5-10

在 F2 儲存格中輸入以下公式，向下填滿至 F9 儲存格：

```
=NETWORKDAYS.INTL(IF(D2<$I$1,$I$1,D2),$I$2,REPLACE(REPLACE
("0000000",LEFT(E2),1,"1"),RIGHT(E2),1,"1"))
```

公式解釋

NETWORKDAYS.INTL 函數的第 3 個參數還可以支援一個字串，字串值的長度為 7 個字元，並且該字串中的每個字元表示一週中的一天（從星期一開始）。1 表示非工作日，0 表示工作日。在字串中僅允許使用字元 1 或 0。比如，1111111 表示一週全部是非工作日。

REPLACE(REPLACE("0000000",LEFT(E2),1,"1"),RIGHT(E2),1,"1") 中的 REPLACE ("0000000",LEFT(E2),1,"1") 部分，表示使用 REPLACE 函數從字串「0000000」的第 LEFT(E2) 位開始取 1 個字元，替換成 "1"。在此，LEFT(E2) 省略了第 2 個參數，其預設情況下為 1。比如 E2 儲存格中的值為 "1,2"，LEFT(E2) 表示左取 1 位，回傳結果為 "1"。因此，從字串 "0000000" 的第 1 位開始，替換 1 個字元為 "1"，結果為 "1000000"。再重複使用一次 REPLACE 函數，將 "1000000" 的第 RIGHT(E2) 位進行替換，即 "1100000"。

本例還可以用來計算一段時間內的星期幾有幾天。

5.2.3 彈性放假工作日應出勤天數的計算

國定假日有時會有彈性放假的安排，這種情況下應該如何計算員工的應出勤天數呢？

某企業實行週一至週五上班，週六、週日休息的工作制。2021 年 9 月 21 日是中秋節，這一天是星期二。2021 年 9 月 11 日是星期六，但為了配合中秋節的彈性放假，當天正常上班。如圖 5-11 所示，為 2021 年 9 月的工作日情況與放假日曆。計算當月員工的應出勤天數（只考慮工作日的出勤問題），如圖 5-12 所示。

九月

日	一	二	三	四	五	六
			1 廿五	2 廿六	3 廿七	4 廿八
5 廿九	6 三十	7 八月小 白露	8 初二	9 初三	10 初四	11 初五
12 初六	13 初七	14 初八	15 初九	16 初十	17 十一	18 十二
19 十三	20 十四	21 十五 中秋節	22 十六	23 秋分	24 十八	25 十九
26 二十	27 廿一	28 廿二	29 廿三	30 廿四		

▲ 圖 5-11

E2 =NETWORKDAYS(IF(D2<$H$1,$H$1,D2),$H$2,$H$3)+IF(D2>DATE(2021,9,11),1,0)

	A	B	C	D	E	F	G	H
1	員工編號	姓名	部門	入職時間	應出勤天數		當月開始日期	2021/9/1
2	HE157254	張永珍	人資部	2018/5/1	21		當月結束日期	2021/9/30
3	HE729175	李樹平	市場部	2018/9/10	21		中秋節	2021/9/21
4	HE891775	馮碧	財務部	2021/9/10	14			
5	HE981527	葛丹珍	資訊部	2015/10/12	21			
6	HE196756	陳楓	行政部	2013/12/1	21			
7	HE627787	姚濤	市場部	2019/9/29	21			
8	HE160892	施幻波	人資部	2011/11/1	21			
9	HE565497	蔣瑤	資訊部	2017/5/12	21			

▲ 圖 5-12

在 E2 儲存格中輸入以下公式，向下填滿至 E9 儲存格：

```
=NETWORKDAYS(IF(D2<$H$1,$H$1,D2),$H$2,$H$3)+IF(D2>DATE(2021,9,11),1,0)
```

公式解釋

NETWORKDAYS 函數的第 3 個參數用來指定節假日。

NETWORKDAYS(IF(D2<$H$1,$H$1,D2),$H$2,$H$3) 部分表示計算除中秋節當天以外的所有工作日的天數。

IF(D2>DATE(2021,9,11),0,1) 判斷該員工是不是在 2021 年 9 月 11 日之後入職。如果該員工在這天之後入職，那麼這天其實不會出勤，加 0 即可；否則該員工為 2021 年 9 月 11 日（含該日）之前入職的，那麼這一天就要記入員工出勤日，即給正常的員工工作日出勤天數加上 1 天。

當然，也可以使用 NETWORKDAYS.INTL 函數來解決該問題。公式可以寫成：

```
=NETWORKDAYS.INTL(IF(D2<$H$1,$H$1,D2),$H$2,1,$H$3)+IF(D2>D
ATE(2021,9,11),1,0)
```

NETWORKDAYS.INTL 的第 3 個參數將指定週六、週日為休息日，類型為 1；第 4 個參數將指定節假日休息的日期。

補充說明 NETWORKDAYS 函數與 NETWORKDAYS.INTL 函數相比較，後者適用的情形更加多樣。如果在實際使用中無須指定休息日類型，則可使用前者；如果要指定休息日類型，則可使用後者。

5.2.4 5.5 天工作日的應出勤天數計算

5.5 天工作日是一種特殊的出勤制度。有些特殊行業實行這種出勤方式，即週一到週五的全天及週六的上午上班，週六下午與週日全天休息。

某企業由於行業特殊，目前實行一週 5.5 天的出勤制度。計算員工 2019 年 11 月的應出勤天數，如圖 5-13 所示。

E2 =NETWORKDAYS(IF(D2<$H$1,$H$1,D2),$H$2)+NETWORKDAYS.INTL(IF(D2<$H$1,$H$1,D2),$H$2,"1111101")*0.5

	A	B	C	D	E	F	G	H
1	員工編號	姓名	部門	入職時間	應出勤天數		當月開始日期	2019/11/1
2	HE157254	張永珍	人資部	2018/5/1	23.5		當月結束日期	2019/11/30
3	HE729175	李樹平	市場部	2018/9/10	23.5			
4	HE891775	馮君	財務部	2019/11/11	16.5			
5	HE981527	葛丹珍	資訊部	2015/10/12	23.5			
6	HE196756	陳楓	行政部	2013/12/1	23.5			
7	HE627787	魏濤	市場部	2019/11/28	2.5			
8	HE160892	施幻波	人資部	2011/11/1	23.5			
9	HE565497	蔣瑤	資訊部	2017/5/12	23.5			

▲ 圖 5-13

在 E2 儲存格中輸入以下公式，向下填滿至 E9 儲存格：

```
=NETWORKDAYS(IF(D2<$H$1,$H$1,D2),$H$2)+NETWORKDAYS.INTL(IF(D2<$H$1,$H$1,D2),$H$2,"1111101")*0.5
```

公式解釋

這個公式看起來很長，但是，表達的意思卻十分簡單。即，先計算出員工當月週一至週五應出勤的天數，然後加上星期六的天數乘以 0.5（半天），這樣可得到員工 5.5 天制的應出勤天數。

NETWORKDAYS(IF(D2<$H$1,$H$1,D2),$H$2) 表示計算當月或者新入職員工本月週一至週五應出勤的天數。

注意 NETWORKDAYS.INTL(IF(D2<$H$1,$H$1,D2),$H$2,"1111101")*0.5 部分，在 5.2.2 節中介紹過 NETWORKDAYS.INTL 函數的第 3 個參數可以為一個字串。其中，字串中的 0 表示工作日，1 表示非工作日。比如，本例中的 "1111101" 中的 0 處於第 6 位，即表示星期六為工作日，其他天全是休息日。這樣 NETWORKDAYS.INTL 函數就間接計算得到了星期六的總天數，再乘以 0.5 就得到了星期六總天數的一半。

本例巧妙地使用了 NETWORKDAYS 函數與 NETWORKDAYS.INTL 函數相結合的方式來計算此類比較特殊的問題。當然，也可以將 NETWORKDAYS 函數替換成 NETWORKDAYS.INTL 函數，這樣也能達到同樣的目的。

5.2.5 計算員工的年假天數

年假是工作單位給予員工的帶薪假期。各單位會根據法令規定，再結合自身的具體情況給予員工一定的假期。

勞動基準法第 38 條規定：「勞工在同一雇主或事業單位，繼續工作滿一定期間者，每年應依左列規定給予特別休假：

(1) 6 個月以上 1 年未滿者，3 日。

(2) 1 年以上 2 年未滿者，7 日。

(3) 2 年以上 3 年未滿者，10 日。

(4) 3 年以上 5 年未滿者，14 日。

某企業的年假根據以上條例執行。計算下列員工 2019 年的年假天數，如圖 5-14 所示。

H2 =LOOKUP(G2,{0,6,12,24,36},{0,3,7,10,14})

	A	B	C	D	E	F	G	H
1	序號	員工編號	姓名	部門	職務	工作時間	年資(M)	年假(d)
2	1	10110055	魏紫霜	業務部	業務主管	2013/7/8	92	14
3	2	10095155	孫成倩	業務部	業務主管	2012/8/1	103	14
4	3	10085420	何龍婷	人資部	績效主管	2019/10/26	16	7
5	4	10111717	孫亦寒	門市A	店長	2011/7/18	116	14
6	5	54272	周彩菊	門市A	客服主管	2005/6/1	189	14
7	6	54311	朱豔	門市A	會計主管	2015/4/22	71	14
8	7	10164850	王淑芬	門市B	店長	2014/8/28	78	14
9	8	10305148	馮秀	門市B	主任	2018/7/2	32	10
10	9	10108356	華成倩	門市B	主任	2013/6/19	93	14
11	10	54331	雲睿婕	門市C	店長	2016/9/14	54	14
12	11	54135	李千萍	門市C	會計主管	2003/3/22	216	14
13	12	54461	彭清怡	門市C	客服主管	2010/8/17	127	14
14	13	54212	雲枝	門市D	店長	2018/10/6	29	10

▲ 圖 5-14

❖ 計算年資

員工參加工作的時間與目前電腦系統日期間隔的年份即年資。在 G2 儲存格中輸入以下公式，向下填滿至 G14 儲存格：

```
=DATEDIF(F2,TODAY(),"M")
```

需要注意的是，上述公式將計算兩個日期之間的整數月。TODAY() 傳回的是目前系統的日期。一定要確定電腦的系統日期是準確的。

❖ 計算年假天數

在 H2 儲存格中輸入以下公式，向下填滿至 H14 儲存格：

```
=LOOKUP(G2,{0,6,12,24,36},{0,3,7,10,14})
```

需要注意的是，由於不足 6 個月是沒有年假的，因此在寫 LOOKUP 函數的時候要多一個分隔區間。即 0 到 6 的時候，結果為 0。

除使用 LOOKUP 函數解決這類區間問題外，也可以使用簡單的巢狀 IF 函數進行計算。公式可以寫成：

```
=IF(G2>=36,14,IF(G2>=24,10,IF(G2>=12,7,IF(G2>=6,3,0))))
```

如果需要提高計算的準確度，則可以使用 YEARFRAC 函數來計算兩個日期之間精確的年份。

關於年資與區間計算的問題，可參考 3.2.3 節中的詳細講解。

5.3 考勤時間的計算

本節主要從遲到、工作時間等方面來講解考勤時間問題在 Excel 中是如何處理的。

5.3.1 遲到不足 0.5 小時的，按 0.5 小時計算

在某企業的考勤制度中規定：上班時間是 9 點，遲到在 0.5 小時之內，未超過 0.5 小時的，按 0.5 小時計算；超過 0.5 小時，不足 1 小時的，按 1 小時計算；以此類推。下面為該公司遲到員工的打卡資訊，計算每個人的遲到時間，如圖 5-15 所示。

F2 =CEILING((E2-TIME(9,0,0))*24,0.5)

	A	B	C	D	E	F
1	考勤號碼	姓名	日期	星期	打卡時間	遲到時間(h)
2	70637	曹紫君	2019-06-11	星期二	09:13:55	0.5
3	70637	鄒紅	2019-06-18	星期二	10:53:05	2
4	70637	陶筠	2019-07-09	星期二	10:02:06	1.5
5	70654	呂倩倩	2019-06-11	星期二	10:33:47	2
6	71134	吳光萍	2019-08-01	星期四	09:58:58	1
7	10010786	何莉莎	2019-06-18	星期二	10:23:08	1.5
8	10010786	孫鑫琳	2019-06-27	星期四	10:12:21	1.5
9	10010786	錢癡夢	2019-07-26	星期五	10:08:26	1.5
10	10010786	趙悅明	2019-07-30	星期二	10:35:22	2
11	10253465	蔣冬兒	2019-06-25	星期二	09:49:46	1
12	10308542	鄭佳麗	2019-06-21	星期五	09:32:13	1

▲ 圖 5-15

在 F2 儲存格中輸入以下公式，向下填滿至 F12 儲存格：

```
=CEILING((E2-TIME(9,0,0))*24,0.5)
```

公式解釋

CEILING 函數將數值向上捨入（沿絕對值增大的方向）為最接近的指定基數的倍數。其語法形式如下：

```
CEILING( 數字 , 捨入的倍數 )
```

需要說明的是，如果第 2 個參數為正數，則將值向遠離 0 的方向捨入；如果第 2 個參數為負數，則將值向靠近 0 的方向捨入。

E2-TIME(9,0,0) 部分表示，將打卡時間與上班時間 TIME(9,0,0) 進行相減，計算出兩個時間相差多少天，然後乘以 24，即 (E2-TIME(9,0,0))*24，就可以得到兩個時間之間相差的小時數。

由於都是遲到的時間，因此都比 9 點要晚，故不存在小於 0 的情況。最後，使用 CEILING 函數進行捨入。比如 E2 儲存格，先計算 9:13:55 減去 9:00:00，得到 0:13:55，即 0.0097 天，乘以 24 後得到 0.23 小時，不足 0.5 小時。所以 CEILING 函數向 0.5 捨入，即最終的結果為 0.5 小時。

5.3.2 加班時間不足 0.5 小時的，按 0 計算

前面講述了在進行遲到時間計算時，會向上捨入到相應的倍數；在計算加班時間時，情況正好是相反的。

某企業考勤制度規定：下班時間為 18 點，加班時間從 19 點算起，18 點到 19 點之間為進餐時間。加班不足 0.5 小時的，按 0 計算；0.5 小時以上，不足 1 小時的，按 0.5 小時計算；以此類推。下面為該企業各員工的打卡資訊。計算每個員工的加班時間，如圖 5-16 所示。

F2 =FLOOR(IF(E2<TIME(19,0,0),E2+1-TIME(19,0,0),E2-TIME(19,0,0))*24,0.5)

	A	B	C	D	E	F
1	考勤號碼	姓名	日期	星期	打卡時間	加班時間(h)
2	70637	孫光蘭	2019-06-17	星期一	22:58:39	3.5
3	70639	許瀅	2019-06-26	星期三	19:29:53	0
4	70650	吳厚菊	2019-06-28	星期五	23:21:38	4
5	70654	周宜	2019-06-28	星期五	20:20:48	1
6	71337	嚴蘭燕	2019-06-11	星期二	21:40:43	2.5
7	10010786	嚴青	2019-06-20	星期四	00:32:20	5.5
8	10010786	陶昌菊	2019-06-22	星期六	19:08:10	0
9	10010786	施武琴	2019-07-29	星期一	22:02:07	3
10	10010786	陶豔	2019-07-31	星期三	22:32:16	3.5
11	10253465	秦醉薇	2019-06-05	星期三	21:19:18	2
12	10305875	陶瀅	2019-06-24	星期一	19:45:21	0.5
13	10308542	華太群	2019-06-28	星期五	20:56:45	1.5

▲ 圖 5-16

在 F2 儲存格中輸入以下公式，向下填滿至 F13 儲存格：

```
=FLOOR(IF(E2<TIME(19,0,0),E2+1-TIME(19,0,0),E2-TIME(19,0,0))*24,0.5)
```

公式解釋

FLOOR 函數將數值向下捨入（沿絕對值減小的方向）為最接近的指定基數的倍數。其語法形式如下：

```
FLOOR( 數字 , 捨入的倍數 )
```

需要說明的是，如果第 2 個參數為正數，則將值向靠近 0 的方向捨入；如果第 2 個參數為負數，則將值向遠離 0 的方向捨入。

TIME(19,0,0) 部分表示為固定的 19 點，即加班開始的時間。

IF(E2<TIME(19,0,0),E2+1-TIME(19,0,0),E2-TIME(19,0,0)) 部分表示如果下班時間小於 19 點，那麼會是以下兩種情況。一種情況是，19 點前員工就下班了。但是本例統計的是加班時間，所以這種情況不存在；另外一種情況是，加班跨夜了。對於後一種情況，在計算兩個時間的差額時，需要給跨夜的日期加 1 後再計算。比如 E7 儲存格為凌晨時間，這說明加班跨夜了，故給此日期加上 1，這樣才能得到正常的時間差。如果下班時間大於 19 點，則兩個時間直接相減即可。

同 CEILING 函數一樣，FLOOR 函數會將得到的時間向下捨入為接近 0.5 的倍數。比如 E2 儲存格中的值 22:58:39 減去 19 點為 3:58:39，即 0.166 天，乘以 24 後為 3.98 小時，不足 4 小時，所以 FLOOR 函數向下捨入到 0.5 的倍數的值為 3.5 小時。

除了上面採用 IF 函數的方法外，還可以參考 5.1.3 節中分離日期與時間的 MOD 函數的用法。即 F2 儲存格中的公式可以寫成：

```
=FLOOR(MOD(E2-TIME(19,0,0),1)*24,0.5)
```

關於公式中的 MOD(E2-TIME(19,0,0),1) 部分可以參考 5.1.3 節中的解釋。

5.3.3 統計員工的工作時間

如圖 5-17 所示，是某企業某個部門員工 2019 年 6 月的考勤記錄。要求根據考勤明細統計每個員工工作的總時間、平均工作時間以及最晚下班時間。

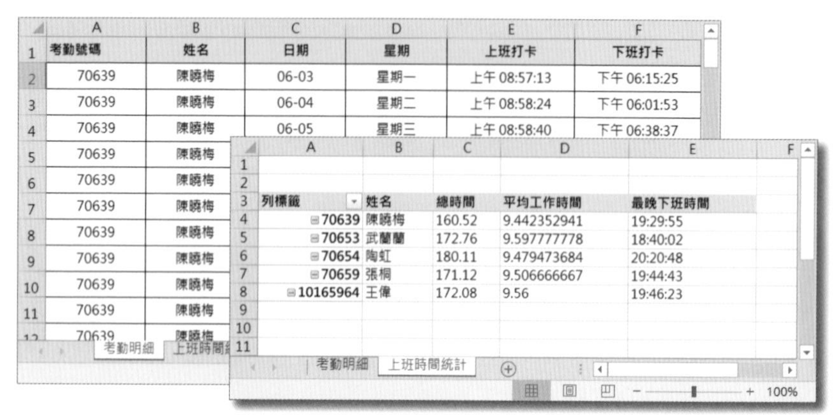

考勤號碼	姓名	日期	星期	上班打卡	下班打卡
70639	陳曉梅	06-03	星期一	上午 08:57:13	下午 06:15:25
70639	陳曉梅	06-04	星期二	上午 08:58:24	下午 06:01:53
70639	陳曉梅	06-05	星期三	上午 08:58:40	下午 06:38:37

列標籤	姓名	總時間	平均工作時間	最晚下班時間
70639	陳曉梅	160.52	9.442352941	19:29:55
70653	武蘭蘭	172.76	9.597777778	18:40:02
70654	陶虹	180.11	9.479473684	20:20:48
70659	張桐	171.12	9.506666667	19:44:43
10165964	王偉	172.08	9.56	19:46:23

▲ 圖 5-17

在此，可以使用公式與樞紐分析表相結合的方法來完成此項工作。操作步驟如下。

Step 01 在考勤明細表中心新增一欄「工作時間 /h」（G 欄），然後在 G2 儲存格中輸入以下公式，向下填滿至最後一筆資料，如圖 5-18 所示：

```
=ROUND(MOD(F2-E2,1)*24,2)
```

公式解釋

考慮到加班可能有跨日的情形，故使用 MOD 函數來計算，然後乘以 24，將天數換算成小時，保留 2 位小數。

G2 =ROUND(MOD(F2-E2,1)*24,2)

考勤號碼	姓名	日期	星期	上班打卡	下班打卡	工作時間/h
70639	陳曉梅	06-03	星期一	上午 08:57:13	下午 06:15:25	9.3
70639	陳曉梅	06-04	星期二	上午 08:58:24	下午 06:01:53	9.06
70639	陳曉梅	06-05	星期三	上午 08:58:40	下午 06:38:37	9.67
70639	陳曉梅	06-06	星期四	上午 08:58:31	下午 06:19:44	9.35
70639	陳曉梅	06-07	星期五	上午 08:55:37	下午 06:19:26	9.4
70639	陳曉梅	06-10	星期一	上午 08:57:05	下午 06:13:26	9.27

▲ 圖 5-18

Step 02 選擇考勤明細表中任意一個有資料的儲存格，在【插入】頁籤中按一下【樞紐分析表】按鈕，在開啟的【建立樞紐分析表】對話方塊中選擇【新工作表】選項，最後按一下【確定】按鈕，如圖 5-19 所示。

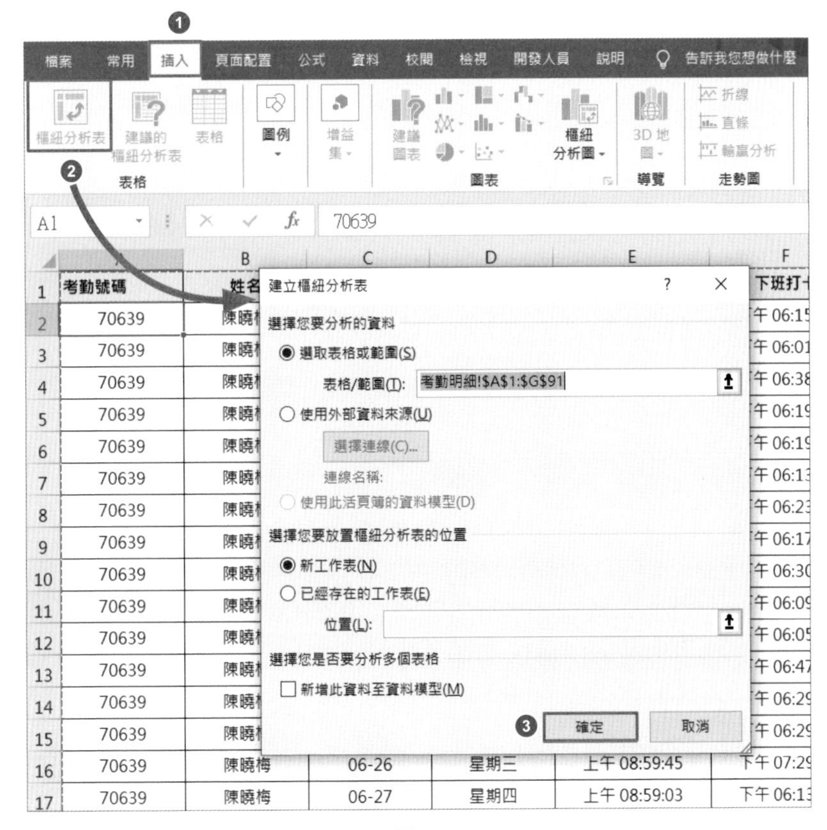

▲ 圖 5-19

Step 03 在彈出的【樞紐分析表欄位】窗格中將「考勤號碼」、「姓名」欄位分別拖放至【列】，將「工作時間 /h」兩次拖放至【值】，【計算類型】分別設定為【加總】與【平均值】，然後將「下班打卡」欄位拖放至【值】，【計算方式】設定為【最大】，如圖 5-20 所示。

▲ 圖 5-20

Step 04 選擇樞紐分析表範圍中的任意一個儲存格，在【設計】頁籤中依次選擇【小計】→【不要顯示小計】選項，然後選擇【總計】→【關閉列與欄】選項，如圖 5-21 所示。

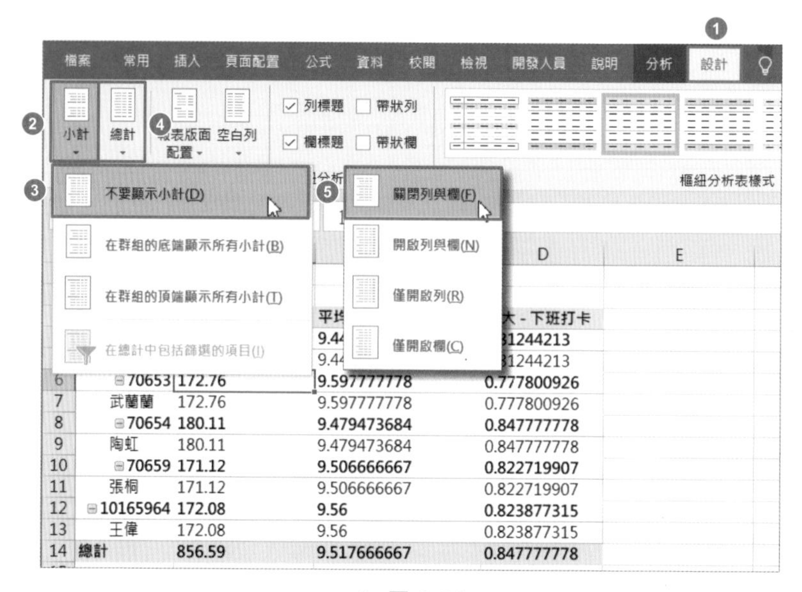

▲ 圖 5-21

Step 05 按兩下樞紐分析表結果中的「最大 - 下班打卡」欄位，在彈出的【值欄位設定】對話方塊中按一下【數值格式】按鈕。在彈出的【設定儲存格格式】對話方塊中選擇【時間】選項（見圖 5-22），設定時間格式後按一下【確定】按鈕，之後按一下【值欄位設定】對話方塊中的【確定】按鈕。

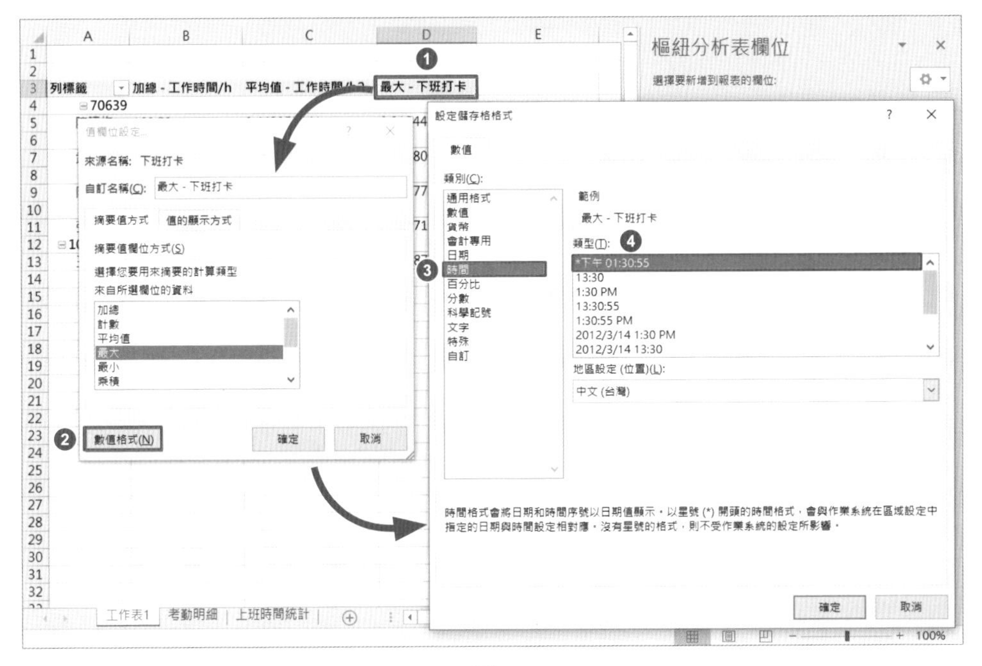

▲ 圖 5-22

Step 06 將樞紐分析表結果中的標題「加總 - 工作時間 /h」、「平均值 - 工作時間 /h2」和「最大 - 下班打卡」分別修改成「總時間」、「平均工作時間」和「最晚下班時間」。

5.4 Excel 在考勤中的其他應用

前面講述了日期和時間中的各種計算，本節主要介紹值班人員與人數統計、考勤記錄表的製作以及考勤資料的轉換等內容。

5.4.1 值班人員與人數統計

如圖 5-23 所示，是 2019 年 11 月某企業各個部門的人員值班表。在此要求將其按部門進行彙總，以便進行考勤抽查。

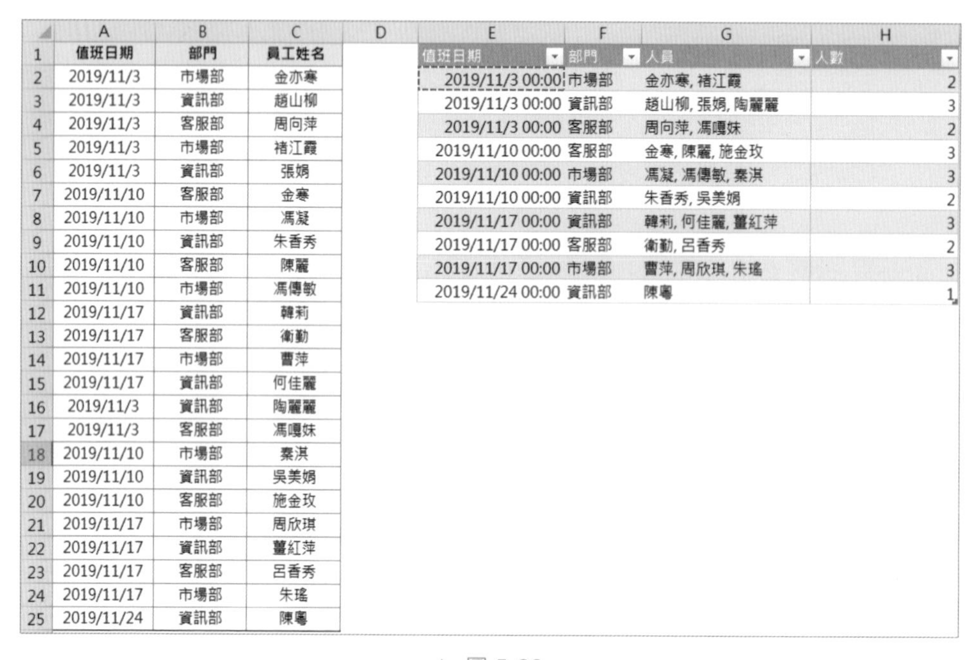

	A	B	C
1	值班日期	部門	員工姓名
2	2019/11/3	市場部	金亦寒
3	2019/11/3	資訊部	趙山柳
4	2019/11/3	客服部	周向萍
5	2019/11/3	市場部	褚江霞
6	2019/11/3	資訊部	張娟
7	2019/11/10	客服部	金寒
8	2019/11/10	市場部	馮凝
9	2019/11/10	資訊部	朱香秀
10	2019/11/10	客服部	陳麗
11	2019/11/10	市場部	馮傳敏
12	2019/11/17	資訊部	韓莉
13	2019/11/17	客服部	衛勤
14	2019/11/17	市場部	曹萍
15	2019/11/17	資訊部	何佳麗
16	2019/11/3	資訊部	陶麗麗
17	2019/11/3	客服部	馮嘎妹
18	2019/11/10	市場部	秦淇
19	2019/11/10	資訊部	吳美娟
20	2019/11/10	客服部	施金玫
21	2019/11/17	市場部	周欣琪
22	2019/11/17	資訊部	薑紅萍
23	2019/11/17	客服部	呂香秀
24	2019/11/17	市場部	朱瑤
25	2019/11/24	資訊部	陳粵

值班日期	部門	人員	人數
2019/11/3 00:00	市場部	金亦寒, 褚江霞	2
2019/11/3 00:00	資訊部	趙山柳, 張娟, 陶麗麗	3
2019/11/3 00:00	客服部	周向萍, 馮嘎妹	2
2019/11/10 00:00	客服部	金寒, 陳麗, 施金玫	3
2019/11/10 00:00	市場部	馮凝, 馮傳敏, 秦淇	3
2019/11/10 00:00	資訊部	朱香秀, 吳美娟	2
2019/11/17 00:00	資訊部	韓莉, 何佳麗, 薑紅萍	3
2019/11/17 00:00	客服部	衛勤, 呂香秀	2
2019/11/17 00:00	市場部	曹萍, 周欣琪, 朱瑤	3
2019/11/24 00:00	資訊部	陳粵	1

▲ 圖 5-23

在該例中，雖然採用函數和公式能達成相應的效果，但是採用這種方法的難度比較高。接下來說明示範如何使用 Power Query 解決這個問題。操作步驟如下。

Step 01 選擇資料範圍中的任意一個儲存格，在【資料】頁籤中按一下【從表格 / 範圍】按鈕，在開啟的【建立表格】對話方塊中勾選【我的表格有標題】核取方塊，最後按一下【確定】按鈕，如圖 5-24 所示。

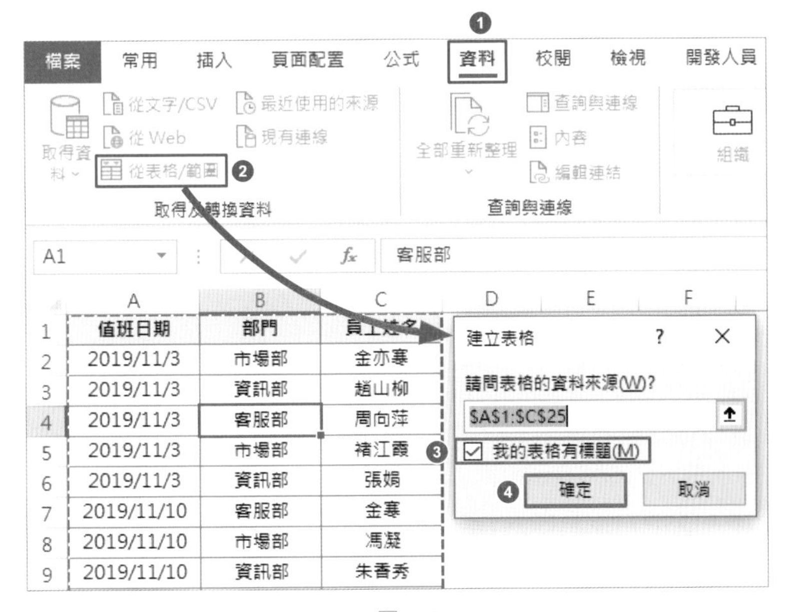

▲ 圖 5-24

Step 02 開啟 Power Query 編輯器，按住 <Ctrl> 鍵依次選擇「值班日期」與「部門」欄，然後按一下頁籤中的【分組依據】按鈕，開啟【分組依據】對話方塊。在此新增一個名為「人數」的新資料行名稱，作業為「計算列數」；再新增一個名為「人員」的新資料行名稱，作業為「加總」，欄為「員工姓名」，最後按一下【確定】按鈕名稱，如圖 5-25 所示。

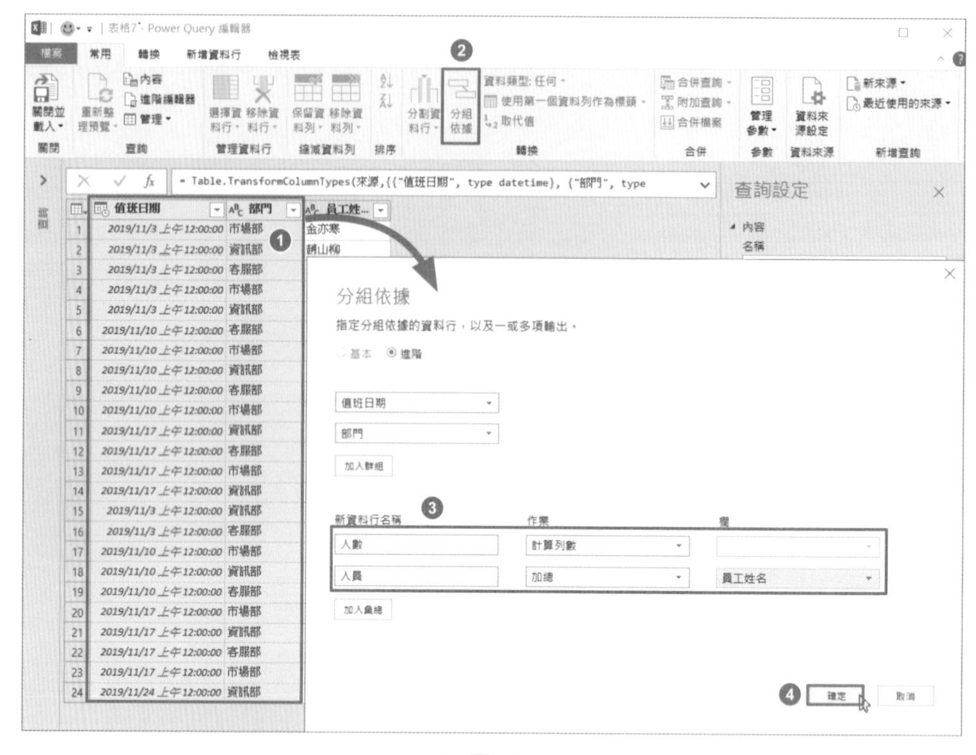

▲ 圖 5-25

Step 03 將公式編輯欄中的公式「List.Sum([員工姓名])」部分修改為「Text.Combine([員工姓名],", ")」，如圖 5-26 所示。

```
= Table.Group(已變更類型, {"值班日期", "部門"}, {{"人數", each Table.RowCount(_),
   Int64.Type}, {"人員", each List.Sum([員工姓名]), type nullable text}})
```

```
= Table.Group(已變更類型, {"值班日期", "部門"}, {{"人數", each Table.RowCount(_),
   Int64.Type}, {"人員", each Text.Combine([員工姓名],", "), type nullable text}})
```

▲ 圖 5-26

Step 04 依次選擇【關閉並載入】→【關閉並載入】選項，如圖 5-27 所示。

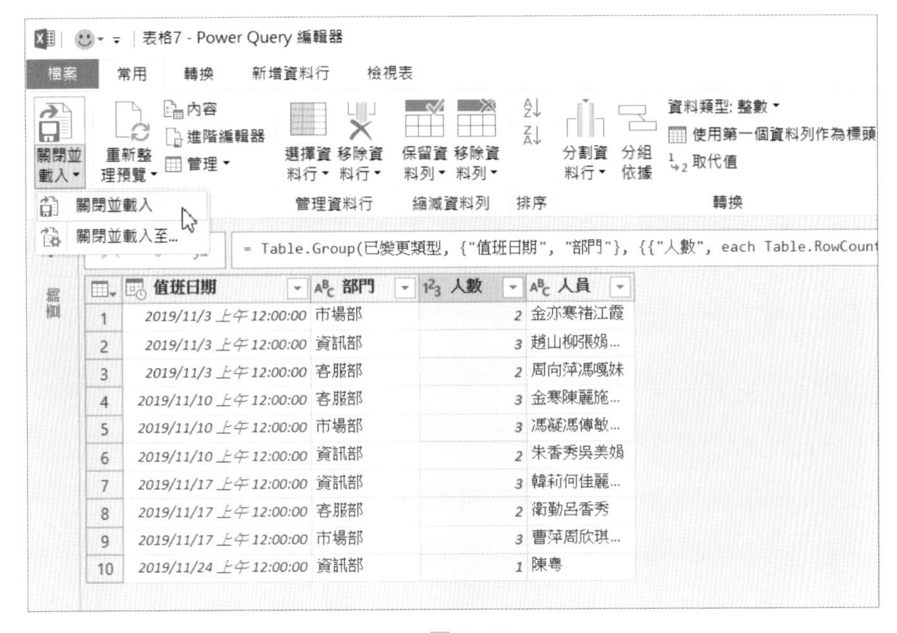

▲ 圖 5-27

如果資料來源中的資料有增減或者修改時，則只需要在選擇任意一個儲存格後，按一下滑鼠右鍵，在彈出的快顯功能表中選擇【重新整理】選項，更新結果即可。

需要注意的是，除了可用 Power Query 功能來完成上述操作外，也可以利用 TEXTJOIN 函數來達到相同的效果。

5.4.2 製作動態考勤記錄表

大多數企業都會使用考勤系統來記錄並統計員工的出勤情況，但是也有少數企業以 Excel 考勤記錄表的形式記錄員工的出勤情況。本節將講解如何在 Excel 中製作動態考勤記錄表，以便讓讀者掌握 Excel 在考勤記錄表製作過程中所用到的函數、控制項與條件式格式設定等知識。

如圖 5-28 所示，是一份簡易的考勤記錄表，在按一下年和月對應的數值調節按鈕調整日期時，考勤記錄表中的日期標題能隨之調整，而且週六、週日會用特殊色彩進行自動標記。

2019年 10月 XXX部門考勤記錄表

序號	員工編號	姓名	職位	1	2	3	4	5	6	7	8	9	10	11	12	13	14	15	16	17	18	19	20	21	22	23	24	25	26	27	28	29	30	31
				週二	週三	週四	週五	週六	週日	週一	週二	週三	週四	週五	週六	週日	週一	週二	週三	週四	週五	週六	週日	週一	週二	週三	週四	週五	週六	週日	週一	週二	週三	週四
1	HE001	趙翠紅	主管																															
2	HE002	秦政群	專員																															
3	HE003	鄭倩	經理																															
3	HE004	李凡	主管																															
4	HE005	張念念	主管																															
5	HE006	馮宵	專員																															
6	HE007	孫瑞	主管																															
6	HE008	趙敏茹	專員																															

調休	遲到	曠工	早退	病假	事假	產假	外出	出差	婚假	年假

2019年 11月 XXX部門考勤記錄表

序號	員工編號	姓名	職位	1	2	3	4	5	6	7	8	9	10	11	12	13	14	15	16	17	18	19	20	21	22	23	24	25	26	27	28	29	30
				週五	週六	週日	週一	週二	週三	週四	週五	週六	週日	週一	週二	週三	週四	週五	週六	週日	週一	週二	週三	週四	週五	週六	週日	週一	週二	週三	週四	週五	週六
1	HE001	趙翠紅	主管																														
2	HE002	秦政群	專員																														
3	HE003	鄭倩	經理																														
3	HE004	李凡	主管																														
4	HE005	張念念	主管																														
5	HE006	馮宵	專員																														
6	HE007	孫瑞	主管																														
6	HE008	趙敏茹	專員																														

調休	遲到	曠工	早退	病假	事假	產假	外出	出差	婚假	年假

▲ 圖 5-28

操作步驟如下。

Step 01 進行版面調整。設定合適的欄位與相關的內容，合併儲存格範圍 P1:R1 與 T1:V1，再對 X1:AF1 儲存格範圍進行合併，輸入「XXX 部門考勤記錄表」字樣，並設定格式，如圖 5-29 所示。

XXX部門考勤記錄表

序號	員工編號	姓名	職位
1	HE001	趙翠紅	主管
2	HE002	秦政群	專員
3	HE003	鄭倩	經理
3	HE004	李凡	主管
4	HE005	張念念	主管
5	HE006	馮宵	專員
6	HE007	孫瑞	主管
6	HE008	趙敏茹	專員

調休	遲到	曠工	早退	病假	事假	產假	外出	出差	婚假	年假

▲ 圖 5-29

Step 02 選擇 S1 儲存格，在【開發人員】頁籤中按一下【插入】按鈕，在【表單控制項】中選擇【微調按鈕（表單控制項）】按鈕，用滑鼠拖動繪製一個用於調整年份變化的按鈕，如圖 5-30 所示。依照此方法在 W1 儲存格中繪製一個同樣的按鈕。

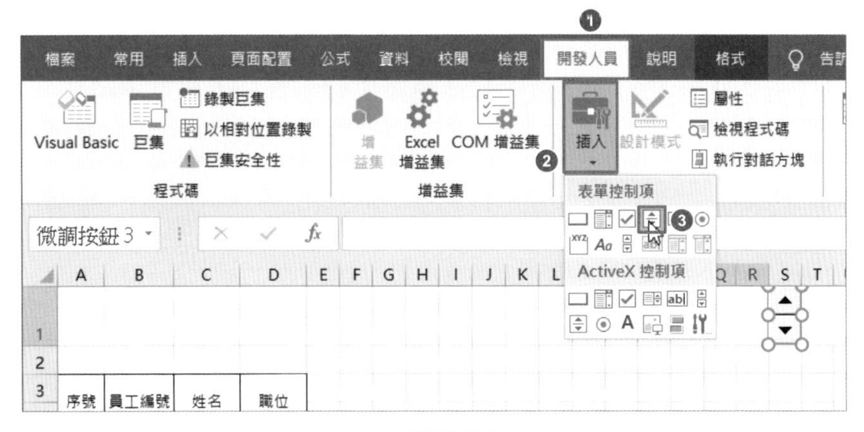

▲ 圖 5-30

Step 03 分別選擇這兩個按鈕後，按一下滑鼠右鍵，在彈出的快顯功能表中選擇【控制項格式】選項，開啟【控制項格式】對話方塊，切換到【控制】頁籤，分別進行參數設定。調節年份的控制項參數設定：【目前值】設定為 2019，【最小值】設定為 2019，【最大值】設定為 2025，【遞增值】設定為 1，【儲存格連結】設定為 $P$1。以同樣的方法設定調節月份的控制項參數設定：【目前值】設定為 11，【最小值】設定為 1，【最大值】設定為 12，【遞增值】設定為 1，【儲存格連結】設定為 $T$1，最後按一下【確定】按鈕，如圖 5-31 所示。

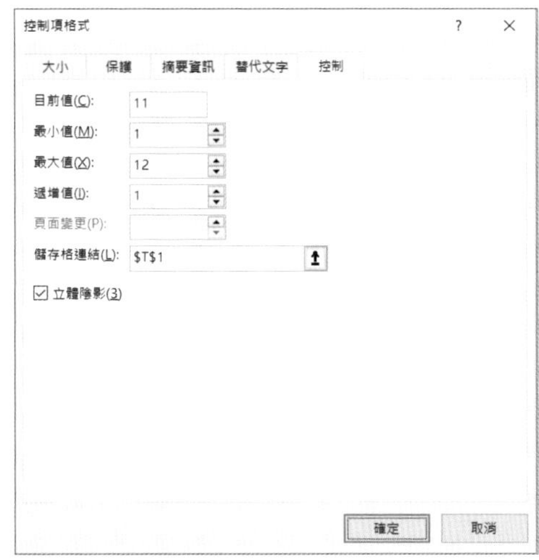

▲ 圖 5-31

Step 04 選取 P1 儲存格，按 <Ctrl+1> 組合鍵開啟【設定儲存格格式】對話方塊，切換到【自訂】選項下，輸入自訂格式為「0" 年 "」，最後按一下【確定】按鈕。依照此方法選取 T1 儲存格，設定自訂格式為「0" 月 "」，如圖 5-32 所示。

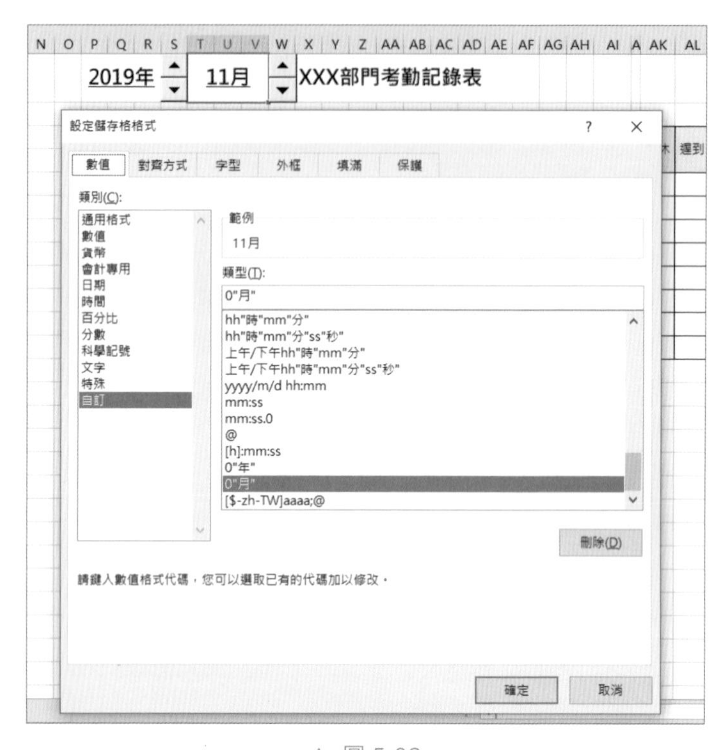

▲ 圖 5-32

Step 05 在 E3 儲存格中輸入以下公式，並向右填滿至 AI3 儲存格，如圖 5-33 所示：

```
=IF(COLUMN(A1)>DAY(EOMONTH(DATE($P$1,$T$1,1),0)),"",COLUMN(A1))
```

公式解釋

整個公式的意思是：如果 COLUMN(A1) 的值大於目前所選擇月份最後一天的天數 DAY(EOMONTH(DATE($P$1,$T$1,1),0))，那麼傳回空，否則傳回 COLUMN(A1)。

DATE($P$1,$T$1,1) 部分表示取得目前月份的起始日期。

EOMONTH(DATE($P$1,$T$1,1),0)) 部分表示當月的最後一天的日期。EOMONTH 函數可用來傳回一個日期的開始日期或者結束日期。第 2 個參數為 0，表示傳回目前日期的最後一天。

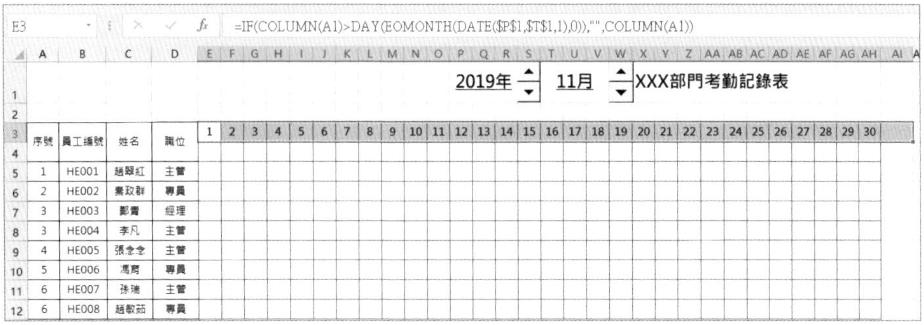

E3　=IF(COLUMN(A1)>DAY(EOMONTH(DATE($P$1,$T$1,1),0)),"",COLUMN(A1))

2019年　11月　XXX部門考勤記錄表

序號	員工編號	姓名	職位	1	2	3	4	5	6	7	8	9	10	11	12	13	14	15	16	17	18	19	20	21	22	23	24	25	26	27	28	29	30
1	HE001	趙翠紅	主管																														
2	HE002	秦政群	專員																														
3	HE003	鄭青	經理																														
3	HE004	李凡	主管																														
4	HE005	張念念	主管																														
5	HE006	馮育	專員																														
6	HE007	孫瑞	主管																														
6	HE008	趙敏茹	專員																														

▲ 圖 5-33

Step 06 在 E4 儲存格中輸入以下公式，向右填滿至 AI4 儲存格，如圖 5-34 所示：

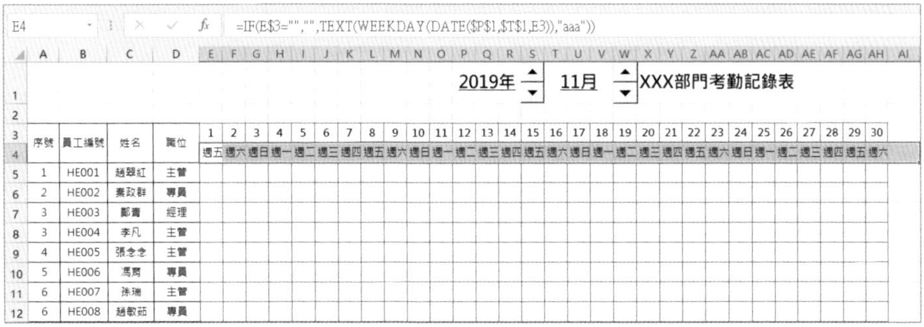

E4　=IF(E$3="","",TEXT(WEEKDAY(DATE($P$1,$T$1,E3)),"aaa"))

2019年　11月　XXX部門考勤記錄表

序號	員工編號	姓名	職位	1	2	3	4	5	6	7	8	9	10	11	12	13	14	15	16	17	18	19	20	21	22	23	24	25	26	27	28	29	30
				週五	週六	週日	週一	週二	週三	週四	週五	週六	週日	週一	週二	週三	週四	週五	週六	週日	週一	週二	週三	週四	週五	週六	週日	週一	週二	週三	週四	週五	週六
1	HE001	趙翠紅	主管																														
2	HE002	秦政群	專員																														
3	HE003	鄭青	經理																														
3	HE004	李凡	主管																														
4	HE005	張念念	主管																														
5	HE006	馮育	專員																														
6	HE007	孫瑞	主管																														
6	HE008	趙敏茹	專員																														

▲ 圖 5-34

```
=IF(E$3="","",TEXT(WEEKDAY(DATE($P$1,$T$1,E3)),"aaa"))
```

公式解釋

整個公式的意思如下：傳回由年份、月份和天數的清單（如圖 5-34 的第 3 列）組成的日期對應一週中的星期幾。WEEKDAY 函數的作用是將日期轉換成星期清單（如 1，2，3，…，7）。

WEEKDAY(DATE($P$1,$T$1,E3)) 部分傳回日期所對應的星期清單。

TEXT(WEEKDAY(DATE($P$1,$T$1,E3)),"aaa") 將星期清單數字轉換成星期的中文大寫數字（如將 1 轉換成「週一」，即星期一）。

Step 07 設定週六、週日自動填色。選擇資料範圍 E4:AI4，在【常用】頁籤中按一下【條件式格式設定】按鈕，之後選擇【新增規則】選項，在開啟的【新增格式化規則】對話方塊中選擇【使用公式來決定要格式化哪些儲存格】選項，在【格式化在此公式為 True 的值】編輯方塊中輸入公式：=OR(E$4=" 週六 ",E$4=" 週日 ")。然後按一下【格式】按鈕，在彈出的【設定儲存格格式】對話方塊中切換到【填滿】選項，選擇填滿的色彩後按一下【確定】按鈕，之後再次按一下【確定】按鈕，如圖 5-35 所示。

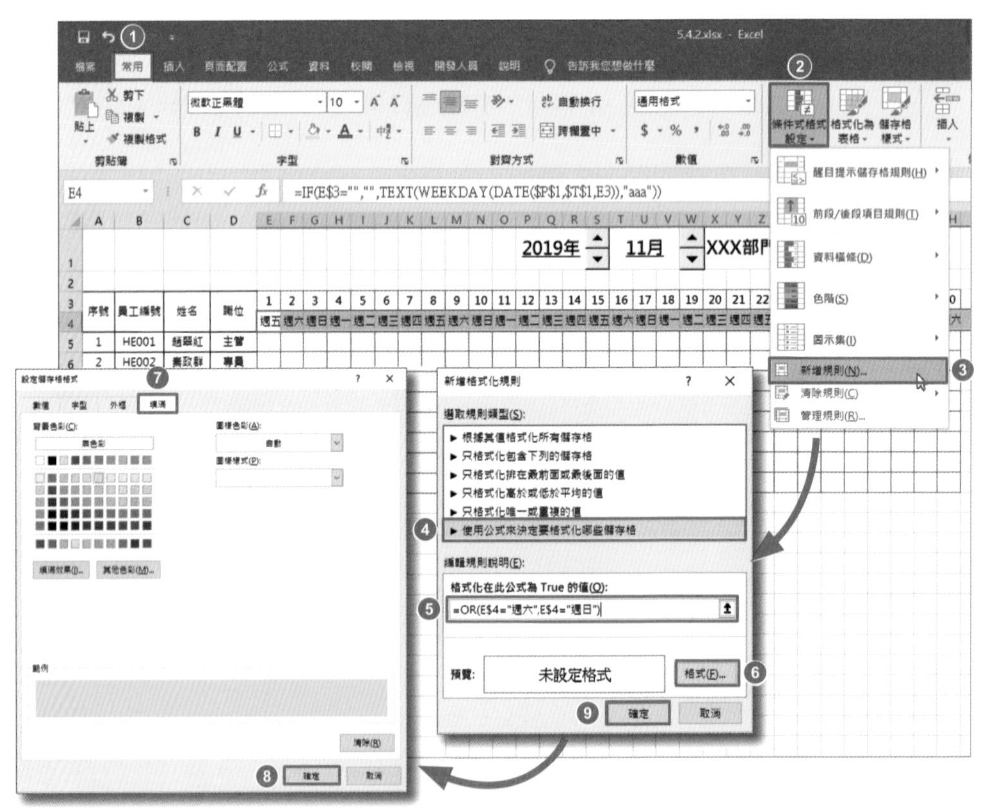

▲ 圖 5-35

Step 08 設定儲存格邊線隨月份變化自動加上。選擇資料範圍 E3:AI12，參照 Step-07，開啟【新增格式化規則】對話方塊，選擇【使用公式來決定要格式化哪些儲存格】選項，在【格式化在此公式為 True 的值】編輯方塊中輸入公式：=E$3<>""。然後按一下【格式】按鈕，在彈出的【設定儲存格格式】對話方塊中切換到【外框】選項，選擇邊框格式為【外框】，按一下【確定】按鈕，之後再次按一下【確定】按鈕（可參照 Step-07 來操作），如圖 5-36 所示。

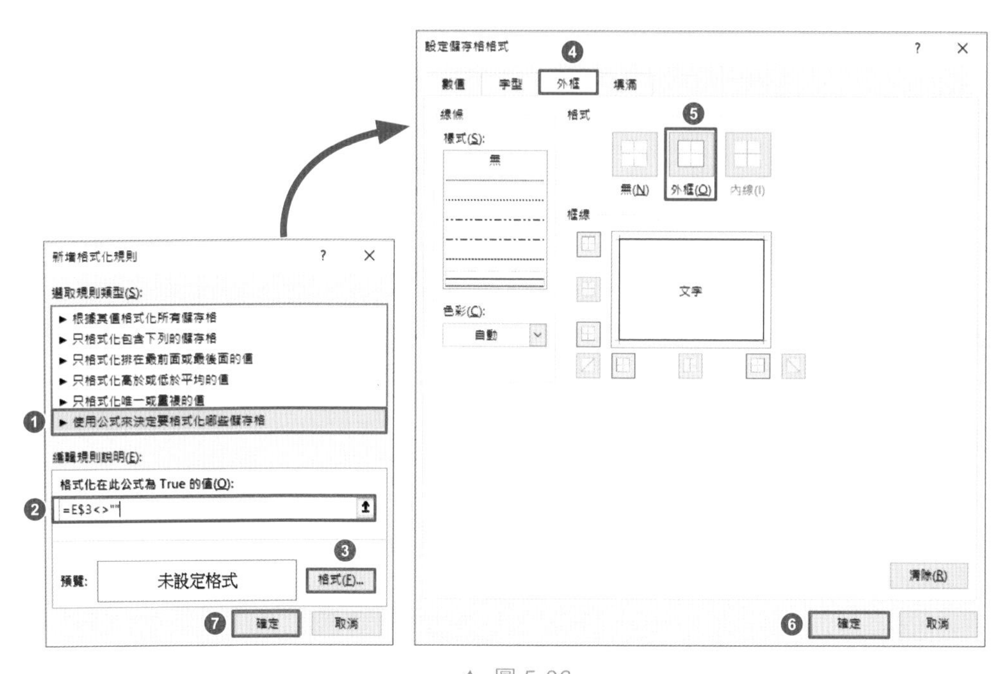

▲ 圖 5-36

Step 09 在【檢視】頁籤中取消【格線】核取方塊的勾選狀態。完成基本設定，如圖 5-37 所示。

▲ 圖 5-37

需要說明的是，可根據具體的情況進行各類假期的統計設定，目的是靈活使用公式、函數與條件式格式來設定動態化的報表或者範本。

5.4.3 使用 Power Query 轉換考勤資料

打卡機上匯出來的資料不一定是格式正確的資料，需要進行整理。本節將使用 Excel 中的 Power Query 來完成考勤資料的整理工作。

如圖 5-38 所示，是某企業從內部打卡機上匯出的 2019 年 6 月考勤數據。要求轉換成標準的格式。

考勤記錄表

考勤時間 2019-06-01 ~ 2019-06-30 製表時間 2019-06-30

[illegible]

▲ 圖 5-38

操作步驟如下。

Step 01 選取所有的資料範圍，在【資料】頁籤中按一下【從表格 / 範圍】按鈕，在開啟的【建立表格】對話方塊中取消【我的表格有標題】核取方塊的勾選狀態，最後按一下【確定】按鈕，如圖 5-39 所示。

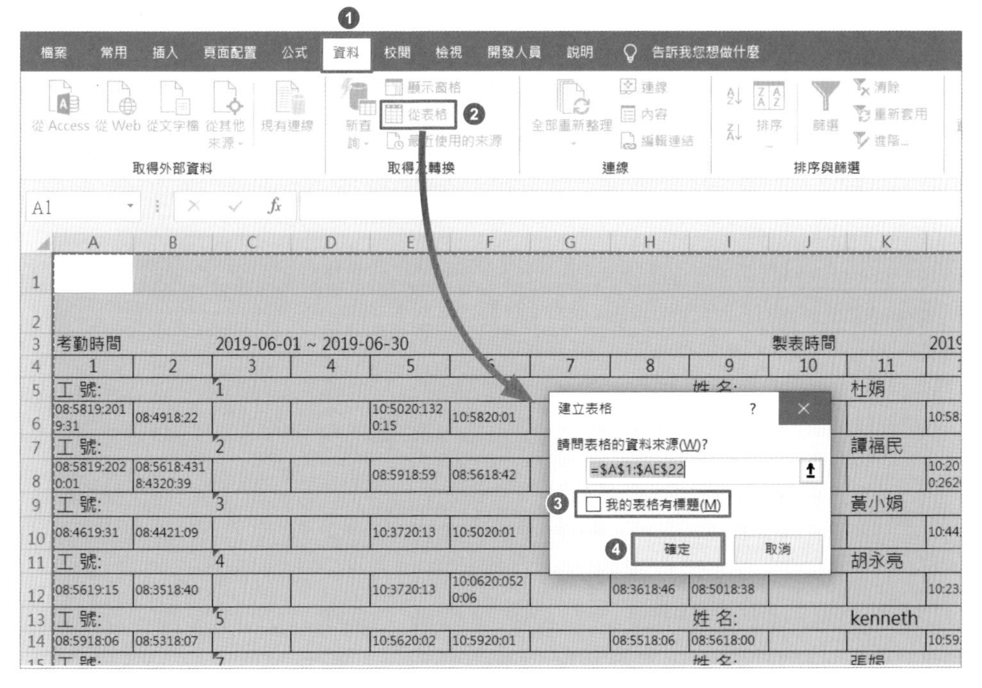

▲ 圖 5-39

Step 02 在開啟的 Power Query 編輯器中，在【常用】頁籤中按一下【移除資料列】按鈕，之後選擇【移除頂端資料列】選項，在彈出的對話方塊中輸入【資料列數目】值為 3，最後按一下【確定】按鈕，如圖 5-40 所示。

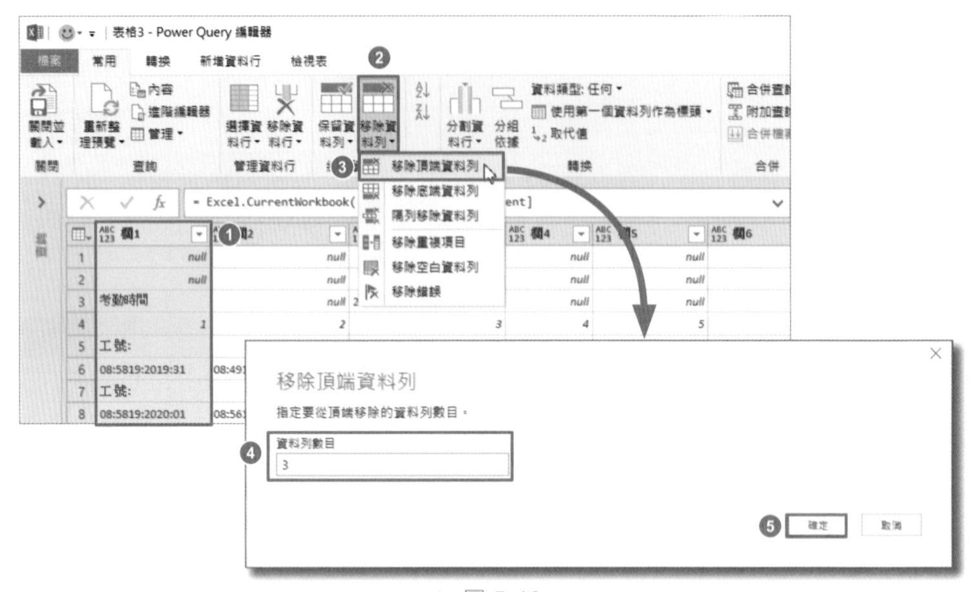

▲ 圖 5-40

Step 03 將第一列升為標頭。然後觀察發現，「工號」標題處於第 1 欄，其所對應的值處於第 3 行；「姓名」標題處於第 9 行，其所對應的值處於第 11 行；「部門」處於第 19 行其所對應的值處於第 21 行。在【新增資料行】頁籤中，按一下【條件資料行】按鈕，在開啟的【加入條件資料行】對話方塊的【新資料行名稱】文字方塊中輸入「工號」，在【資料行名稱】下拉式清單方塊中選擇「1」，【運算子】預設為「等於」，在【值】文字方塊中輸入「工號 :」（注意：工號中間有一個空格，工號後的冒號為半形的冒號），按一下【輸出】下方的三角形下拉按鈕，選擇【選取資料行】選項，在對應的下拉清單中選擇「3」，最後按一下【確定】按鈕，如圖 5-41 所示。

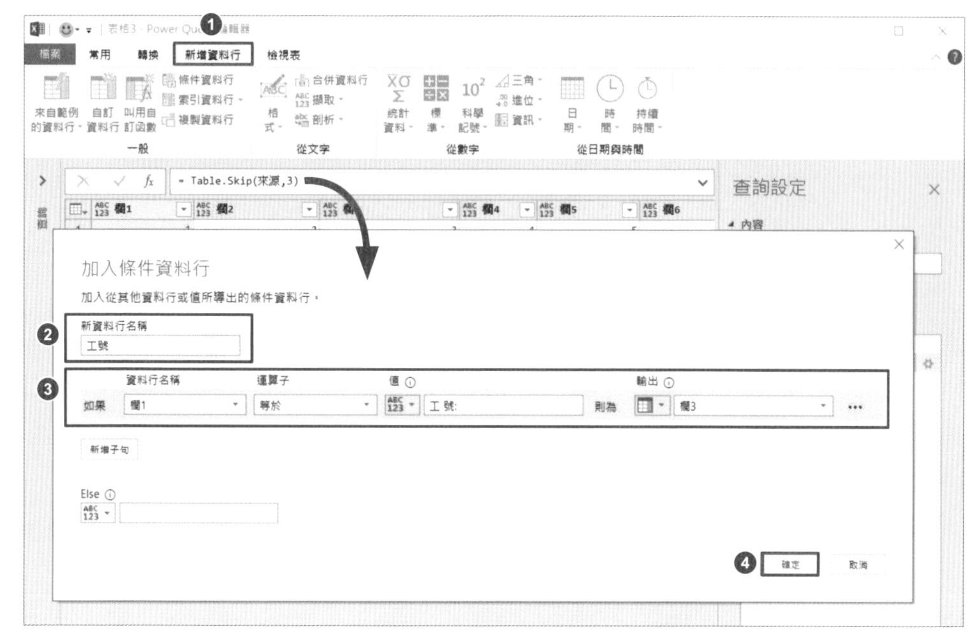

▲ 圖 5-41

Step 04 重複上一個步驟的方法分別新增加兩個條件資料行，即「姓名」與「部門」。

Step 05 按 <Ctrl> 鍵，選取新加入的三個條件資料行，然後按一下【轉換】頁籤中的【填滿】→【向下】選項，如圖 5-42 所示。

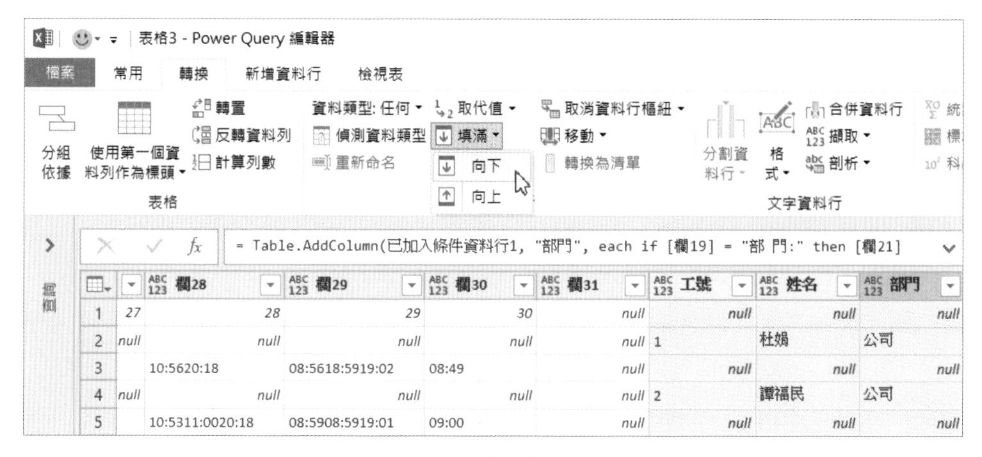

▲ 圖 5-42

Step 06 將第 1 欄中的「工號：」與 null 值篩選掉，然後按一下【確定】按鈕，如圖 5-43 所示。

▲ 圖 5-43

Step 07 選取新加入的 3 個資料行，即「工號」、「姓名」與「部門」，在【轉換】頁籤中依次選擇【取消資料行樞紐】→【取消其他資料行樞紐】選項，如圖 5-44 所示。

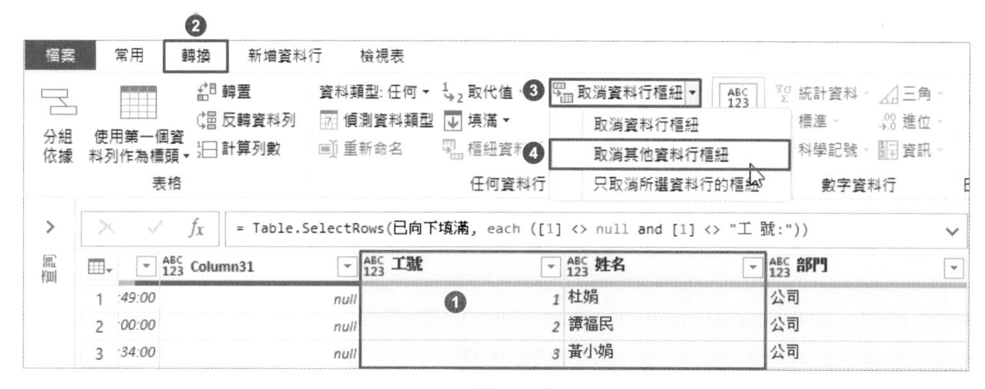

▲ 圖 5-44

Step 08 選取【值】，在【轉換】頁籤中按一下【分割資料行】按鈕，之後選擇【依字元數】選項，在彈出對話方塊的【字元數】文字方塊中輸入「5」，【分割】方式預設為【一再重複】，在【進階選項】欄中選擇【列】，如圖 5-45 所示。最後，按一下【確定】按鈕。

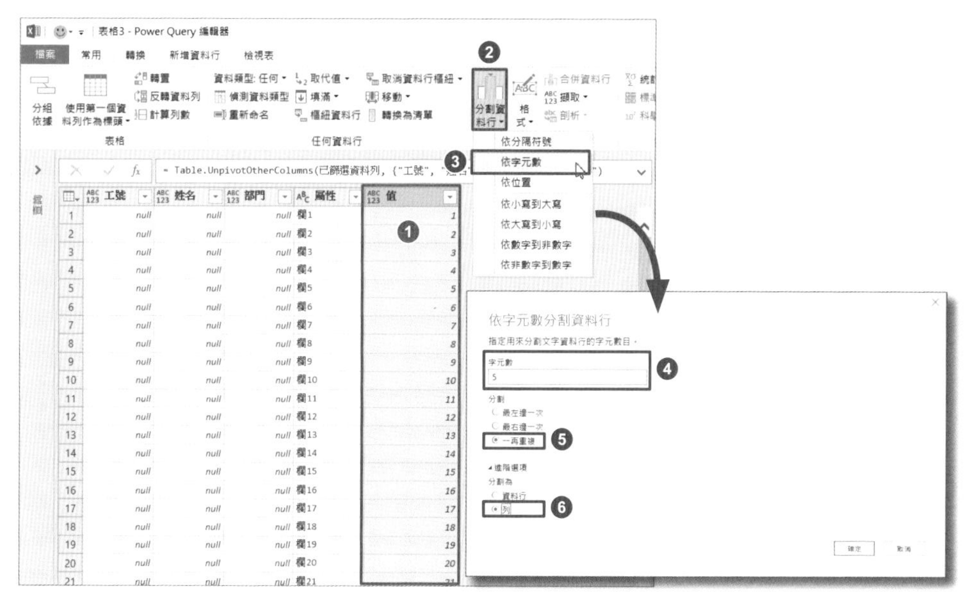

▲ 圖 5-45

Step 09 選取【屬性】欄，在【轉換】頁籤中按一下【格式】按鈕，之後選擇【新增首碼】選項，在彈出的對話方塊中輸入值：「2019-6-」（見圖 5-46），然後按一下【確定】按鈕。

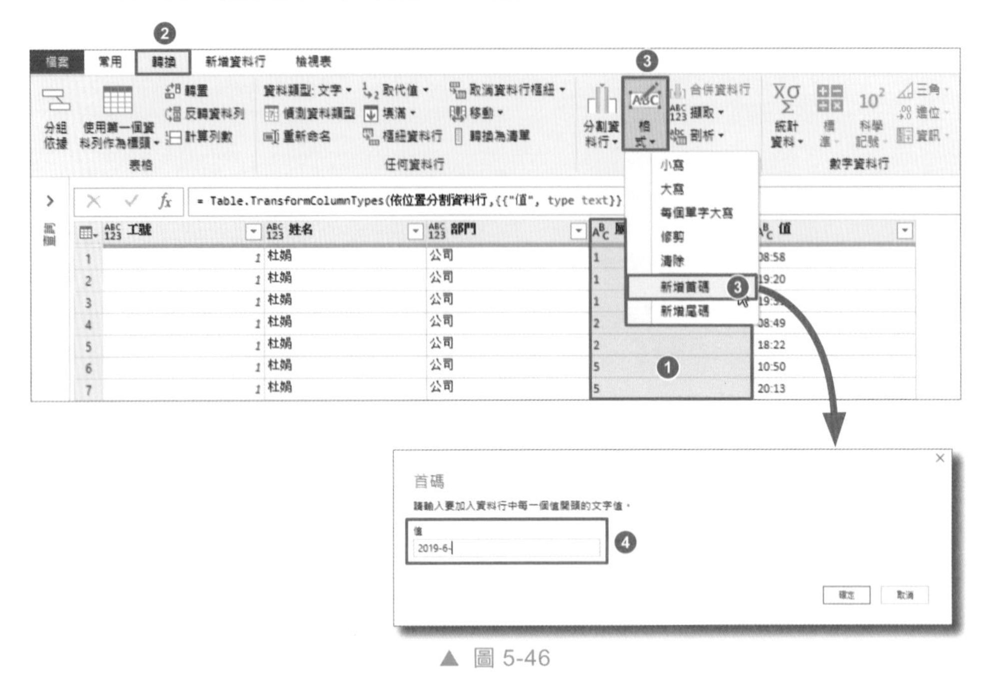

▲ 圖 5-46

Step 10 在【轉換】頁籤下的【資料類型】選項中，將【屬性】與【值】的資料類型分別修改為「日期」與「時間」，如圖 5-47 所示。

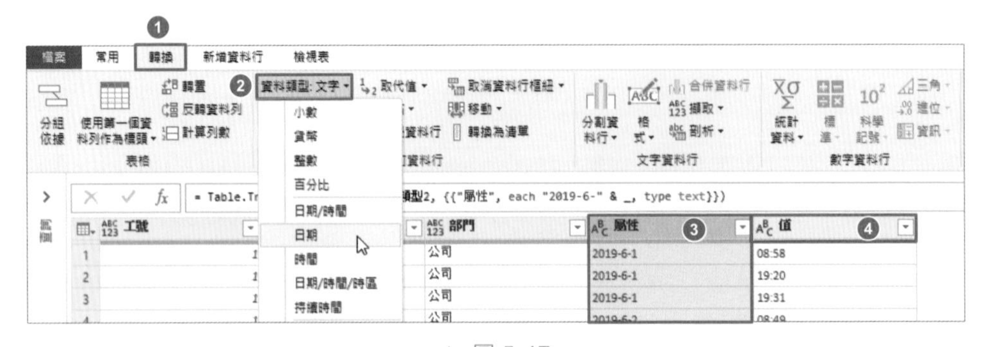

▲ 圖 5-47

Step 11 分別按兩下欄位標題名稱「屬性」與「值」，修改標題為「日期」與「時間」。最後選取【常用】頁籤內的【關閉並載入】，將資料載入至工作表中，完成資料的轉換。結果如圖 5-48 所示。

	A	B	C	D	E
1	工號	姓名	部門	屬性	值
2	1	杜娟	公司	2019/6/1	上午 08:58:00
3	1	杜娟	公司	2019/6/1	下午 07:20:00
4	1	杜娟	公司	2019/6/1	下午 07:31:00
5	1	杜娟	公司	2019/6/2	上午 08:49:00
6	1	杜娟	公司	2019/6/2	下午 06:22:00
7	1	杜娟	公司	2019/6/5	上午 10:50:00
8	1	杜娟	公司	2019/6/5	下午 08:13:00
9	1	杜娟	公司	2019/6/5	下午 08:15:00
10	1	杜娟	公司	2019/6/6	上午 10:58:00
11	1	杜娟	公司	2019/6/6	下午 08:01:00

▲ 圖 5-48

補充說明 在 Excel Power Query 中載入資料時，為防止軟體自動變更資料類型造成資料不準確，可按照下面的步驟設定。在 Excel 中的【資料】頁籤下依次選擇【新查詢】→【查詢選項】選項，在彈出的【查詢選項】對話方塊中切換到【目前活頁簿】下的【資料載入】選項，取消【偵測非結構化來源的資料行類型與標題】核取方塊的勾選狀態，如圖 5-49 所示。

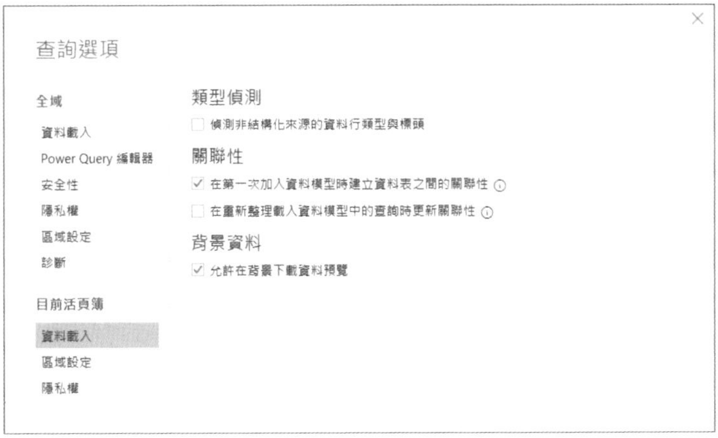

查詢選項

全域
資料載入
Power Query 編輯器
安全性
隱私權
區域設定
診斷

目前活頁簿
資料載入
區域設定
隱私權

類型偵測
☐ 偵測非結構化來源的資料行類型與標頭
關聯性
☑ 在第一次加入資料模型時建立資料表之間的關聯性
☐ 在重新整理載入資料模型中的查詢時更新關聯性
背景資料
☑ 允許在背景下載資料預覽

▲ 圖 5-49

EXCEL

CHAPTER 06

Excel 與 薪酬、福利管理

薪酬、福利管理中使用 Excel 的頻率比較高，同時對資料的準確性要求也比較高。本章主要以薪資、獎金、稅金、福利金以及成本等方面作為出發點，結合實際案例，講解 Excel 的函數和公式、樞紐分析表、圖表、Power Query 以及 Power Pivot 等功能。

6.1 薪資管理

準確、高效是薪酬基礎工作的基本要求。只有熟練地使用 Excel，才能確保結果的準確性。

6.1.1 查詢員工最近一次的調薪記錄

如圖 6-1 所示，是某企業 2019 年的員工調薪記錄。要求從資料範圍 A1:G10 中尋找資料範圍 B14:B16 中員工的最近一次調薪時間、調薪原因與調整後薪資。

	A	B	C	D	E	F	G
1	員工編號	姓名	職位	調薪時間	調薪原因	原薪資	調整後薪資
2	HE0012	張三	主管	2019/1/1	晉升	5800	7100
3	H5624	趙五	主管	2019/2/1	獎勵	6700	7500
4	HE8911	李四	經理	2019/3/1	降級	10500	9800
5	H5624	趙五	主管	2019/5/1	獎勵	7500	8000
6	HE0012	張三	主管	2019/6/1	平調	7100	7300
7	HE8911	李四	經理	2019/9/1	平調	9800	9800
8	HE0012	張三	主管	2019/10/1	評優	7300	7800
9	H5624	趙五	主管	2019/10/1	評優	8000	8800
10	HE8911	李四	主管	2019/11/1	降職	9800	8800
11							
12							
13		員工編號	姓名	最近一次調薪時間	調薪原因	調整後薪資	
14		HE0012	張三	2019/10/1	評優	7800	
15		HE8911	李四	2019/11/1	降職	8800	
16		H5624	趙五	2019/10/1	評優	8800	

▲ 圖 6-1

❖ 尋找最近一次的調薪時間

在 D14 儲存格中輸入以下公式，向下填滿至 D16 儲存格：

```
=MAXIFS($D$2:$D$10,$A$2:$A$10,B14)
```

公式解釋

MAXIFS 函數是 Excel 2019 版本新增的一個求條件最大值的函數。其語法形式如下：

MAXIFS(求值範圍 , 條件範圍 1, 條件 1, 條件範圍 2, 條件 2,……)

上述公式中的 $D$2:$D$10 資料範圍就是最終要傳回的結果所在的範圍，$A$2:$A$10 為條件所在範圍，B14 為目前條件。

對於使用 Excel 2019 以下版本的使用者，先將資料範圍 A1:G10 根據調薪時間進行昇冪排序後，再套用 LOOKUP 的通用公式即可，即在 D14 儲存格中輸入以下公式，向下填滿至 D16 儲存格：

```
=LOOKUP(1,0/(B14=$A$2:$A$10),$D$2:$D$10)
```

❖ 尋找最近一次的調薪原因

在 E14 儲存格中輸入以下公式，向下填滿至 E16 儲存格：

```
=LOOKUP(1,0/((B14=$A$2:$A$10)*(D14=$D$2:$D$10)),$E$2:$E$10)
```

公式解釋

該公式可參閱 4.1.5 節中的講解過程。

❖ 尋找最近一次的調整後薪資

在 F14 儲存格中輸入以下公式，向下填滿至 F16 儲存格：

```
=SUMIFS($G$2:$G$10,$A$2:$A$10,B14,$D$2:$D$10,D14)
```

公式解釋

SUMIFS 函數本身是一個條件加總函數，為什麼這裡會用於多條件查詢比對呢？

觀察上面的範例可以發現，這是因為根據員工編號與調薪時間這兩個條件就可以確定每一筆資料都是唯一的，不存在重複記錄，並且要查詢比對的結果是數值。所以，可以使用 SUMIFS 函數來解決這個問題，該用法簡單且精妙。

當然，如果要查詢比對的結果是文字時，就必須使用多條件查詢比對的公式，如上述查詢比對調薪原因的公式。

6.1.2 計算員工的年資加給

年資加給是企業根據員工的工作年限，結合工作經驗與具體貢獻給予員工的經濟補償。各個企業的年資加給各不相同。

某企業規定，員工連續工作滿 1 年，年資加給為 50 元；連續工作滿 2 年，年資加給為 100 元；連續工作滿 3 年，年資加給為 150 元；連續工作滿 4 年，年資加給為 200 元；連續工作滿 5 年後，年資加給每年遞增 30 元；年資加給至員工工作滿 10 年時封頂。

如圖 6-2 所示，根據以上規則計算員工的年資加給。

F2 =IF(E2>4,MIN(30*(E2-4)+200,380),LOOKUP(E2,{0,1,2,3,4},{0,50,100,150,200}))

員工編號	姓名	職位	入職日期	年資	年資加給
10110055	魏紫霜	業務主管	2016/7/8	4	200
10095155	孫成倩	業務主管	2012/8/1	8	320
10085420	何龐婷	績效主管	2019/8/26	1	50
10111717	孫亦寒	店長	2011/7/18	9	350
54272	周彩菊	客服主管	2015/6/1	5	230
54311	朱豔	會計主管	2011/4/22	9	350
10164850	王淑芬	店長	2014/8/28	6	260
10305148	馮秀	主任	2009/7/2	11	380
10108356	華成倩	主任	2013/6/19	7	290
54331	雲睿婕	店長	2017/9/14	3	150
54135	李千萍	會計主管	2005/3/22	16	380
54461	彭濤怡	客服主管	2010/8/17	10	380
54212	雲枝	店長	2018/10/6	2	100

▲ 圖 6-2

❖ 計算年資

在 E2 儲存格中輸入以下公式，向下填滿至 E14 儲存格：

```
=DATEDIF(D2,TODAY(),"y")
```

關於該計算公式的解釋，如有不解，可參考 3.2.3 節中關於年資計算的公式解釋。

❖ 計算年資加給

在 F2 儲存格中輸入以下公式，向下填滿至 F14 儲存格：

```
=IF(E2>4,MIN(30*(E2-4)+200,380),LOOKUP(E2,{0,1,2,3,4},
{0,50,100,150,200}))
```

公式解釋

LOOKUP(E2,{0,1,2,3,4},{0,50,100,150,200}) 部分表示先計算出所有的年資區間上對應的薪資標準。但是這裡有一個問題是，4 年以上年資的部分仍是

200 元封頂。所以再使用 IF 函數嵌套一個條件，即運算式 E2>4，當年資大於 4 年時，為 MIN(30*(E2-4)+200,380) 的計算結果。其中，380 元是 10 年及以上年資的封項值，即 200+(10-4)*30=380。而這裡 MIN 函數的功能是設定上限。

6.1.3 統計各部門薪資的最小值、最大值、平均值、中位數、百分位數值與標準差

在一般的薪資分析中，通常會運用最小值、最大值、算術平均值、幾何平均值、中位數、百分位數值（比如 75 百分位數值）、標準差等對薪資進行比較。本節將使用公式來講解具體的計算過程。

如圖 6-3 所示，A 欄至 E 欄是某月的員工薪資狀況；G 欄至 O 欄是計算各部門的人數，以及薪資總額的最小值、最大值、算術平均值、幾何平均值、中位數、75 百分位數值與標準差等。

	A	B	C	D	E
1	部門	員工編號	姓名	職位	薪資總額
2	人力資源部	10264795	孔梅香	招聘主管	6027.32
3	人力資源部	10213964	施瑾	人事主管	7489
4	人力資源部	10293833	許柔	薪酬主管	5988.12
5	行政管理部	10119543	陶秋	物業後勤主管	6797.6
6	行政管理部	67784	王二丫	防損主管	6414.66
7	行政管理部	67777	周幻波	管理主管	5977.36
8	行政管理部	10032898	趙蘭	資產主管	6576.96
9	財務部	10252136	韓寒雁	稽核主管	6793
10	財務部	67775	趙敏	稅務主管	7457.32
11	財務部	10195801	衛芳	會計主管	6172.48
12	財務部	10163913	呂鳳玉	商控主管	6321.85
13	財務部	26992	魏薇	門店管理主管	6574.45
14	財務部	10282306	趙朱婷	預算與分析主管	6434.35

部門	人數	最小值	最大值	算術平均值	幾何平均值	中位數	75分位值	標準差
財務部	29	5027	9052	6470	6397	6521	6921	997
行政管理部	14	5007	7598	6085	6044	6062	6536	736
人力資源部	13	5043	8628	6507	6446	6396	7100	948

▲ 圖 6-3

❖ 計算人數

在 H3 儲存格中輸入以下公式，向下填滿至 H5 儲存格：

```
=COUNTIFS(A:A,G3)
```

❖ 計算最小值

在 I3 儲存格中輸入以下公式，向下填滿至 I5 儲存格：

```
=MINIFS(E:E,A:A,G3)
```

❖ 計算最大值

在 J3 儲存格中輸入以下公式，向下填滿至 J5 儲存格：

```
=MAXIFS(E:E,A:A,G3)
```

❖ 計算算術平均值

在 K3 儲存格中輸入以下公式，向下填滿至 K5 儲存格：

```
=AVERAGEIF(A:A,G3,E:E)
```

❖ 計算幾何平均值

在 L3 儲存格中輸入以下公式，向下填滿至 L5 儲存格：

```
=GEOMEAN(IF(A:A=G3,E:E))
```

公式解釋

GEOMEAN 函數可用來傳回一組數的幾何平均值。IF(A:A=G3,E:E) 部分表示取得指定條件 G3 所對應的薪資總額的範圍。比如，G3 儲存格為財務部，IF(A:A=G3,E:E) 傳回的就是所有財務部員工的薪資總額資料。

❖ 計算中位數

在 M3 儲存格中輸入以下公式，向下填滿至 M5 儲存格：

```
=MEDIAN(IF(A:A=G3,E:E))
```

MEDIAN 函數的用法可以參考 4.2.2 節中的內容。

❖ 計算75百分位數值

在 N3 儲存格中輸入以下公式，向下填滿至 N5 儲存格：

```
=PERCENTILE.INC(IF(A:A=G3,E:E),0.75)
```

公式解釋

PERCENTILE.INC 函數可用來計算一組數中的百分位數值。其語法形式如下：

PERCENTILE.INC(資料範圍 , 百分位數值)

其中第二個參數介於 0 與 1 之間。

❖ 計算標準差

在 O3 儲存格中輸入以下公式，向下填滿至 O5 儲存格：

```
=STDEV.S(IF(A:A=G3,E:E))
```

公式解釋

STDEV.S 函數可用來計算給定樣本的標準差。

注意：在輸入計算幾何平均值、中位數、75 百分位數值、標準差的公式後，要在按 <Ctrl+Shift+Enter> 組合鍵後，再向下填滿公式。

標準差是總體各單位標準值與其平均數離差平方的算術平均數的平方根。它反映組內個體間的離散程度。

簡單來說，標準差是一組資料平均值分散程度的一種度量。一個較大的標準差，代表大部分數值和其平均值之間差異較大；一個較小的標準差，代表這些數值較接近平均值。

6.1.4 Power Pivot 結合樞紐分析表統計員工薪資的最小值、最大值、平均值、中位數、百分位數值與標準差

前面使用函數和公式來統計各個部門的薪資狀況，但這種方式是一種不太智慧化的方式，並且效率也不高。本節將會結合 Excel 中的 Power Pivot 與樞紐分析表功能，簡單、高效地完成這項工作。

如圖 6-4 所示，計算各個部門的人數，以及薪資總額的最小值、最大值、算術平均值、幾何平均值、中位數、75 百分位數值、標準差等。

部門	員工編號	姓名	職位	薪資總額
人力資源部	10264795	孔梅香	招聘主管	6027.32
人力資源部	10213964	施瑾	人事主管	7489
人力資源部	10293833	許柔	薪酬主管	5988.12
行政管理部	10119543	陶秋	物業後勤主管	6797.6
行政管理部	67784	王二丫	防損主管	6414.66
行政管理部	67777	周幻波	管理主管	5977.36
行政管理部	10032898	趙葉	資產主管	6576.96
財務部	10252136	華寒雁	稽核主管	6793
財務部	67775	趙敏	稅務主管	7457.32
財務部	10195801	衛芳	會計主管	6172.48

列標籤	人數	最大值	最小值	算數平均值	幾何平均值	中位數	75百分位數值	標準差
人力資源部	13	8628	5043	6507	6446	6396	7100	948
行政管理部	14	7598	5007	6085	6044	6062	6536	736
財務部	29	9052	5027	6470	6397	6521	6921	997
總計	56	9052	5007	6382	6318	6425	6903	928

▲ 圖 6-4

操作步驟如下。

Step 01 載入 Power Pivot 功能。在【開發人員】頁籤下按一下【COM 增益集】按鈕，在開啟的【COM 增益集】對話方塊中勾選【Microsoft Power Pivot for Excel】核取方塊，最後按一下【確定】按鈕（見圖 6-5），即可將 Power Pivot 功能載入至頁籤中。

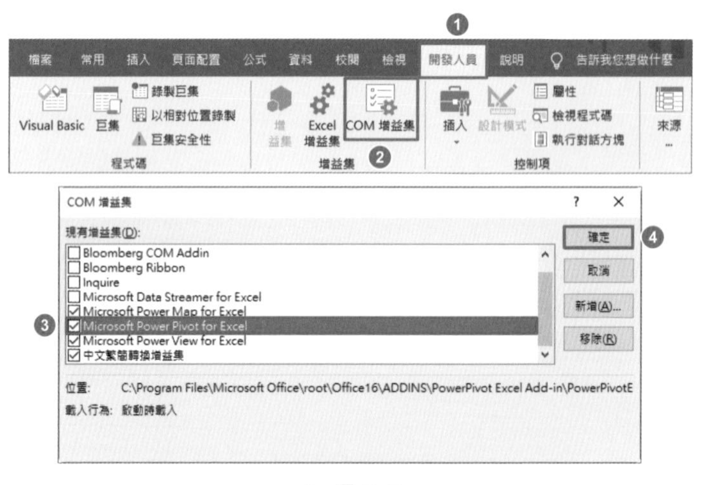

▲ 圖 6-5

補充說明 以下版本不支援 Power Pivot：Office 專業版 2016、Office 家用版 2013、Office 家用版 2016、Office 家用及中小企業版 2013、Office 家用及中小企業版 2016、Mac 版 Office、Android 版 Office、Office RT 2013、Office 標準版 2013、Office 專業版 2013，以及 2013 以前的所有 Office 版本。

Step 02 選取資料範圍中的任意一個儲存格，在【Power Pivot】頁籤中按一下【加入至資料模型】按鈕，在開啟的【建立資料表】對話方塊中選擇【確定】按鈕，如圖 6-6 所示。

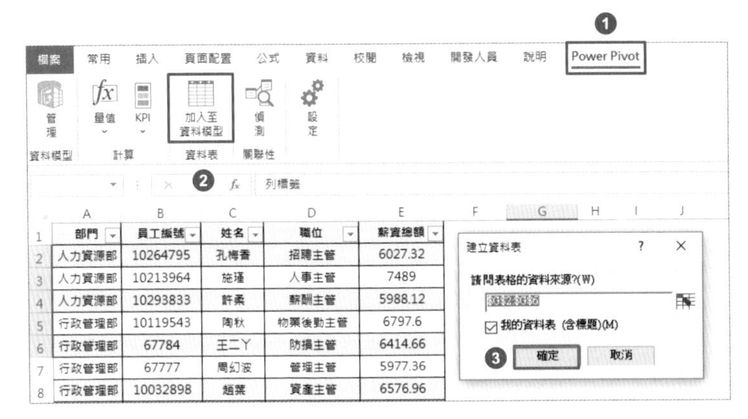

▲ 圖 6-6

Step 03 在 Power Pivot 編輯器中選擇「薪資總額」欄，在【主資料夾】頁籤中按一下【自動加總】按鈕，之後選擇【計數】選項，插入度量值。可按照同樣的方法分別選擇【最大值】選項、【最小值】選項以及【平均】選項，分別新增其各自的度量值，如圖 6-7 所示。

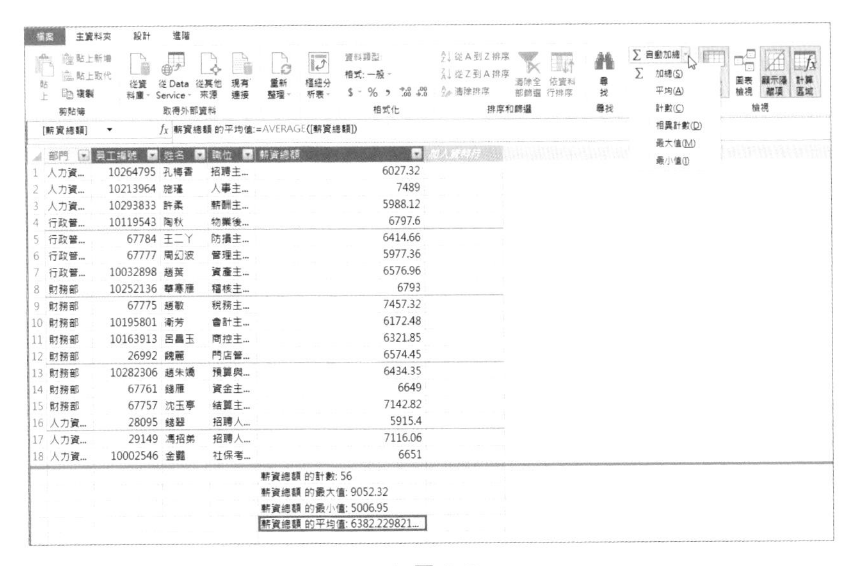

▲ 圖 6-7

Step 04 選擇「薪資總額的計數：56」儲存格（見圖 6-8），在公式編輯欄中修改度量值的名稱為「人數」，按此方法分別將其他的三個度量值的名稱修改為「最大值」、「最小值」和「算術平均值」。

[薪資總額] × ✓ fx 人數:=COUNTA([薪資總額])

	部門	員工編號	姓名	職位	薪資總額	加入資料行
1	人力資...	10264795	孔梅香	招聘主...	6027.32	
2	人力資...	10213964	施瑾	人事主...	7489	
3	人力資...	10293833	許柔	薪酬主...	5988.12	
4	行政管...	10119543	陶秋	物業後...	6797.6	
5	行政管...	67784	王二丫	防損主...	6414.66	
6	行政管...	67777	周幻波	管理主...	5977.36	
7	行政管...	10032898	趙葉	資產主...	6576.96	
8	財務部	10252136	韓寒雁	稽核主...	6793	
9	財務部	67775	趙敏	稅務主...	7457.32	
10	財務部	10195801	衛芳	會計主...	6172.48	
11	財務部	10163913	呂晶玉	商控主...	6321.85	
12	財務部	26992	魏麗	門店管...	6574.45	
13	財務部	10282306	趙朱嫣	預算與...	6434.35	
14	財務部	67761	錢雁	資金主...	6649	
15	財務部	67757	沈玉亭	結算主...	7142.82	
16	人力資...	28095	錢翠	招聘人...	5915.4	
17	人力資...	29149	馮招弟	招聘人...	7116.06	
18	人力資...	10002546	金豔	社保考...	6651	
					薪資總額 的計數: 56	
					薪資總額 的最大值: 9052.32	
					薪資總額 的最小值: 5006.95	
					薪資總額 的平均值: 6382.229821...	

▲ 圖 6-8

Step 05 選取已經加入的度量值「算術平均值」下面的任一空白儲存格（見圖 6-9），在公式編輯欄中分別輸入以下公式，加入度量值為「幾何平均值」、「中位數」、「75 百分位數值」與「標準差」：

[薪資總額] × ✓ fx 幾何平均值:=GEOMEAN([

GEOMEAN(ColumnName)

[員工編號]
[姓名]
[職位]
[薪資總額]
[部門]

	部門	員工編號	姓名	職位	薪資總額	加入資料行
1	人力資...	10264795	孔梅香	招聘主...	6027.32	
2	人力資...	10213964	施瑾	人事主...	7489	
3	人力資...	10293833	許柔	薪酬主...	5988.12	
4	行政管...	10119543	陶秋	物業後...	6797.6	
5	行政管...	67784	王二丫	防損主...	6414.66	
6	行政管...	67777	周幻波	管理主...	5977.36	
7	行政管...	10032898	趙葉	資產主...	6576.96	
8	財務部	10252136	韓寒雁	稽核主...	6793	
9	財務部	67775	趙敏	稅務主...	7457.32	
10	財務部	10195801	衛芳	會計主...	6172.48	
11	財務部	10163913	呂晶玉	商控主...	6321.85	
12	財務部	26992	魏麗	門店管...	6574.45	
13	財務部	10282306	趙朱嫣	預算與...	6434.35	
14	財務部	67761	錢雁	資金主...	6649	
15	財務部	67757	沈玉亭	結算主...	7142.82	
16	人力資...	28095	錢翠	招聘人...	5915.4	
17	人力資...	29149	馮招弟	招聘人...	7116.06	
18	人力資...	10002546	金豔	社保考...	6651	
					人數: 56	
					最大值: 9052.32	
					最小值: 5006.95	
					算術平均值: 6382.22982142857	

▲ 圖 6-9

幾何平均值 :=GEOMEAN([薪資總額])

中位數 :=MEDIAN([薪資總額])

75 百分位數值 :=PERCENTILE.INC([薪資總額],0.75)

標準差 :=STDEV.S([薪資總額])

注意：跟工作表函數一樣，Power Pivot 中的函數也不區分大小寫。

Step 06 按住 <Shift> 鍵選擇第一個度量值，然後選擇最後一個度量值，在【主資料夾】頁籤的【格式化】群組中按一下【減少小數位數】按鈕 ，保留整數，如圖 6-10 所示。

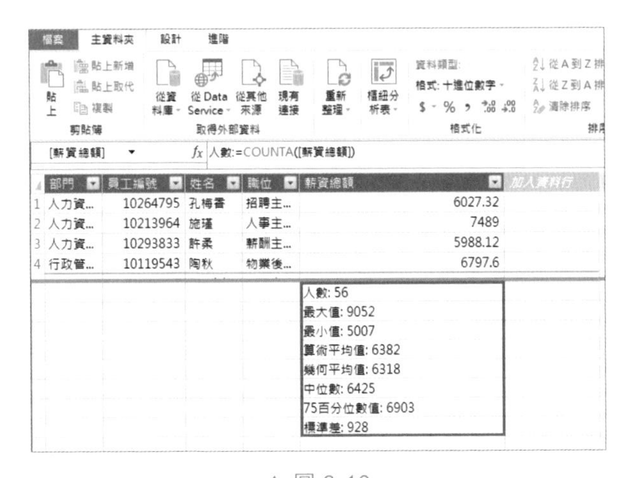

▲ 圖 6-10

Step 07 按一下【主資料夾】頁籤中的【樞紐分析表】按鈕，在開啟的【建立樞紐分析表】對話方塊中選擇【現有工作表】選項，在對應的編輯方塊中選擇工作表中的 G2 儲存格，最後按一下【確定】按鈕，如圖 6-11 所示。

建立樞紐分析表 ? ×

○ 新工作表(N)

◉ 現有工作表(E)

位置(L): 'Sheet1'!$G$2

確定 取消

▲ 圖 6-11

Step 08 設定樞紐分析表的欄位。將「部門」拖放至【列】，將新增的度量值欄位拖放至【值】，如圖 6-12 所示。

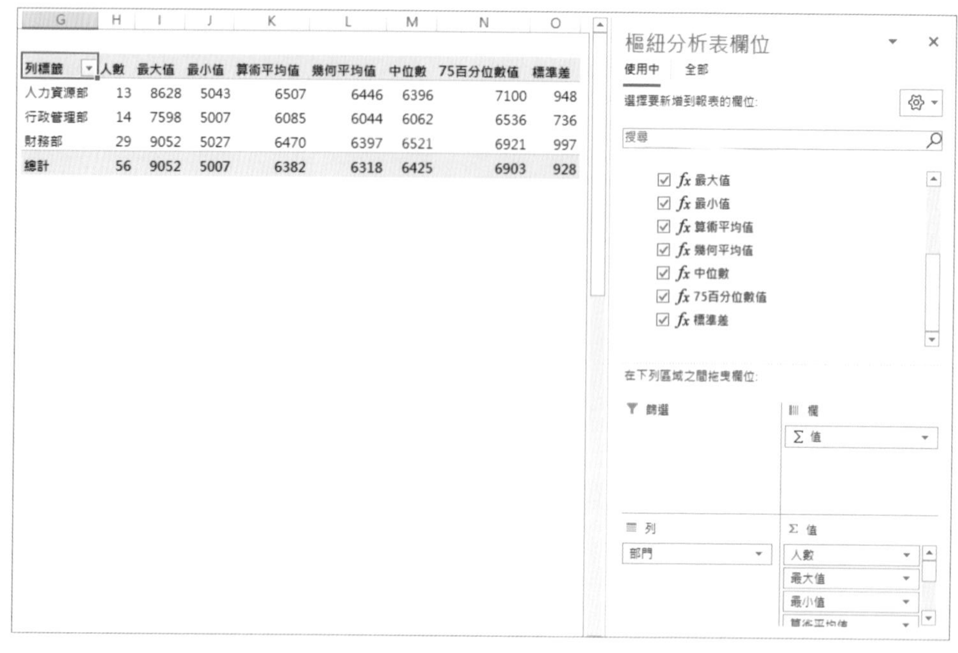

列標籤	人數	最大值	最小值	算術平均值	幾何平均值	中位數	75百分位數值	標準差
人力資源部	13	8628	5043	6507	6446	6396	7100	948
行政管理部	14	7598	5007	6085	6044	6062	6536	736
財務部	29	9052	5027	6470	6397	6521	6921	997
總計	56	9052	5007	6382	6318	6425	6903	928

▲ 圖 6-12

6.1.5 統計各部門的調薪人數、調薪次數與平均調薪幅度

如圖 6-13 所示，是某企業各個部門的調薪記錄表。要求統計每個部門的調薪人數、調薪次數與平均調薪幅度。

在本案例中，需要注意的是調薪次數與調薪人數：調薪次數指的是部門內共有多少次調薪；而調薪人數指的是部門內共有幾個人調薪。

	A	B	C	D	E	F	G	H	I
1	員工編號	姓名	部門	職位	調薪時間	調薪原因	原薪資	調整後薪資	調薪幅度
2	HE0012	張三	人力資源部	主管	2019/1/1	晉升	5800	7100	22.4%
3	H5624	趙五	財務部	主管	2019/2/1	獎勵	6700	7500	11.9%
4	HE8911	李四	客服部	經理	2019/3/1	降級	10500	9800	-6.7%
5	H5625	楊林	財務部	主管	2019/5/1	獎勵	7500	8000	6.7%
6	HE0012	張三	人力資源部	主管	2019/6/1	平調	7100	7300	2.8%
7	HE8911	李四	客服部	經理	2019/9/1	平調	9800	9800	0.0%
8	HE0011	劉一山	人力資源部	主管	2019/10/1	評優	7300	7800	6.8%
9	H5624	趙五	財務部	主管	2019/10/1	評優	8000	8800	10.0%
10	HE8911	李四	客服部	主管	2019/11/1	降職	9800	8800	-10.2%
11	HE0912	陳明	人力資源部	主管	2019/1/1	評優	6700	7100	6.0%
12	HE0912	陳明	人力資源部	主管	2019/6/1	獎勵	7100	7500	5.6%
13	HE12321	吳娜	客服部	專員	2019/3/1	獎勵	4200	4500	7.1%
14	He5613	魏然	市場部	主管	2019/5/1	獎勵	7500	8000	6.7%

▲ 圖 6-13

操作步驟如下。

Step 01 選取資料範圍中的任意一個儲存格，在【插入】頁籤中按一下【樞紐分析表】按鈕，在開啟的【建立樞紐分析表】對話方塊中勾選【新增此資料至資料模型】核取方塊，最後按一下【確定】按鈕，如圖 6-14 所示。

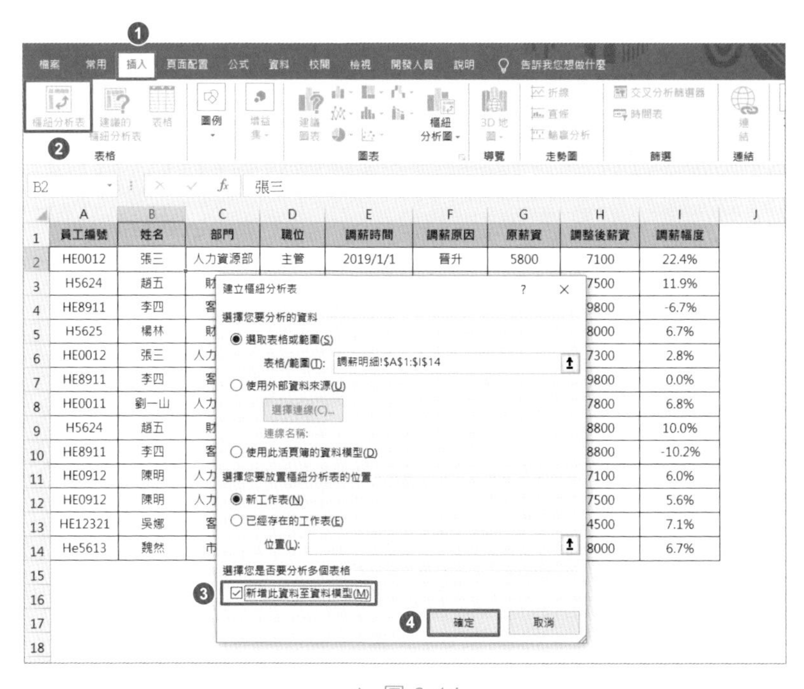

▲ 圖 6-14

Step 02 在【樞紐分析表欄位】窗格中將「部門」拖放至【列】；分別兩次將「員工編號」拖放至【值】，並分別設定【計算類型】為【計數】與【相異計數】；再將「調薪幅度」拖放至【值】，設定【計算類型】為【平均值】，如圖 6-15 所示。

▲ 圖 6-15

Step 03 按兩下樞紐分析表結果中的標題列，將後 3 欄的標題分別修改為「調薪次數」、「調薪人數」與「平均調薪幅度」，並將「平均調薪幅度」的格式設定為百分比形式。最後的結果如圖 6-16 所示。

	A	B	C	D
1				
2				
3	列標籤	調薪次數	調薪人數	平均調薪幅度
4	人力資源部	5	3	9%
5	市場部	1	1	7%
6	客服部	4	2	-2%
7	財務部	3	2	10%
8	總計	13	8	5%

▲ 圖 6-16

補充說明 需要注意的是，只有 Excel 2013 之後的版本才有【新增此資料至資料模型】功能，Excel 2013 以前的版本在計算時，可以選擇使用函數來解決此類不重複計數的問題。

6.2 個人所得稅

依法納稅是每個公民的基本義務。

個人所得稅與每個公民是息息相關的。本節將講解個人所得稅的一些計算方法。

6.2.1 計算個人所得稅

個人所得稅的稅表如表 6-1 所示。

▼ 表 6-1 個人所得稅的稅表

級數	所得淨額	稅率	累進差額
1	0 ～ 540,000	5%	0
2	540,001 ～ 1,210,000	12%	37,800
3	1,210,001 ～ 2,420,000	20%	134,600
4	2,420,001 ～ 4,530,000	30%	376,600
5	4,530,001 以上	40%	829,600

需要注意個稅計算中的以下公式：

本期應繳稅額 = 所得淨額 × 稅率 - 累進差額

其中，如圖 6-17 所示，為某企業員工 2019 年截至 10 月的本年累計應稅薪資，計算截至 2019 年 10 月員工的本年累計應繳稅額（注意：員工的本年累計應稅薪資已經扣除了個人團保部分、專項附加扣除部分及不納稅部分）。

	A	B	C	D	E
1	姓名	應稅薪資	稅率	累進差額	應繳稅額
2	張旭廷	343,623	5%	0	17181
3	尹春雷	571,200	12%	37800	30744
4	位雲龍	220,060	5%	0	11003
5	李玉蘭	668,220	12%	37800	42386
6	趙淩霄	636,220	12%	37800	38546
7	王昆	1,191,560	12%	37800	105187
8	李建誠	4,263,630	30%	376600	902489
9	李雙豐	2,400,290	20%	134600	345458
10	王晶	4,556,830	40%	829600	993132
11	董雨良	1,670,840	20%	134600	199568
12	王俊梅	413,750	5%	0	20688
13	李揚	1,611,789	20%	134600	187758

▲ 圖 6-17

為了使各項數值的計算更加淺顯易懂，下面使用分步計算的方式進行講解。

❖ 計算本年累進稅率

在 C2 儲存格中輸入以下公式，向下填滿至 C13 儲存格：

```
=LOOKUP(B2,{0,540000,1210000,2420000,4530000},{5,12,20,30,40}%)
```

❖ 計算累進差額

在 D2 儲存格中輸入以下公式，向下填滿至 D13 儲存格：

```
=LOOKUP(B2,{0,540000,1210000,2420000,4530000},{0,37800,134600,
376600,829600})
```

❖ 計算應繳稅額

在 E2 儲存格中輸入以下公式，向下填滿至 E13 儲存格：

```
=ROUND(MAX(B2*C2-D2,0),0)
```

分步計算可以讓計算過程更加清楚，令人更容易理解。當然大家也可以使用一個公式來完成上述操作，如下所示：

=ROUND(MAX(B2*{5,12,20,30,40}%-{0,37800,134600,376600,829600},0),0)

進行薪資計算應嚴謹、精確。為了避免出現不必要的錯誤，建議大家在實際的薪資計算中使用分步計算的方式，這樣可以更方便檢查並發現錯誤。

6.3 計算團保繳納金額

本節主要介紹新員工加保日期的確定和繳納費用的統計等內容。

6.3.1 確定新員工開始繳納團保的日期

以入職當月的某一天為分隔點，確定新員工團保繳納的開始日期。

某企業以每個月的 15 日為分隔點來確定新員工團保繳納的開始日期。15 日（含 15 日）之前入職的新員工當月 1 日開始繳納團保；15 日之後入職的新員工次月 1 日起開始繳納團保。

如圖 6-19 所示，計算該企業 2019 年 11 月新入職員工的團保繳納開始日期。

在 G2 儲存格中輸入以下公式，向下填滿至 G14 儲存格：

=IF(DAY(F2)>=15,EOMONTH(F2,0)+1,EOMONTH(F2,-1)+1)

G2 fx =IF(DAY(F2)>=15,EOMONTH(F2,0)+1,EOMONTH(F2,-1)+1)

	A	B	C	D	E	F	G
1	序號	部門	員工編號	姓名	職位	入職時間	團保繳納開始日期
2	1	銷售部	HE13862	楊翠花	業務經理	2019/11/16	2019/12/1
3	2	銷售部	HE14672	吳麗	購車顧問	2019/11/4	2019/11/1
4	3	銷售部	HE13011	何凡	手續管理員	2019/11/12	2019/11/1
5	4	銷售部	HE13864	朱藝	分隊隊長	2019/11/11	2019/11/1
6	5	銷售部	HE10349	秦月	購車顧問	2019/11/5	2019/11/1
7	6	銷售部	HE13633	孫冰露	購車顧問	2019/11/13	2019/11/1
8	7	銷售部	HE10949	孫莉	購車顧問	2019/11/4	2019/11/1
9	8	IT部門	HE14804	朱苑	Java研發工程師	2019/11/20	2019/12/1
10	9	銷售部	HE11603	秦啟倩	購車顧問	2019/11/12	2019/11/1
11	10	銷售部	HE10880	沈悅明	小隊隊長	2019/11/16	2019/12/1
12	11	銷售部	HE13029	秦苑	催收專員	2019/11/28	2019/12/1
13	12	銷售部	HE10563	衛顯	購車顧問	2019/11/18	2019/12/1
14	13	質檢部	HE12799	韓怡	駐店評估師	2019/11/21	2019/12/1

▲ 圖 6-19

公式解釋

EMONTH 函數可用來傳回一個日期，表示指定月數之前或者之後的月份的最後一天。第 2 個參數為 0 時，表示傳回目前日期所在月份的最後一天；為 -1 時，表示傳回目前日期所在月份的上一個月的最後一天。

EOMONTH(F2,0)+1 部分中的 EOMONTH(F2,0) 表示目前日期所在月份的最後一天，再加 1 就可以得到下個月第一天的日期。以 F2 儲存格中的「2019/11/16」為例，EOMONTH(F2,0) 的結果為 2019/11/30，再向後推算 1 天則為 2019/12/1。

同樣地，EOMONTH(F2,-1)+1 傳回的是 11 月的上一個月的最後一天，即 2019/10/31，再向後推算 1 天，就可以得到日期 2019/11/1。

根據以上例子，還可以計算離職員工的團保最後繳納日期。

6.3.2 計算員工個人與公司的團保繳納金額

團保繳納分為個人部分與公司部分，個人承擔的部分為醫療保險、養老保險、失業保險，而公司則承擔全部險種。

如圖 6-20 所示，為某企業 2019 年 11 月的團保繳納情況，計算個人繳納部分與公司繳納部分的合計。

L3 =SUMIF($D$2:$K$2,L$2,$D3:$K3)

	A	B	C	D	E	F	G	H	I	J	K	L	M
1	部門	員工編號	姓名	養老		醫療		工傷	生育	失業		團保合計	
2				個人	公司	個人	公司	公司	公司	個人	公司	個人	公司
3	財務部	10283827	王秋菊	221.16	442.32	123.97	464.87	33.47	22.31	20.45	20.45	365.58	983.42
4	售後公司	10195	殷歆倩	221.16	442.32	123.97	464.87	33.47	22.31	20.45	20.45	365.58	983.42
5	售後公司	10179	魏壽	222.96	445.92	123.97	464.87	33.47	22.31	20.45	20.45	367.38	987.02
6	財務部	40023	施文倩	225.28	450.56	123.97	464.87	33.47	22.31	20.45	20.45	369.7	991.66
7	物業公司	10059198	鄒君	227.04	454.08	123.97	464.87	33.47	22.31	20.45	20.45	371.46	995.18
8	物業公司	10125717	陶馨	231.12	462.24	123.97	464.87	33.47	22.31	20.45	20.45	375.54	1003.34
9	連鎖開發部	40125	錢蘭鳳	235.52	471.04	123.97	464.87	49.01	32.67	27.23	27.23	386.72	1044.82
10	行政管理部	40058	尤婷	240	480	123.97	464.87	37.03	24.68	20.57	20.57	384.54	1027.15
11	財務部	10006452	戚梅梅	240	480	123.97	464.87	33.47	22.31	20.45	20.45	384.42	1021.1
12	售後公司	10193	呂娟	240	480	123.97	464.87	33.47	22.31	20.45	20.45	384.42	1021.1
13	行政管理部	40139	衛莎	360	720	123.97	464.87	49.01	32.67	27.23	27.23	511.2	1293.78
14	培訓部	40079	陶蓓	360	720	123.97	464.87	49.01	32.67	27.23	27.23	511.2	1293.78
15	培訓部	40082	尤蕾	640	1280	145.2	544.5	65.34	43.56	36.3	36.3	821.5	1969.7

▲ 圖 6-20

使用 SUMIF 函數可以快速地進行加總計算。

在 L3 儲存格中輸入以下公式，向下填滿至 L15 儲存格後，再向右填滿至 M15 儲存格：

```
=SUMIF($D$2:$K$2,L$2,$D3:$K3)
```

公式解釋

SUMIF 是單條件加總函數。其語法形式如下：

```
SUMIF( 條件範圍 , 條件 , 加總範圍 )
```

上面的公式雖然簡單，但是一定要注意儲存格範圍的參照方式。其中，$D$2:$K$2 為條件範圍，使用絕對參照的方式，即在任何方向填滿時儲存格位址均保持相對位置不變。L$2 為條件，將欄號鎖定，在向下填滿時列號不變，始終為第 2 列；在向右填滿時，欄號變為對應的 M 欄。$D3:$K3 加總範圍必須將欄號鎖定，即在向右填滿時保持加總的範圍不變。

藉由這些儲存格參照方式的設定，才能得到正確的結果。雖然這是一個很簡單的公式，但卻能快速地解決一些比較複雜的問題。

6.4 使用 Power Query 快速彙總資料

Power Query 作為 Excel 中的一項新功能，其強大的資料清洗與整理功能越來越多地受到了廣大 Excel 使用者的青睞。本節主要使用這項功能來處理多個工作表或者活頁簿中的資料彙總與整理工作。

6.4.1 彙總單個活頁簿中的多個薪資表

本節將介紹使用 Excel 中內建的 Power Query 功能來彙總活頁簿中的多個工作表。

如圖 6-21 所示，為某企業 9 家分公司的員工薪資表，所有工作表的結構都是一樣的。要求：將這些薪資表彙總到一個新的工作表中。

	A	B	C	D	E	F	G	H	I	J	K	L	M	N	O	P	Q
1	分公司	部門	在職狀態	入職日期	員工編號	姓名	職位	職級	月績效合計	加班費	考勤扣款	薪資總額	個人自提保險金	個稅	實發金額	公司提撥保險金	人工成本
2	北京	人力資源部	在職	20170803	31527	華姚	績效主管	E4	1635	274.05		5509.05	993.4		4513.65	1958	7367.05
3	北京	人力資源部	在職	20170306	25426	王之念	招聘主管	E4	1635	292.32		6027.32	932.8	2.84	5086.68	1862.6	7289.92
4	北京	人力資源部	在職	20150828	563692	龐小麗	人事主管	E5	2289			7489	1520.27	29.06	5934.67	2925.49	10264.49
5	北京	人力資源部	在職	20100709	77114	範麗	經理	E5	3140.7			9570.7	2178.91	71.75	7315.04	4195.32	13766.02
6	北京	人力資源部	試用期	20180716	495093	何鬧鳳	社保考勤主管	E4	1700.4	255.78		4868.18	1157.4		3708.78	2225.6	7093.78
7	北京	人力資源部	試用期	20180625	672356	馮瑞	社保考勤主管	E4	1340.7	36.54	-47.54	4563.2	932.8		3628.4	1862.6	6225.8
8	北京	人力資源部	在職	20180319	704943	褚松	薪酬主管	E5	1765.8	292.32		5988.12	1201.8		4784.32	2311.2	8299.32
9	北京	培訓部	在職	20180312	337247	衛妹妹	主管	E4	1438.8			5850.8	984.6		4861.2	1958	7808.8
10	北京	培訓部	在職	20020129	234735	嚴珊	經理	M1	3192			11294	2467	172.7	8644.3	4750.18	14756.18
11	北京	客服部	在職	19990920	331706	金靜	經理	M2	2961			9441	3546.12	26.85	5858.03	6831.3	16372.3
12	北京	廣宣部	在職	20060203	448413	趙霞	經理	M2	3025			10280	1408	177.2	8684.8	1408	11688
13	北京	廣宣部	在職	20151013	907074	戚雪	副經理	E5	2008.8	109.62		6458.42	1508.4		4945.02	2928.95	9387.37
14	北京	行政管理部	在職	20121026	798729	何媛元	司機	E2	1624	292.32		5716.32	1146.2		4568.12	2203.89	7920.21
15	北京	行政管理部	在職	20130912	269355	董冬晶	物業後勤主管	E5	2157.6			6797.6	1359.02	13.16	5420.42	2614.26	9261.86
16	北京	行政管理部	在職	20110919	814795	王宏麗	司機	E2	1060.5			3510.5	885.78		2622.72	1788.66	5299.16

北京 | 成都 | 重慶 | 湖南 | 廣州 | 南京 | 深圳 | 浙江 | 西安

▲ 圖 6-21

操作步驟如下。

Step 01 新增一個活頁簿。在【資料】頁籤中按一下【新查詢】按鈕，然後依次選擇【從檔案】→【從活頁簿】選項，在開啟的對話方塊中選擇要合併的活頁簿，按一下【匯入】按鈕，如圖 6-22 所示。

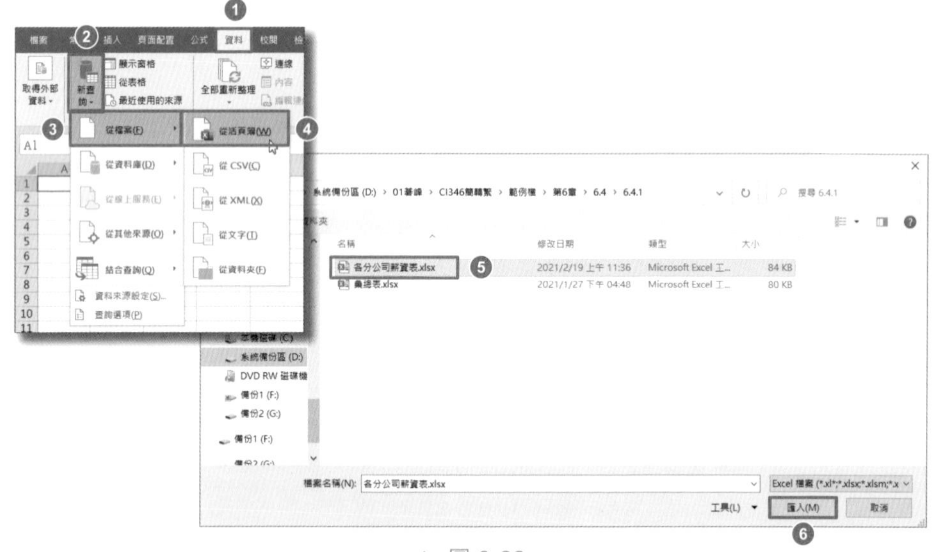

▲ 圖 6-22

Step 02 在彈出的【導覽器】對話方塊中選擇帶有資料夾標誌的活頁簿名稱選項，即「各分公司薪資表 .xlsx」，然後按一下【轉換資料】按鈕，如圖 6-23 所示。

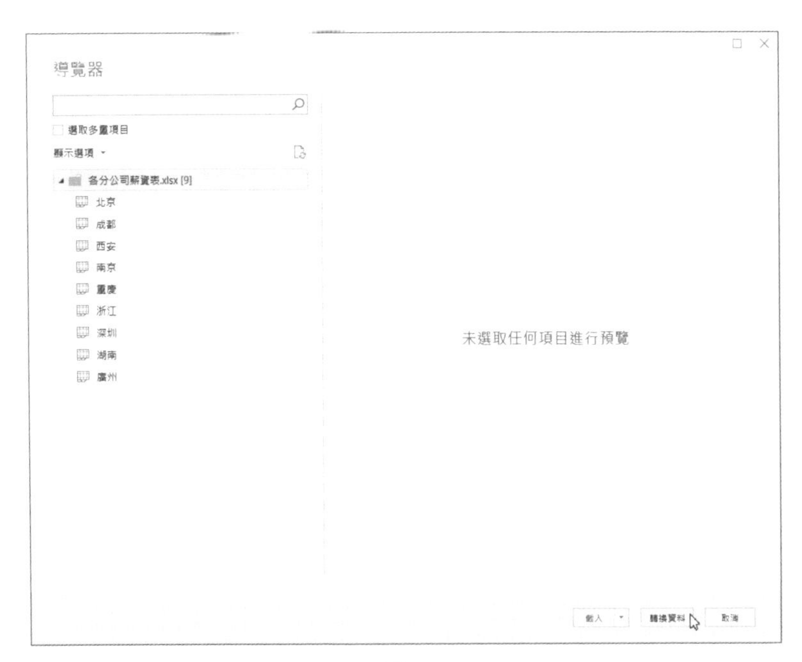

▲ 圖 6-23

Step 03 進入 Power Query 編輯器，選擇第 2 欄「Data」後，按一下滑鼠右鍵，在彈出的快顯功能表中選擇【移除其他資料行】選項，如圖 6-24 所示。

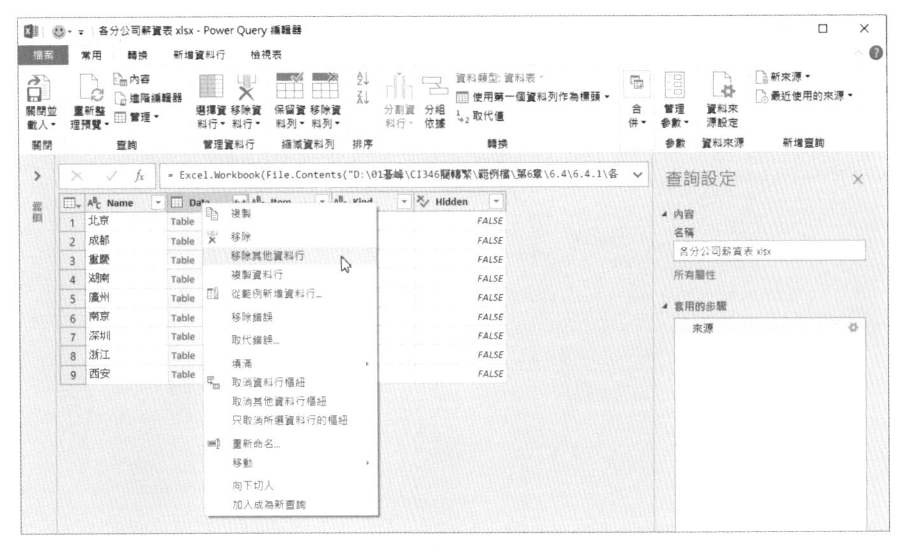

▲ 圖 6-24

Step 04 按一下「Data」的擴展按鈕，在彈出的下拉清單中取消【使用原始資料行名稱做為前置詞】核取方塊的勾選狀態，按一下【確定】按鈕，如圖 6-25 所示。

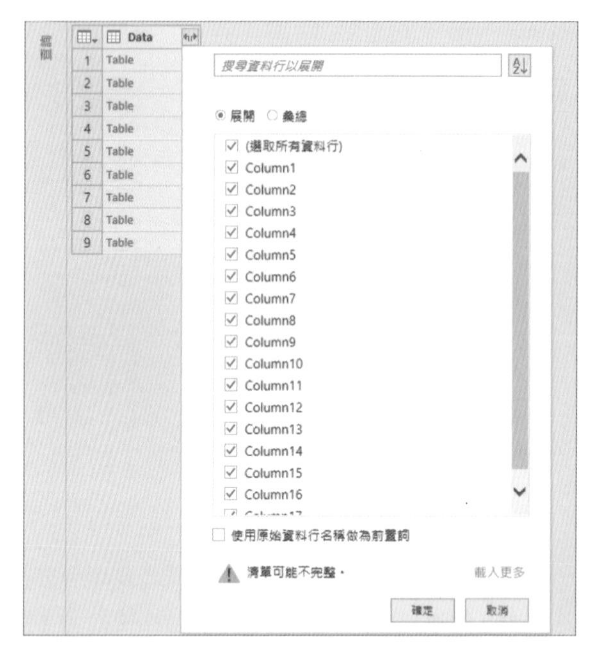

▲ 圖 6-25

Step 05 按一下【常用】頁籤中的【使用第一個資料列作為標頭】，提升標題，如圖 6-26 所示。

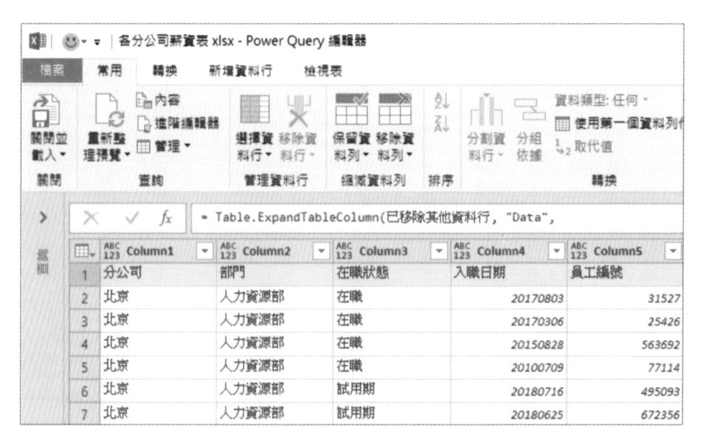

▲ 圖 6-26

Step 06 按一下「分公司」的篩選按鈕，在彈出的選單中取消「分公司」核取方塊的勾選狀態，按一下【確定】按鈕，如圖 6-27 所示。

▲ 圖 6-27

Step 07 最後，將結果載入至工作表中。在【常用】頁籤下依次選擇【關閉並載入】→【關閉並載入】選項，如圖 6-28 所示。

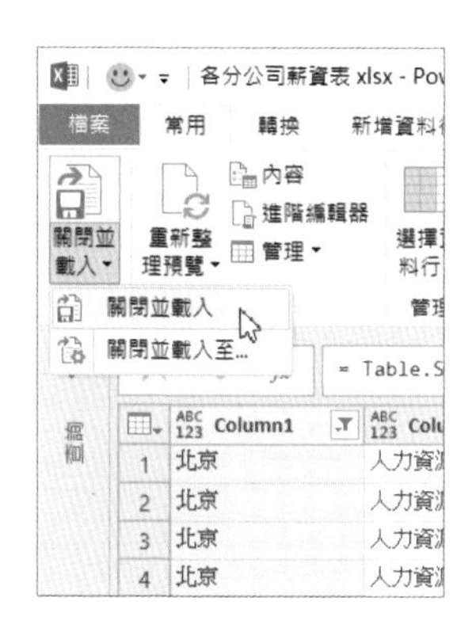

▲ 圖 6-28

Step 08 如果資料來源有變化時，則可在彙總表中，選取任意一個儲存格後，按一下滑鼠右鍵，在彈出的快顯功能表中選擇【重新整理】選項，即可更新結果，如圖 6-29 所示。

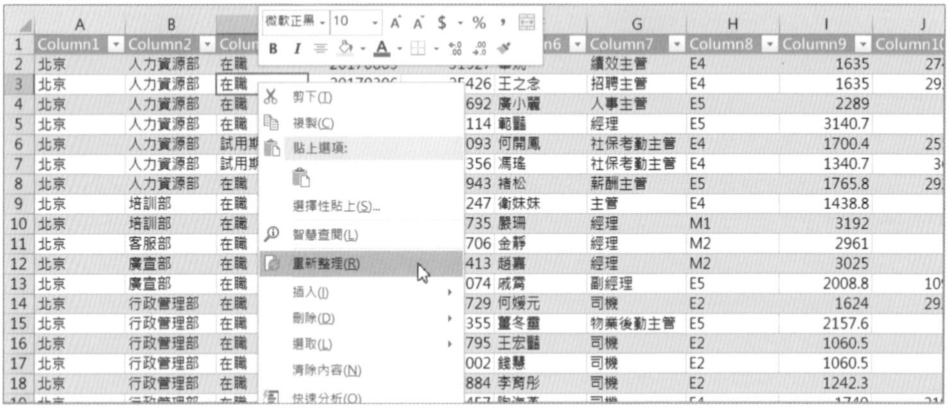

▲ 圖 6-29

補充說明 在將資料載入至 Power Query 編輯器中時，為了保證結果的準確性，一定要取消【一律偵測非結構化來源的資料行類型與標題】核取方塊的勾選狀態。操作方法可以參考 5.4.3 節補充說明中的內容。

6.4.2 彙總多個資料夾下所有活頁簿中的薪資表

前面介紹了如何將一個活頁簿中的多個工作表進行彙總。本節主要講解如何將多個資料夾下多個活頁簿中具有相同結構的工作表中的資料彙總到同一張工作表中。

如圖 6-30 與圖 6-31 所示，是某企業所轄各區域的分公司某個月的薪資表。要求將各資料夾下活頁簿中的資料彙總至一個新工作表中。

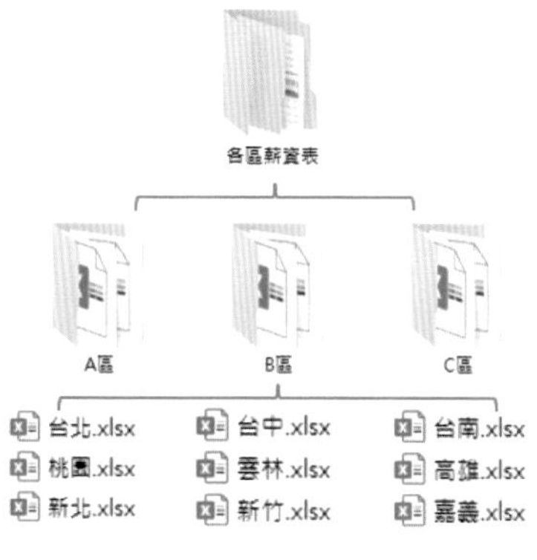
各區薪資表
A區
B區
C區
台北.xlsx
桃園.xlsx
新北.xlsx
台中.xlsx
雲林.xlsx
新竹.xlsx
台南.xlsx
高雄.xlsx
嘉義.xlsx

▲ 圖 6-30

▲ 圖 6-31

操作步驟如下。

Step 01 新增一個活頁簿。在【資料】頁籤中按一下【新查詢】按鈕，之後依次選擇【從檔案】→【從資料夾】選項，如圖 6-32 所示。

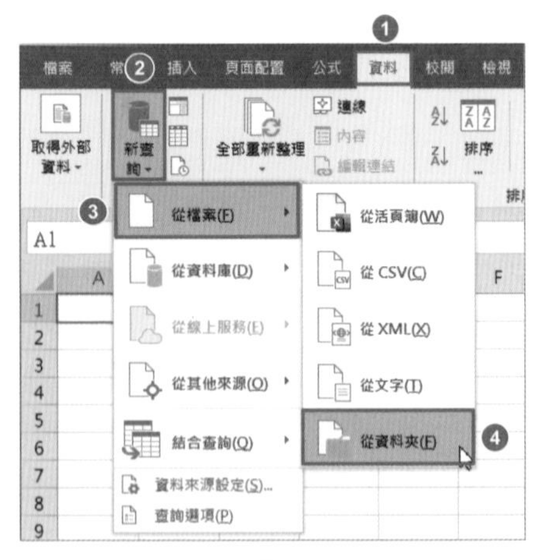

▲ 圖 6-32

Step 02 在彈出的對話方塊中按一下【瀏覽】按鈕，之後在開啟的【資料夾】對話方塊中選擇要彙總的活頁簿所在的資料夾，設定要彙總資料夾的路徑。然後按一下【開啟】按鈕，最後按一下【轉換資料】按鈕，如圖 6-33 所示。

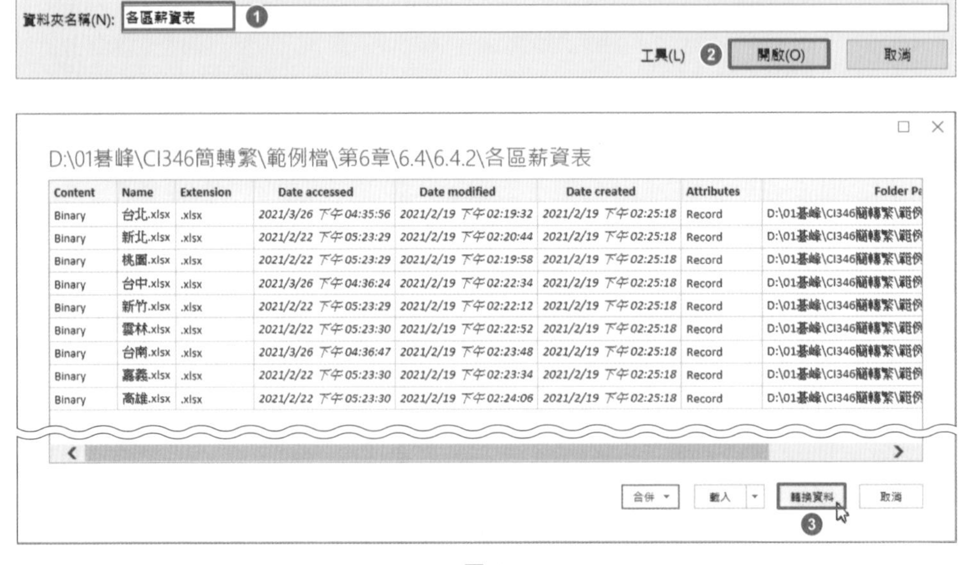

▲ 圖 6-33

Step 03 進入 Power Query 編輯器，選取「Content」後，按一下滑鼠右鍵，在彈出的快顯功能表中選擇【移除其他資料行】選項，刪除除第一行以外的其他資料行，如圖 6-34 所示。

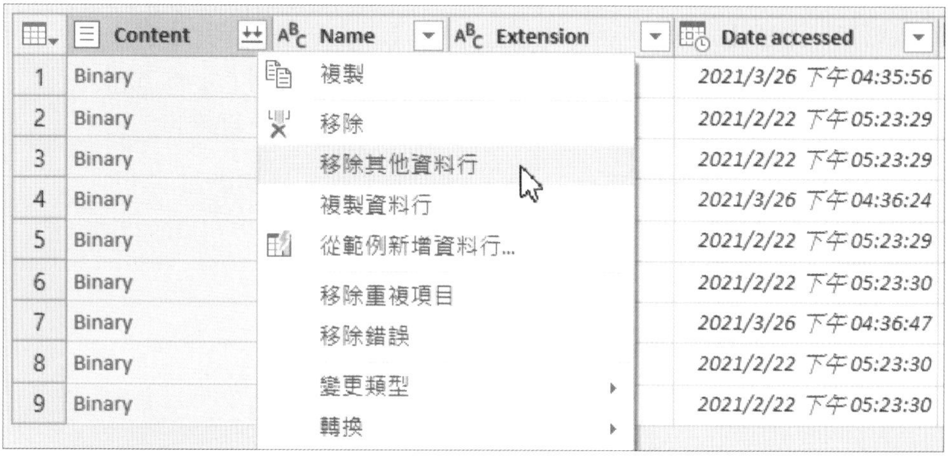

▲ 圖 6-34

Step 04 在【新增資料行】頁籤中按一下【自訂資料行】按鈕，在開啟的【自訂資料行】對話方塊的【自訂資料行公式】文字方塊中輸入以下公式，之後按一下【確定】按鈕，如圖 6-35 所示：

```
=Excel.Workbook([Content],true)
```

注意：公式需要注意大小寫，不然會出現錯誤訊息。另外，如果要合併的表只有標題列以及資料時，則可以將第二個參數設定為 true，即提升標題。

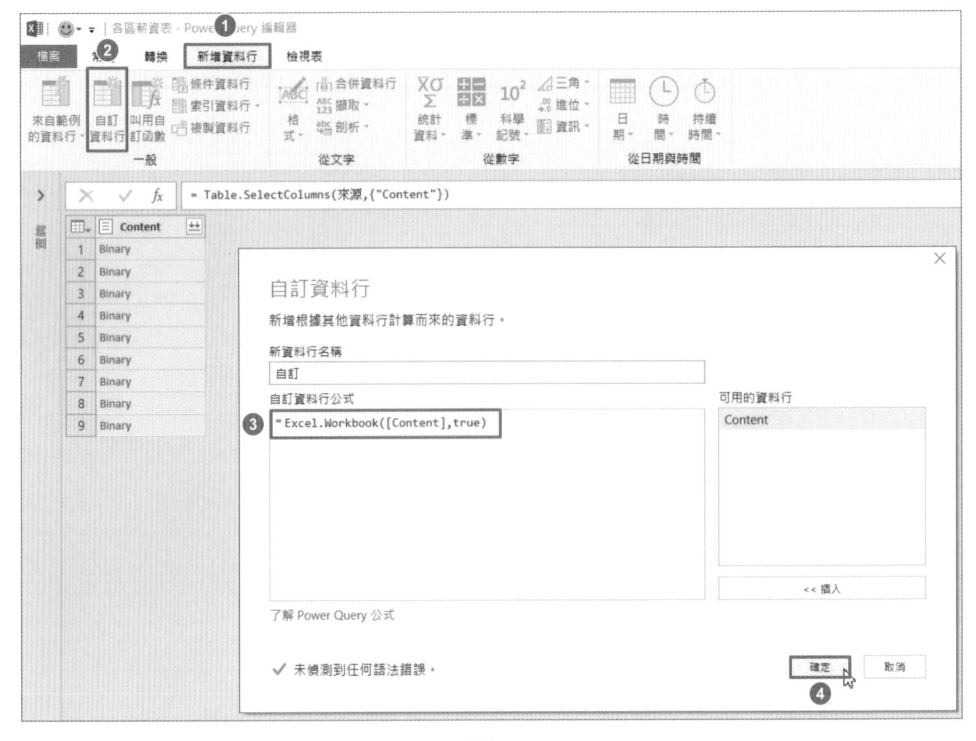

▲ 圖 6-35

Step 05 按一下【自訂】右側的擴展按鈕，在彈出的下拉清單中取消除「Data」選項以外的核取方塊的勾選狀態，最後按一下【確定】按鈕，如圖 6-36 所示。

	Content	自訂
1	Binary	Table
2	Binary	Table
3	Binary	Table
4	Binary	Table
5	Binary	Table
6	Binary	Table
7	Binary	Table
8	Binary	Table
9	Binary	Table

搜尋資料行以展開

◉ 展開 ○ 彙總

- ■ (選取所有資料行)
- ☐ Name
- ☑ Data
- ☐ Item
- ☐ Kind
- ☐ Hidden

☑ 使用原始資料行名稱做為前置詞

清單可能不完整。 載入更多

確定 取消

▲ 圖 6-36

Step 06 選擇第一欄，在【常用】頁籤中按一下【移除資料行】按鈕，將多餘的資料行刪除，如圖 6-37 所示。

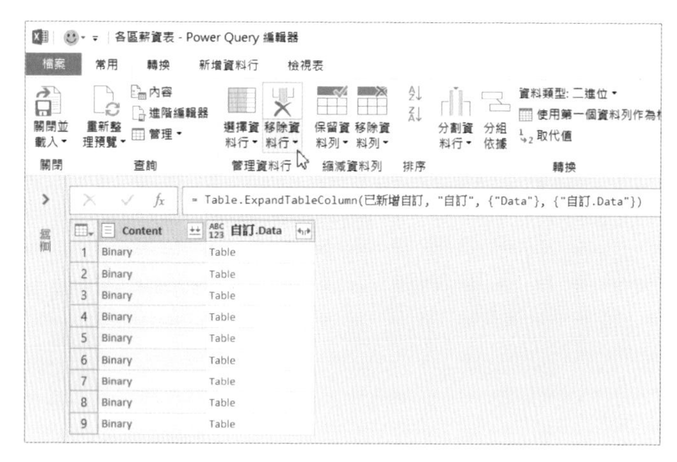

▲ 圖 6-37

Step 07 選擇「Data」資料行，按一下右側的擴展按鈕 ，在彈出的下拉清單的底部取消【使用原始資料行名稱做為前置詞】核取方塊的勾選狀態，最後按一下【確定】按鈕，如圖 6-38 所示。

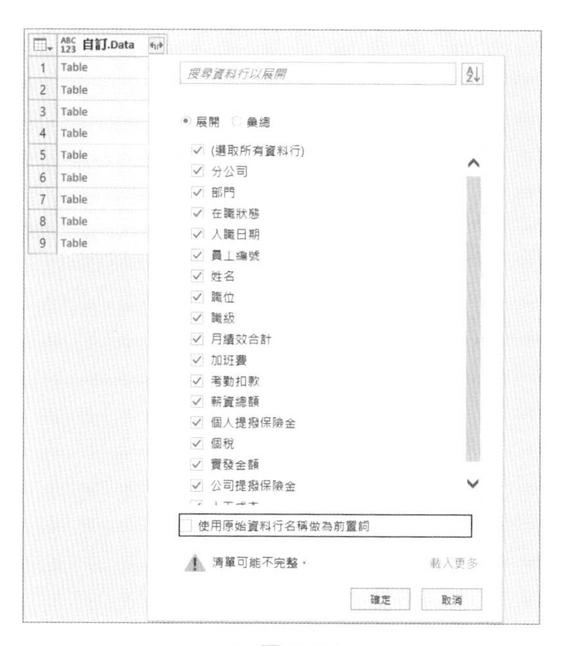

▲ 圖 6-38

Step 08 在【常用】頁籤中依次選擇【關閉並載入】→【關閉並載入】選項，將結果載入至工作表中，如圖 6-39 所示。

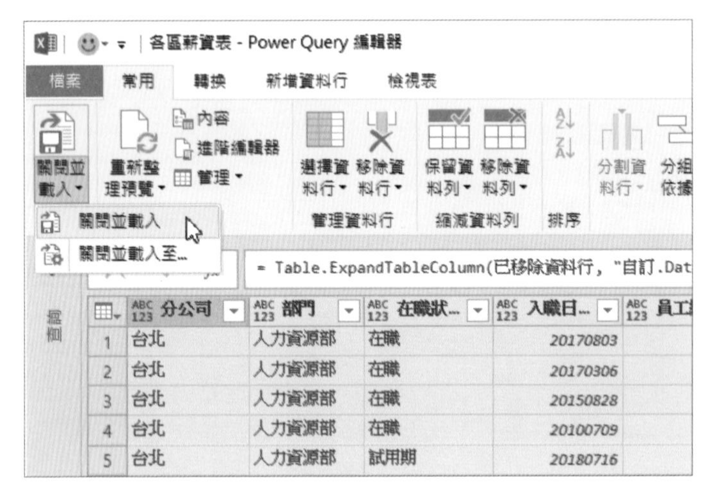

▲ 圖 6-39

補充說明 在進行多個工作表或者活頁簿的彙總時，工作表中的資料一定要有相同的結構與相同的標題，不然會出現混亂與錯誤。另外，如果工作表中的第一列不是標題列，那麼可以在 Power Query 中篩選掉標題列前面多餘的資料，然後將第一列資料提升至標題。

Power Query 彙總的結果表在更新時會自動調整欄寬。選擇資料範圍中的任意一個儲存格後，按一下滑鼠右鍵，在彈出的快顯功能表中依次選擇【表格】→【外部資料內容】選項，在彈出的【外部資料內容】對話方塊中取消【調整欄寬】核取方塊的勾選狀態，最後按一下【確定】按鈕，如圖 6-40 所示。

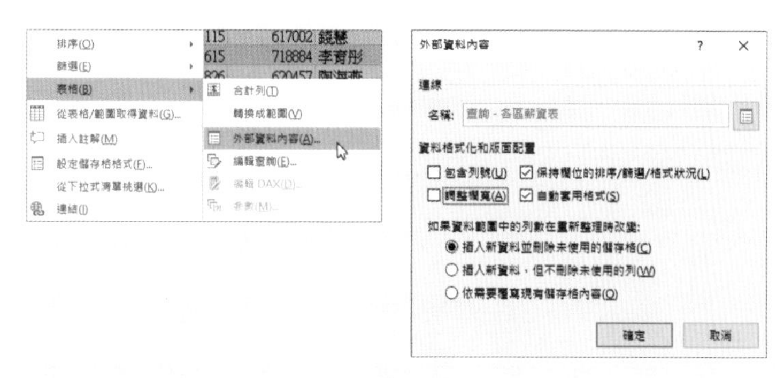

▲ 圖 6-40

除了彙總日常使用的 Excel 檔之外，大家還可以彙總多個 TXT 檔與 CSV 檔。在彙總 TXT 檔與 CSV 檔時，不能使用 Excel.Workbook 函數，需要使用 Csv.Document 函數來解析檔案。

6.5 製作圖表

本節將主要講解百分比堆積直條圖、象限散佈圖等類型的圖表在薪酬分析中的應用。

6.5.1 使用百分比堆積直條圖分析人工成本各科目的占比

在人工成本管理中，我們經常會對一段時間內人工成本中各個科目的占比進行分析與跟蹤，以觀察與分析各個科目的成本支出是否合理。這裡可以用百分比堆積直條圖直觀地展示這些資料。

如圖 6-41 所示，是某公司 2019 年下半年人工成本的各個科目占人工成本總額的百分比堆積直條圖。

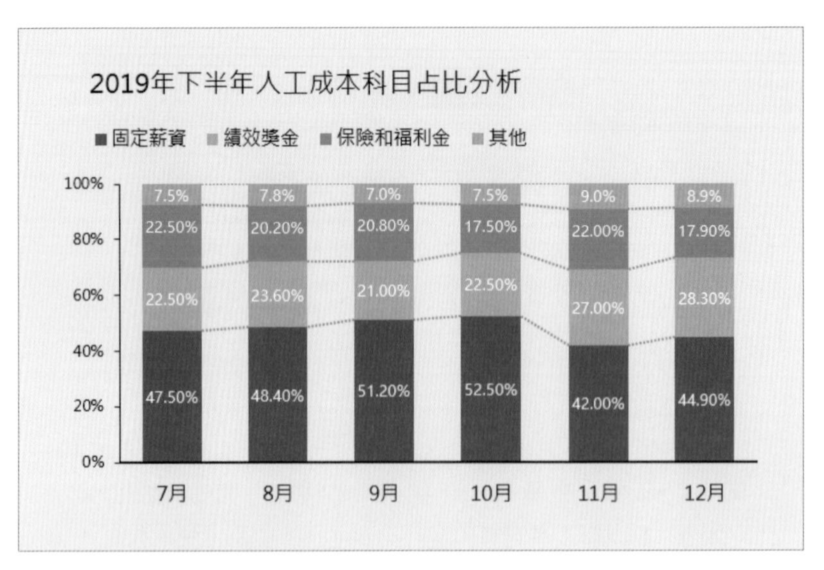

▲ 圖 6-41

操作步驟如下。

Step 01 準備資料來源，如圖 6-42 所示。

	A	B	C	D	E
1	月份	固定薪資	績效獎金	保險和福利金	其他
2	7月	47.50%	22.50%	22.50%	7.5%
3	8月	48.40%	23.60%	20.20%	7.8%
4	9月	51.20%	21.00%	20.80%	7.0%
5	10月	52.50%	22.50%	17.50%	7.5%
6	11月	42.00%	27.00%	22.00%	9.0%
7	12月	44.90%	28.30%	17.90%	8.9%

▲ 圖 6-42

Step 02 選擇資料範圍 A1:E7，在【插入】頁籤中依次選擇【插入直條圖或橫條圖】→【平面直條圖】→【百分比堆積直條圖】選項，插入原始圖表，如圖 6-43 所示。

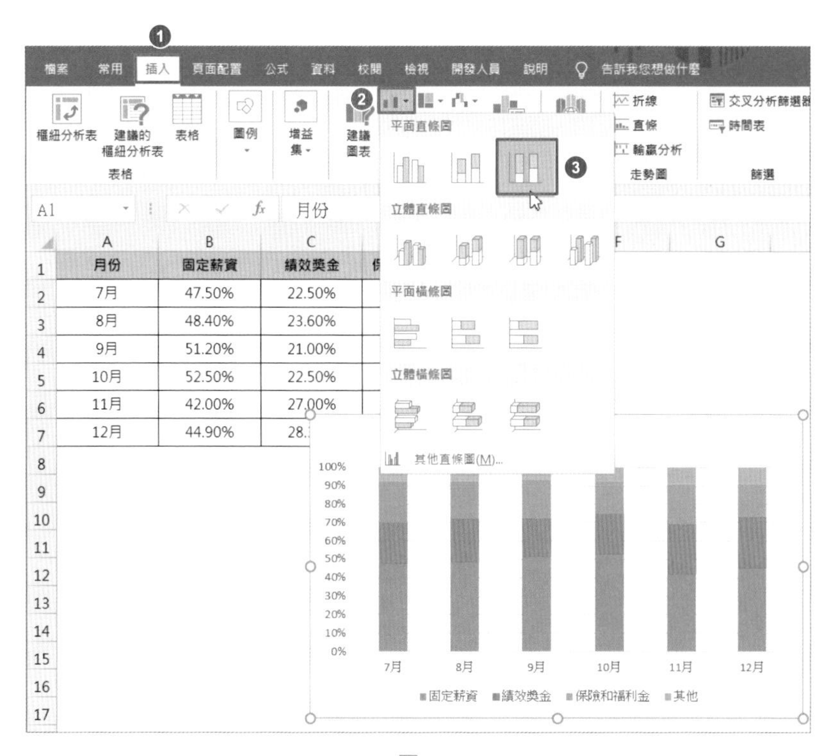

▲ 圖 6-43

Step 03 按兩下任意一個資料數列，開啟【資料數列格式】窗格，切換到【數列選項】頁籤，將【類別間距】的值修改為 80%，如圖 6-44 所示。

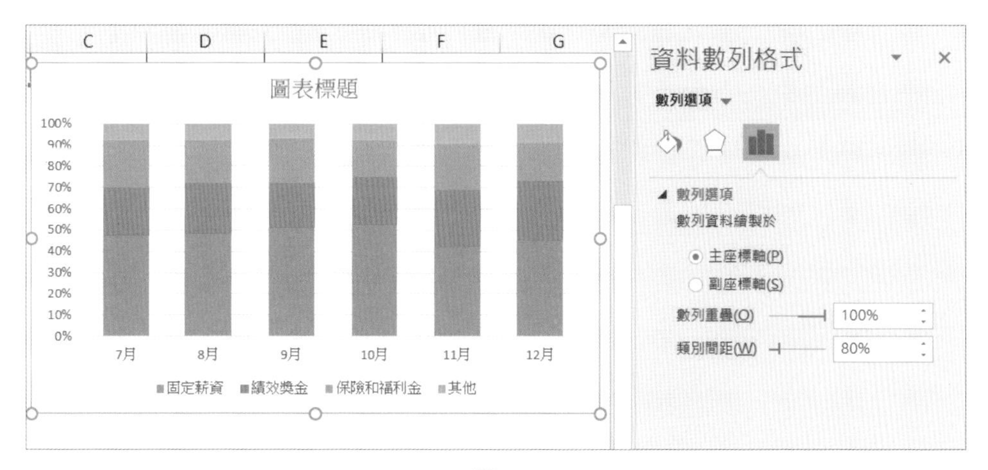

▲ 圖 6-44

Step 04 按兩下「固定薪資」資料數列，開啟【資料數列格式】窗格，切換到【填滿與線條】頁籤，在【填滿】欄下選擇【實心填滿】選項，為相應的資料數列設定填滿色，如圖 6-45 所示。

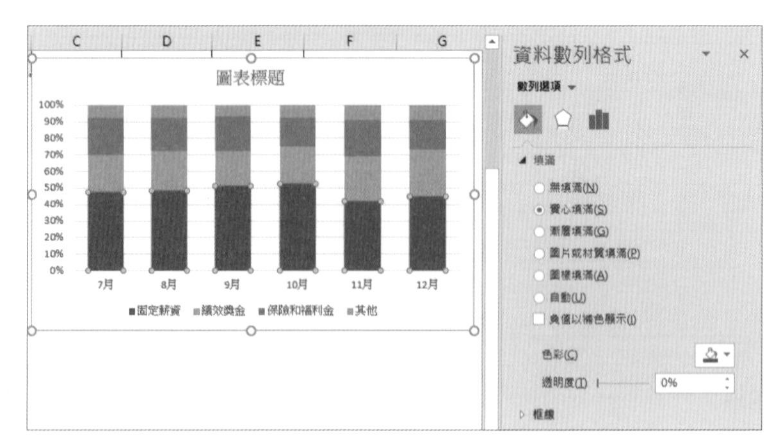

▲ 圖 6-45

Step 05 選取格線，按 <Delete> 鍵進行刪除。

Step 06 選取任意一個資料數列，在【設計】頁籤中依次選擇【新增圖表項目】→【線條】→【數列線】選項，為圖表加上數列線，如圖 6-46 所示。

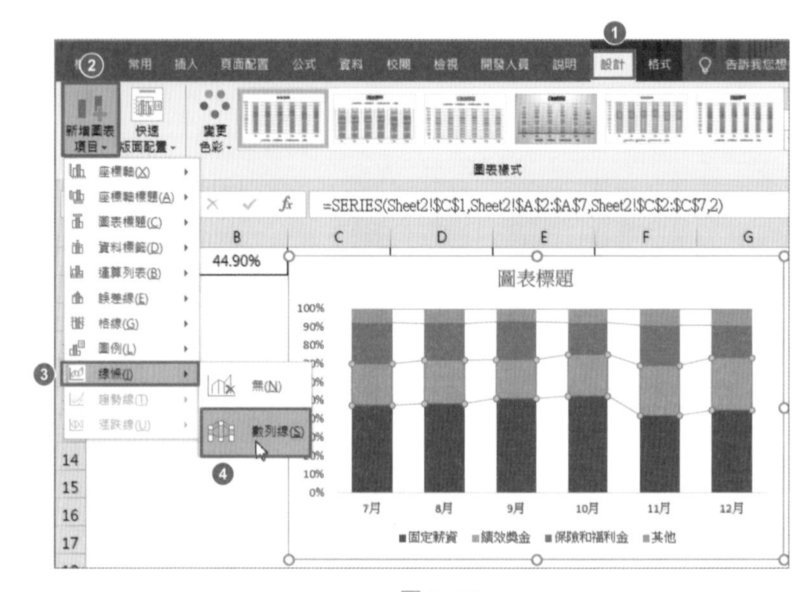

▲ 圖 6-46

Step 07 按兩下數列線，開啟【數列線格式】窗格，切換到【填滿與線條】頁籤，為數列線設定格式，如圖 6-47 所示。

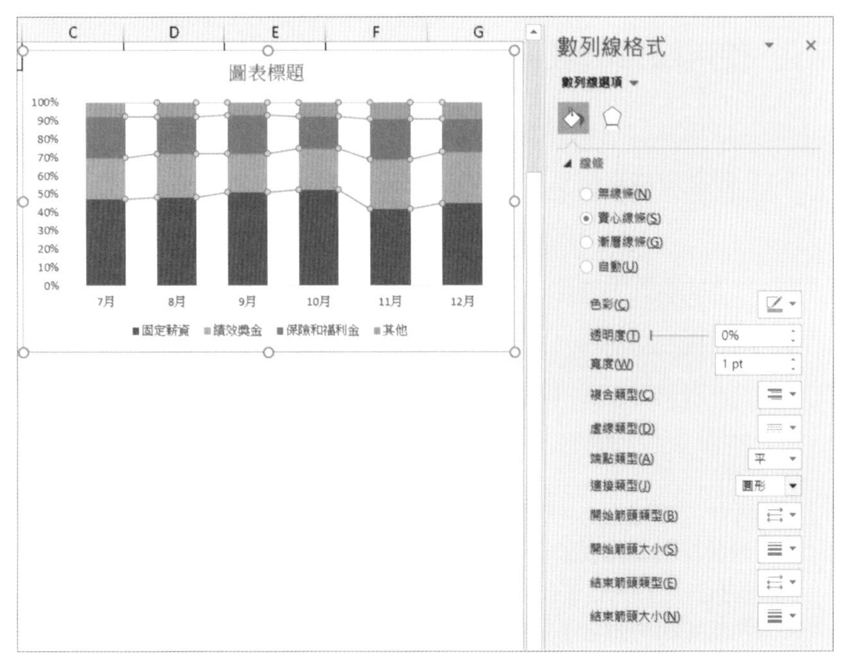

▲ 圖 6-47

Step 08 分別選擇資料數列，按一下右上角的 + 按鈕，依次選擇【資料標籤】→【置中】選項，為資料數列加上資料標籤，設定字型色彩為白色，如圖 6-48 所示。

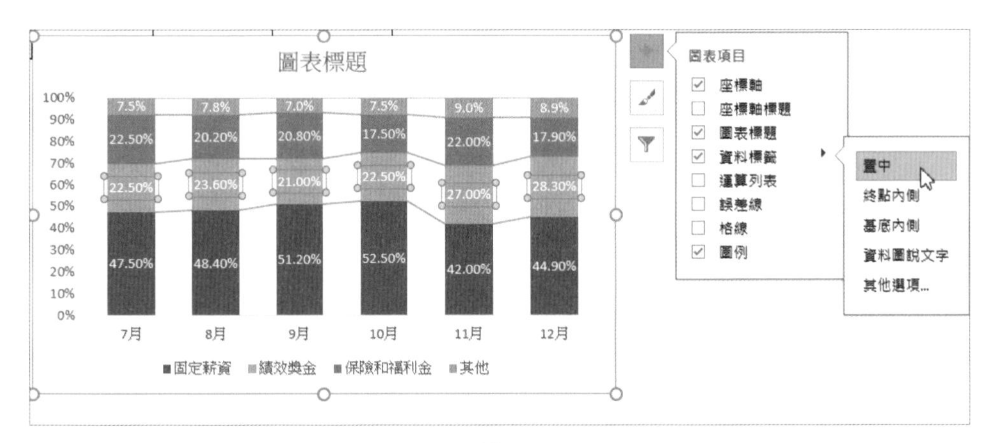

▲ 圖 6-48

Step 09 新增標題，調整圖例位置，設定圖表範圍的背景填滿色，對圖表進行美化。

6.5.2 使用四象限散佈圖分析投入與產出

薪酬分析中最常見的一種分析是投入與產出的分析，通常以象限散佈圖的形式來分析這兩個相關變數之間的關係。

如圖 6-49 所示，是某公司各店鋪 2019 年投入與產出的四象限散佈圖，主要用來分析投入與產出之間的關係（人事費用和毛利潤的單位為「萬元」）。

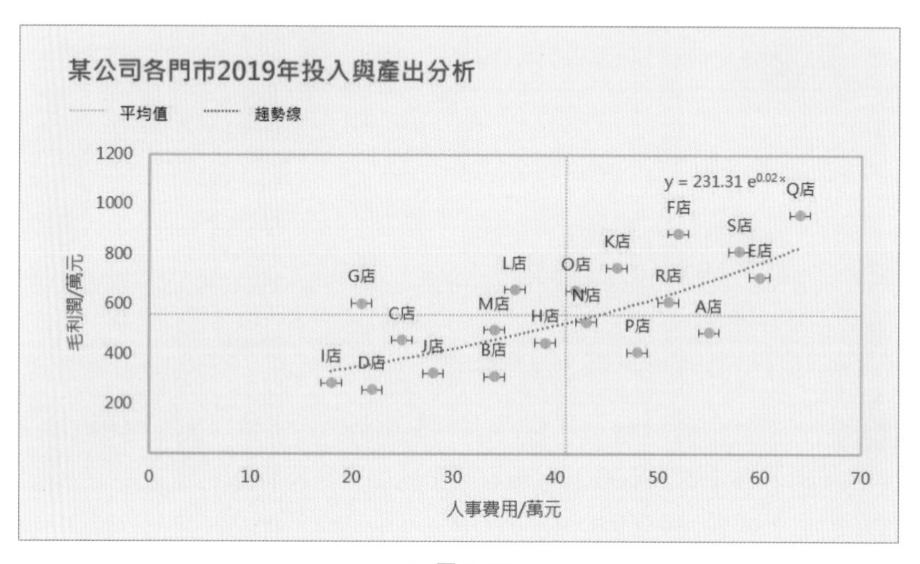

▲ 圖 6-49

該四象限散佈圖的主要製作概念是利用平均值的點做延長線來分隔散點。

操作步驟如下。

Step 01 準備數據。A 欄至 C 欄是原始資料，E 欄至 G 欄是輔助作圖資料，如圖 6-50 所示。

	A	B	C	D	E	F	G
1	地區	人事費用	毛利潤		類型	人事費用	毛利潤
2	A店	55	487		平均值	41	559
3	B店	34	309		誤差正值	29	641
4	C店	25	456		誤差負值	41	559
5	D店	22	256				
6	E店	60	709				
7	F店	52	883				
8	G店	21	603				
9	H店	39	445				
10	I店	18	284				
11	J店	28	323				
12	K店	46	745				
13	L店	36	659				
14	M店	34	496				
15	N店	43	528				
16	O店	42	654				
17	P店	48	406				
18	Q店	64	958				
19	R店	51	609				
20	S店	58	811				

▲ 圖 6-50

❖ 平均值

在 F2 儲存格中輸入以下公式，向右填滿至 G2 儲存格：

=ROUND(AVERAGE(B2:B20),0)

❖ 誤差正值

在 F3 儲存格中輸入公式：

=70-F2

在 G3 儲存格中輸入公式：

=1200-G2

注意：上述兩個公式中的 70 與 1200 分別指座標軸所設定的最大刻度值，該值只要設定得比人事費用與毛利潤的值大即可。

❖ 誤差負值

誤差負值即平均值。

Step 02 選擇資料範圍 B1:C20，在【插入】頁籤中依次選擇【插入 XY 散佈圖或泡泡圖】→【散佈圖】→【散佈圖】選項，插入散佈圖，如圖 6-51 所示。

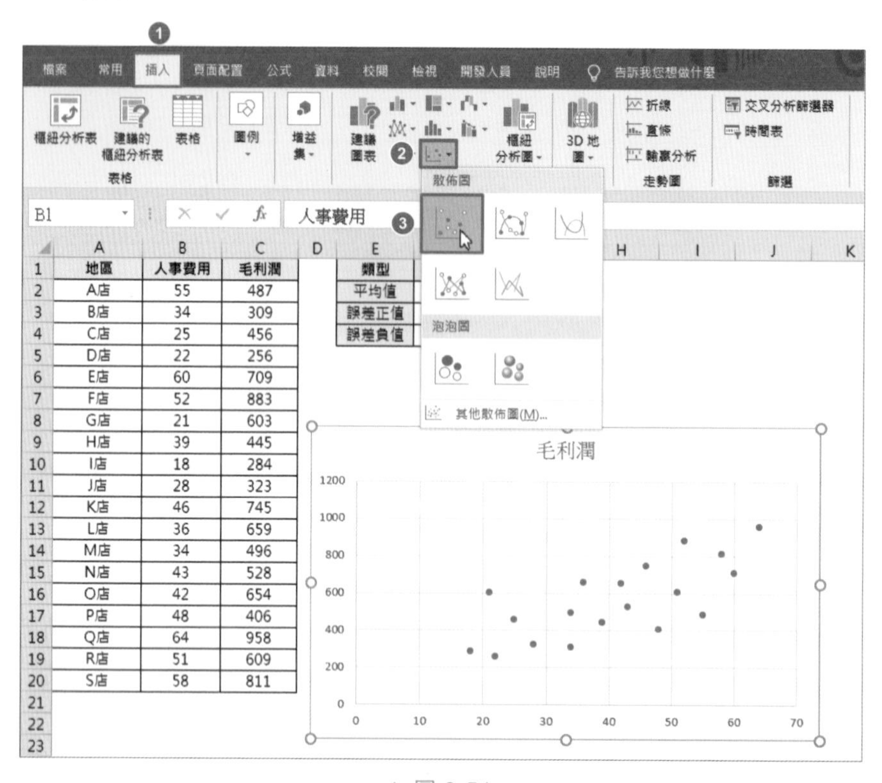

	A	B	C
1	地區	人事費用	毛利潤
2	A店	55	487
3	B店	34	309
4	C店	25	456
5	D店	22	256
6	E店	60	709
7	F店	52	883
8	G店	21	603
9	H店	39	445
10	I店	18	284
11	J店	28	323
12	K店	46	745
13	L店	36	659
14	M店	34	496
15	N店	43	528
16	O店	42	654
17	P店	48	406
18	Q店	64	958
19	R店	51	609
20	S店	58	811

▲ 圖 6-51

Step 03 選取圖表，在【設計】頁籤中按一下【選取資料】按鈕，開啟【選取資料來源】對話方塊。按一下【新增】按鈕，開啟【編輯數列】對話方塊。在【數列名稱】欄中選擇 E2 儲存格，在【數列 X 值】欄中選擇 F2 儲存格，在【數列 Y 值】欄中選擇 G2 儲存格，然後按一下【確定】按鈕，接著再次按一下【確定】按鈕，如圖 6-52 所示。

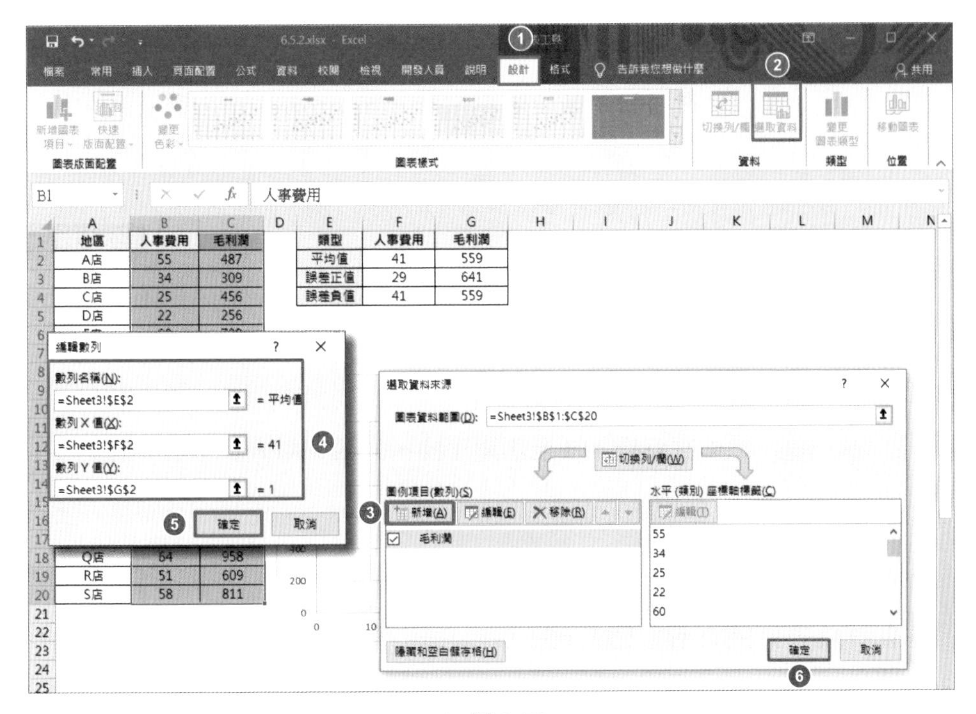

▲ 圖 6-52

Step 04 按兩下水平座標軸，開啟【座標軸格式】窗格，設定橫座標軸的邊界值，將【最小值】設定為 0，將【最大值】設定為 70，如圖 6-53 所示。按照此步驟，設定垂直座標軸的邊界值，將【最小值】設定為 0，將【最大值】設定為 1200。如果毛利潤有負值，則按實際情形設定最小值。

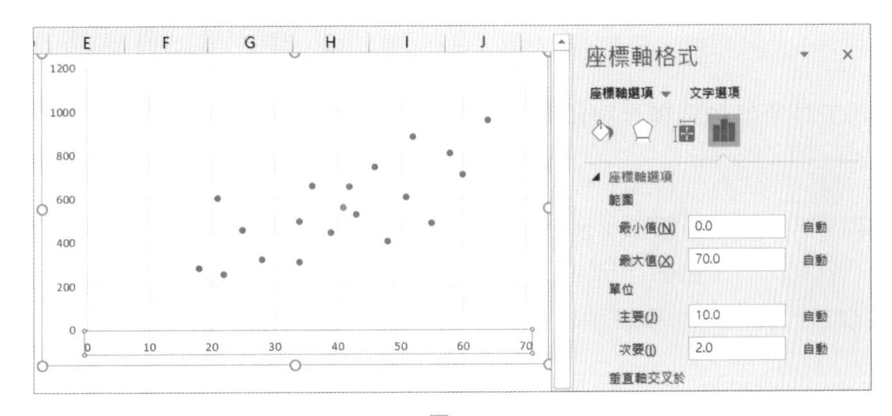

▲ 圖 6-53

Step 05 選擇散點中的平均值，在【設計】頁籤下按一下【新增圖表項目】按鈕後依次選擇【誤差線】→【其他誤差線選項】選項，開啟【誤差線格式】窗格。在【垂直誤差線】的【方向】欄中選擇【兩者】選項，在【終點樣式】欄中選擇【無端點】選項，在【誤差量】欄中選擇【自訂】選項，按一下【指定值】按鈕，開啟【自訂誤差線】對話方塊。在此，【正錯誤值】選擇 G3 儲存格，【負錯誤值】選擇 G4 儲存格，之後按一下【確定】按鈕，最後設定誤差線的格式，如圖 6-54 所示。

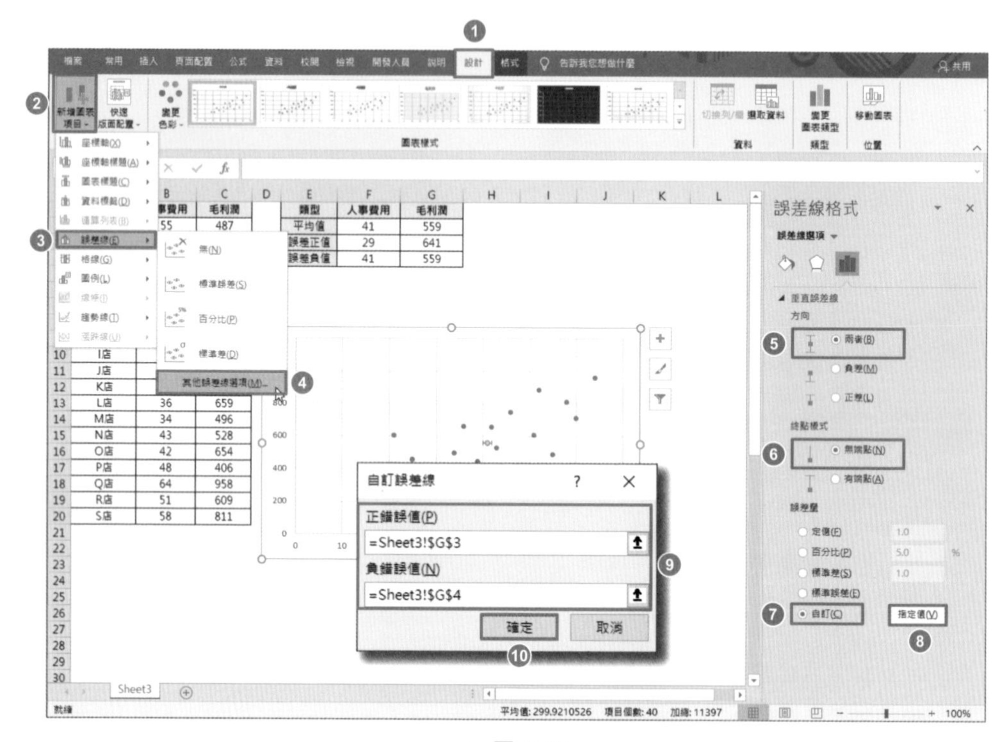

▲ 圖 6-54

Step 06 按照 Step-05 的操作步驟設定水平誤差線，最後設定平均值的點標記為無標記。效果如圖 6-55 所示。

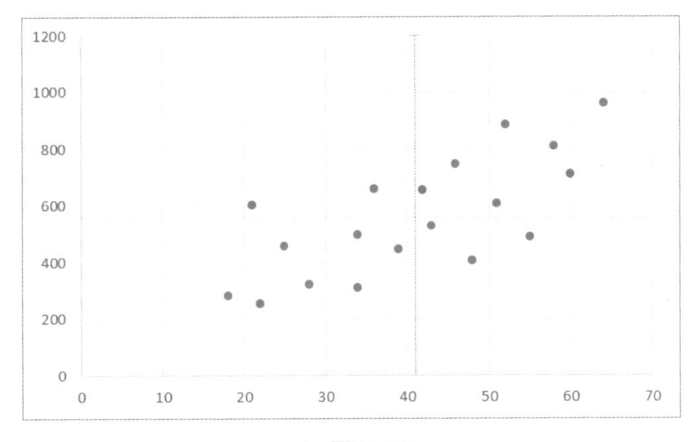

▲ 圖 6-55

Step 07 選擇資料數列，在【設計】頁籤中依次選擇【新增圖表項目】→【趨勢線】→【指數】選項，為散點加上趨勢線；然後按兩下趨勢線，開啟【趨勢線格式】窗格，切換到【趨勢線選項】頁籤，勾選【在圖表上顯示方程式】核取方塊，如圖 6-56 所示。最後設定趨勢線的線型與色彩。

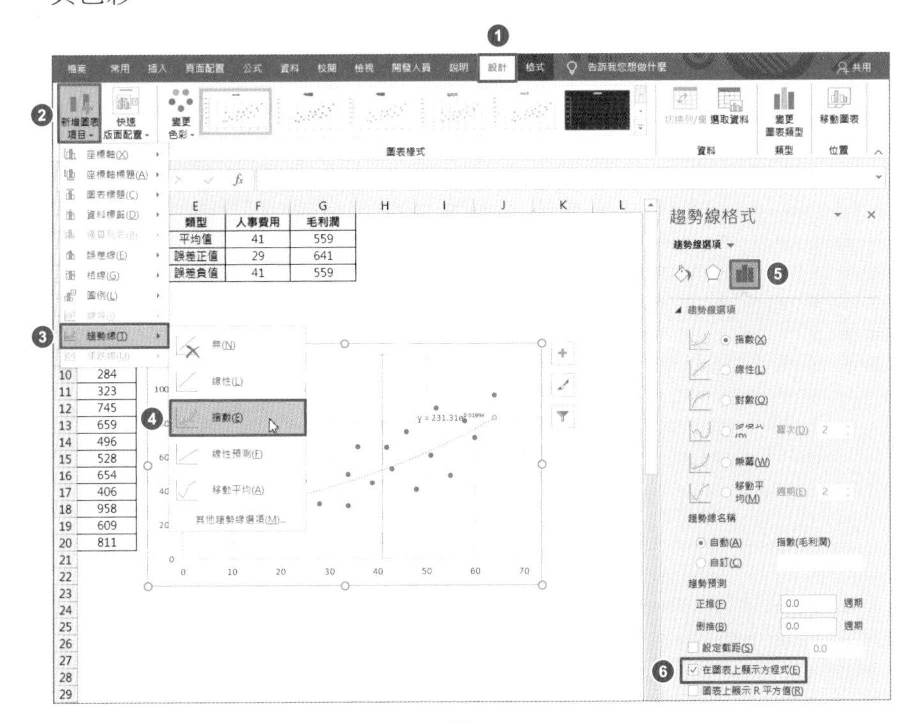

▲ 圖 6-56

Step 08 選擇資料數列，開啟【資料標籤格式】窗格，在【標籤選項】欄下勾選【儲存格的值】核取方塊，然後按一下【選取範圍】按鈕，在開啟的【資料標籤範圍】對話方塊中選擇資料範圍 A2:A20，按一下【確定】按鈕，如圖 6-57 所示。最後，設定標籤的位置為「上」。

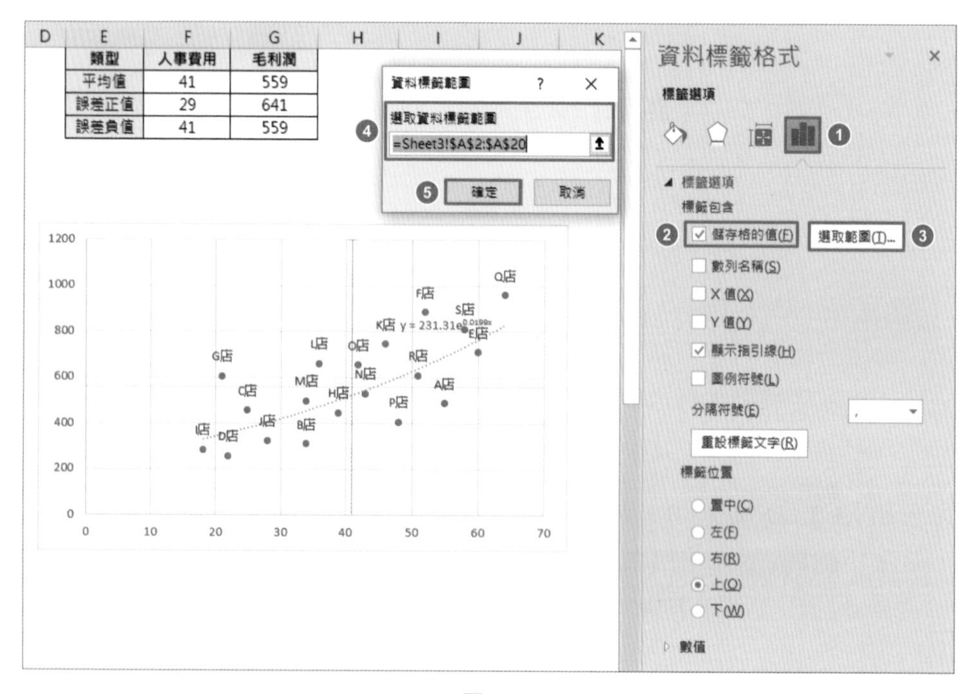

▲ 圖 6-57

Step 09 選擇格線，按 <Delete> 鍵刪除。然後按兩下縱座標軸，開啟【座標軸格式】窗格，切換到【座標軸選項】頁籤。在【數值】欄下，在【類別】下拉式清單方塊中選擇【自訂】選項，在【格式代碼】文字方塊中輸入「0;;;」，之後按一下【新增】按鈕，將縱座標軸的起始點 0 隱藏，如圖 6-58 所示。

座標軸格式
座標軸選項 文字選項
座標軸選項
刻度
標籤
數值
類別(C)
自訂
類型
0;;;
格式代碼(T)
0;;;
新增(A)
與來源連結(I)

▲ 圖 6-58

Step 10 為圖表新增標題，為座標軸新增標題。使用文字方塊分別繪製一個平均線與趨勢線的圖例。最後美化圖表。

6.5.3 內部薪酬等級結構曲線圖

在進行內部薪酬結構分析時，會用到薪酬等級結構曲線圖。可根據薪酬的趨勢來判斷薪酬寬頻設定得是否合理。如圖 6-59 所示，是某公司 2019 年某月內部薪酬等級結構曲線圖。

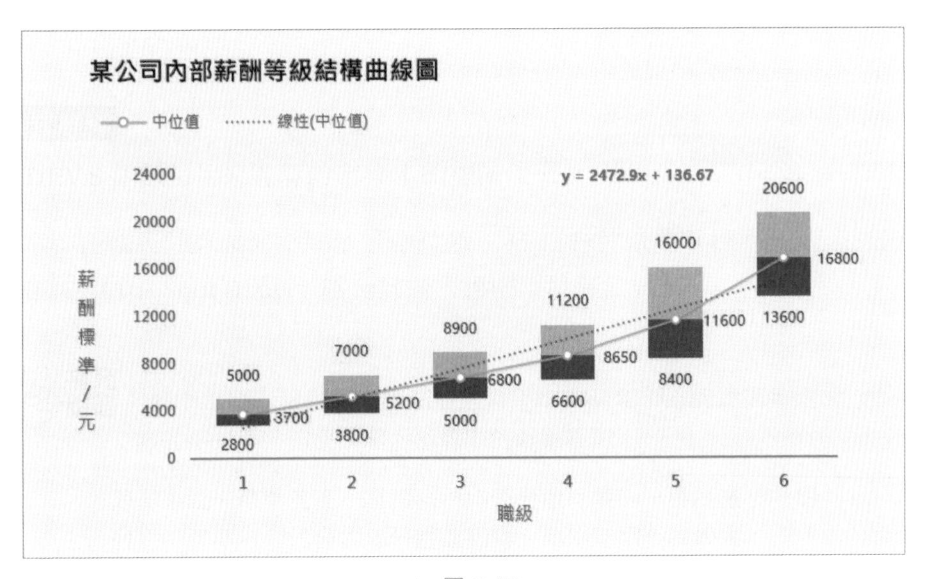

▲ 圖 6-59

操作步驟如下。

Step 01 準備資料來源，如圖 6-60 所示。

在 E2 儲存格中輸入以下公式：=D2-B2，向下填滿至 E7 儲存格。

在 F2 儲存格中輸入以下公式：=C2-D2，向下填滿至 F7 儲存格。

	A	B	C	D	E	F
1	職級	最小值	最大值	中位值	中位值-最小值	最大值-中位值
2	1	2800	5000	3700	900	1300
3	2	3800	7000	5200	1400	1800
4	3	5000	8900	6800	1800	2100
5	4	6600	11200	8650	2050	2550
6	5	8400	16000	11600	3200	4400
7	6	13600	20600	16800	3200	3800

▲ 圖 6-60

Step 02 選取資料範圍 A1:F7，在【插入】頁籤中選擇【插入直條圖或橫條圖】→【平面直條圖】→【堆積直條圖】選項，插入堆積直條圖，如圖 6-61 所示。

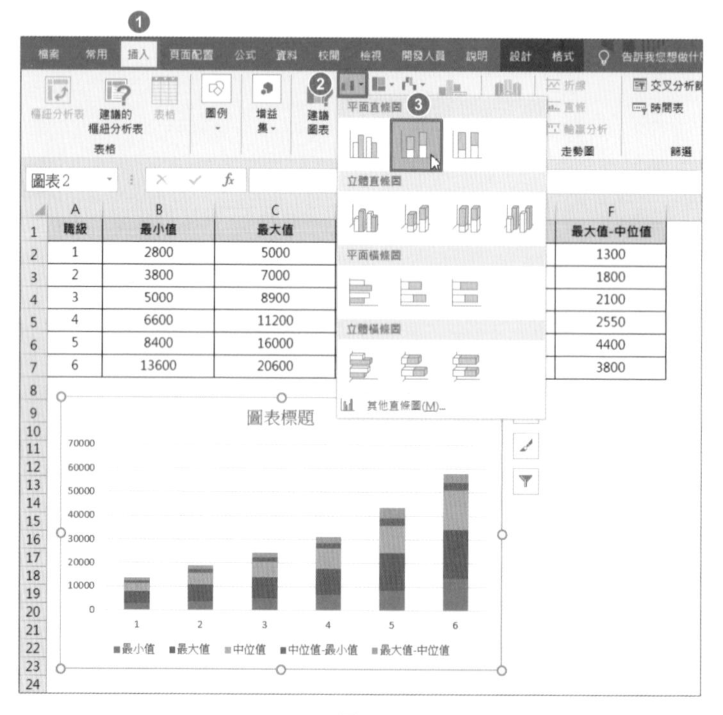

▲ 圖 6-61

Step 03 選取圖表，按一下滑鼠右鍵，在彈出的快顯功能表中選擇【變更圖表類型】選項，在開啟的【變更圖表類型】對話方塊中選擇【組合圖】選項。在【數列名稱】欄中，將【最大值】與【中位值】的圖表類型均更改為【折線圖】，最後按一下【確定】按鈕，如圖 6-62 所示。

▲ 圖 6-62

Step 04 選擇【最大值】資料數列，加上資料標籤，標籤位置為「上」，並且將線條色彩設定為無填滿形式。為【最小值】資料數列加上資料標籤，標籤位置為終點內側，最後將線條色彩設定為無填滿形式，圖表的效果如圖 6-63 所示。

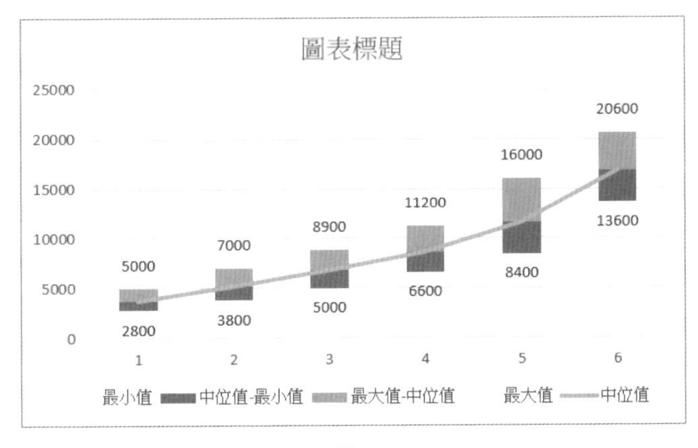

▲ 圖 6-63

Step 05 為折線設定線條格式與標記格式。最後新增資料標籤，位置為【靠右】，圖表的效果如圖 6-64 所示。

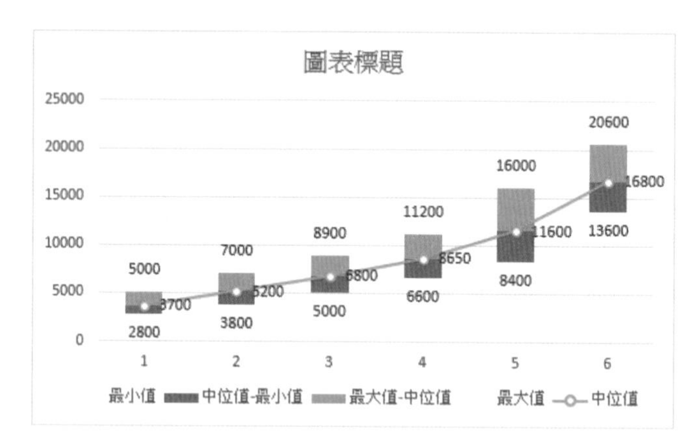

▲ 圖 6-64

Step 06 選取【中位值】資料數列，為折線加上線性趨勢線，並顯示公式，具體步驟可參考 6.5.2 節中 Step-07 的操作步驟，圖表的效果如圖 6-65 所示。

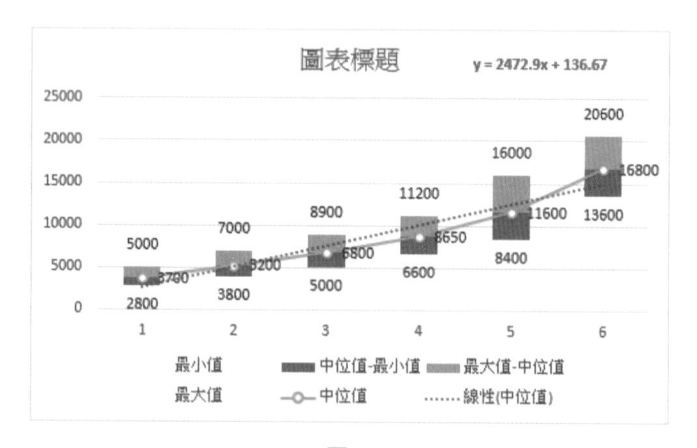

▲ 圖 6-65

Step 07 選取格線後按 <Delete> 鍵刪除。之後分別選取除「中位值」與「線性（中位值）」外的其他圖例項，按 <Delete> 鍵刪除。最後，設定圖表的標題為「某公司內部薪酬等級結構曲線圖」，設定橫座標軸的標題為「職級」，設定縱標題軸的標題為「薪酬標準 / 元」，美化圖表。

CHAPTER 07

Excel 與人力資源規劃

人力資源規劃中的人員配置與調度是一個非常實際卻又複雜的問題。如何藉由建立模型來合理地配置人員，提高工作效率，避免人員過多或者人員不足，是人力資源規劃的出發點之一。本章將使用 Excel 中的規劃求解功能來解決人力資源規劃中的人員配置與調度問題。

7.1 Excel 的規劃求解

線性規劃（Linear Programming，LP）是作業研究中一種科學管理的數學方法，是研究線性限制條件下線性目標函數的極值問題的數學理論和方法。

線性規劃一般包括三個重要的因素，分別為決策變數、限制條件與目標函數。

決策變數是可變動的變數值，也是所有限制條件和目標函數所涵蓋的變數。

目標函數是設定需要達到的目標。在嚴格滿足限制條件的情況下，可藉由改變決策變數的值，最大限度地達到目標函數。

Excel 中的規劃求解功能是一個隱藏功能。目標函數有三種類型，分別為最大值、最小值和目標值。

在 Excel 2010 及以上版本中，可以根據以下的操作步驟來載入規劃求解功能。操作步驟如下。

Step 01 在【開發人員】頁籤中按一下【Excel 增益集】按鈕，如圖 7-1 所示。

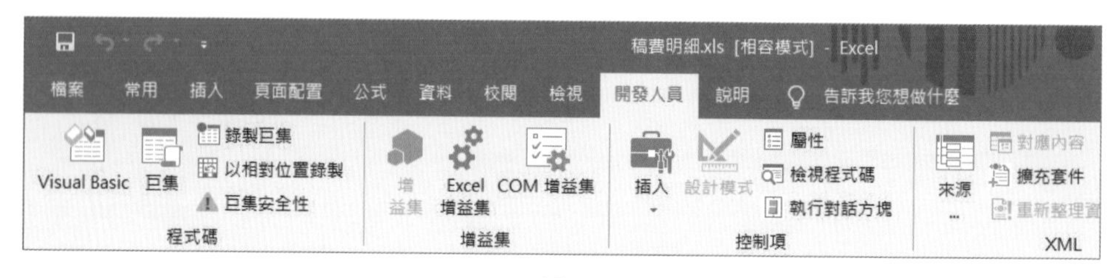

▲ 圖 7-1

Step 02 在開啟的【增益集】對話方塊中勾選【規劃求解增益集】，按一下【確定】按鈕，如圖 7-2 所示。

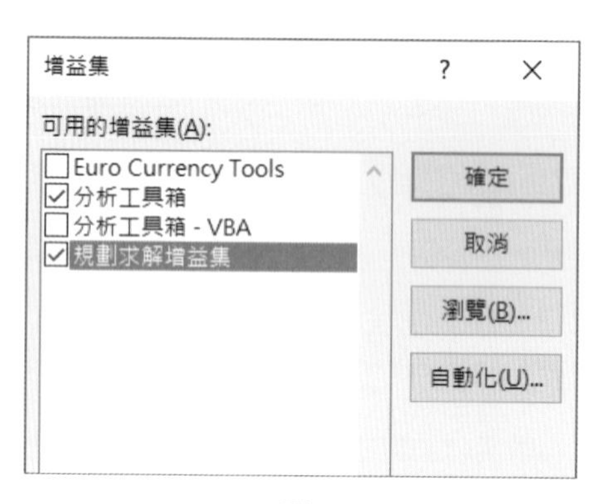

▲ 圖 7-2

Step 03 切換至【資料】頁籤，在此可以看到【規劃求解】功能，如圖 7-3 所示。

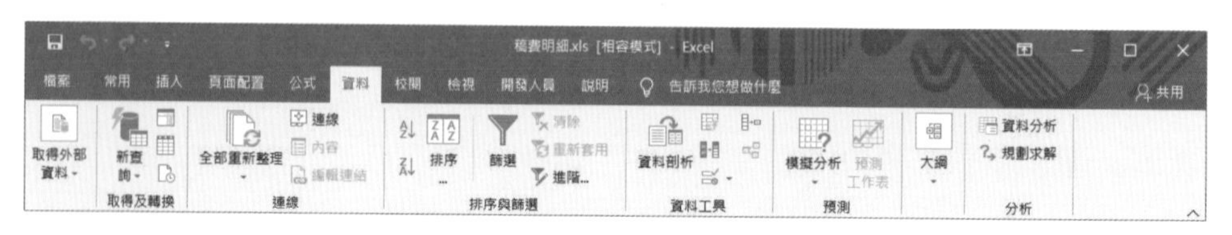

▲ 圖 7-3

7.2 人員調度實例：電話接待人員的調度問題

某公司主營產品的接待人員主要以電話形式接待客戶，他們每個工作日的工作時間是 9 點到 18 點。他們在每天的各時段中接到的來電數量各有不同。根據該客服部門提供的來電數量，工作日的每個工作時段至少需要的電話接待人員數量如表 7-1 所示。

▼ 表 7-1 在每個工作日中，每個工作時段至少需要的電話接待人員數量

時段	至少需要的電話接待人員數量
09:00-10:00	6
10:00-11:00	12
11:00-12:00	14
12:00-13:00	11
13:00-14:00	15
14:00-15:00	18
15:00-16:00	16
16:00-17:00	13
17:00-18:00	10

該部門的電話接待人員主要由兩部分組成：一部分是全職的正式員工，另外一部分來自該公司的實習生（假定該公司有夠多的實習生）。這裡假定該公司對實習生上班的時間要求是每天連續工作 4 小時，最早可以從 9 點開始，最晚可以從 14 點開始。該公司目前有 6 名全職電話接待人員。

計算：為滿足業務需求，人力資源部門需要進行人員規劃，從公司現有實習生中每天至少要抽調多少名實習生來配合完成客服部門的電話接待任務。操作步驟如下。

Step 01 分析題目，列出變數、目標函數與限制條件。

由於全職員工在 9 點至 18 點的上班時間均工作，因此各個時段實習生的最小需求人數可以從該時段電話接待的最小需求人數中減去 6 名全職員工的數量來獲得。即在 D5 儲存格中輸入以下公式，向下填滿至 D13 儲存格，如圖 7-4 所示：

=C5-$B$1

D5 =C5-$B$1

	A	B	C	D
1	全職人員	6		
2				
3				
4		時段	最小需求人數	實習生最小需求人數
5		09:00-10:00	6	0
6		10:00-11:00	12	6
7		11:00-12:00	14	8
8		12:00-13:00	11	5
9		13:00-14:00	15	9
10		14:00-15:00	18	12
11		15:00-16:00	16	10
12		16:00-17:00	13	7
13		17:00-18:00	10	4

▲ 圖 7-4

設 X_i 為第 i 小時開始上 4 小時班的實習生的數量。如當 $i=1$ 時，表示從 9 點開始上班。以此類推，當 $i=6$ 時，表示從 14 點開始上班。注意：14 點是最晚開始的一個班次。因此，可以得到實習生最小需求人數的目標函數 Q_{min} 如下：

$$Q_{min} = X_1 + X_2 + X_3 + X_4 + X_5 + X_6$$

接著來分析限制條件。

要保證每個時段內的實習生總數至少和最小需求人數是一樣的。在此，9 點開始上班的人能填補 9 點到 10 點的空檔。因此，

$$X_1 \geq 0$$

從 9 點或者從 10 點開始上班的實習生，才能填補 10 點至 11 點的空檔。因此，

$$X_1 + X_2 \geq 6$$

以此類推，剩下的限制條件如下：

$$X_1 + X_2 + X_3 \geq 8$$

$$X_1 + X_2 + X_3 + X_4 \geq 5$$

$$X_2 + X_3 + X_4 + X_5 \geq 9$$

$$X_3 + X_4 + X_5 + X_6 \geq 12$$

$$X_4 + X_5 + X_6 \geq 10$$

$$X_5 + X_6 \geq 7$$

$$X_6 \geq 4$$

由於人數為整數，因此最後一個限制條件是，X_1、X_2、X_3、X_4、X_5、X_6都是整數。

Step 02 在工作表中設定上述的目標函數、限制條件，如圖 7-5 所示。

先設定目標函數以及變數的儲存格範圍為 G4:H11。

儲存格範圍 H5:H10 為變數，即分別表示變數 X_1、X_2 、X_3、X_4、X_5、X_6 。

在 H11 儲存格中輸入以下公式，表示目標函數，即 Q_{min}：

```
=SUM(H5:H10)
```

根據限制條件設定實際需要實習生人數的公式，即 E5:E13 儲存格範圍中的公式。

	A	B	C	D	E	F	G	H
1	全職人員	6						
2								
3								
4		時段	最小需求人數	實習生最小需求人數	實際需要實習生人數		倒班	實習生人數
5		09:00-10:00	6	=C5-$B$1	=H5		1	0
6		10:00-11:00	12	=C6-$B$1	=SUM(H5:H6)		2	6
7		11:00-12:00	14	=C7-$B$1	=SUM(H5:H7)		3	2
8		12:00-13:00	11	=C8-$B$1	=SUM(H5:H8)		4	0
9		13:00-14:00	15	=C9-$B$1	=SUM(H6:H9)		5	1
10		14:00-15:00	18	=C10-$B$1	=SUM(H7:H10)		6	9
11		15:00-16:00	16	=C11-$B$1	=SUM(H8:H10)		合計	=SUM(H5:H1
12		16:00-17:00	13	=C12-$B$1	=SUM(H9:H10)			
13		17:00-18:00	10	=C13-$B$1	=H10			
14								

▲ 圖 7-5

Step 03 使用 Excel 進行規劃求解。參照 7.1 節中的 Step-03，開啟【規劃求解參數】對話方塊，設定相應的參數。需要注意的是設定整數限制條件時，選擇「int」即可。在【選取求解方法】下拉式清單方塊中選擇【單純 LP】，最後按一下【求解】按鈕，如圖 7-6 所示。

▲ 圖 7-6

Step 04 在彈出的【規劃求解結果】對話方塊中，選擇【報表】文字方塊中的【分析結果】選項，然後勾選【大綱報表】核取方塊，最後按一下【確定】按鈕，如圖 7-7 所示。

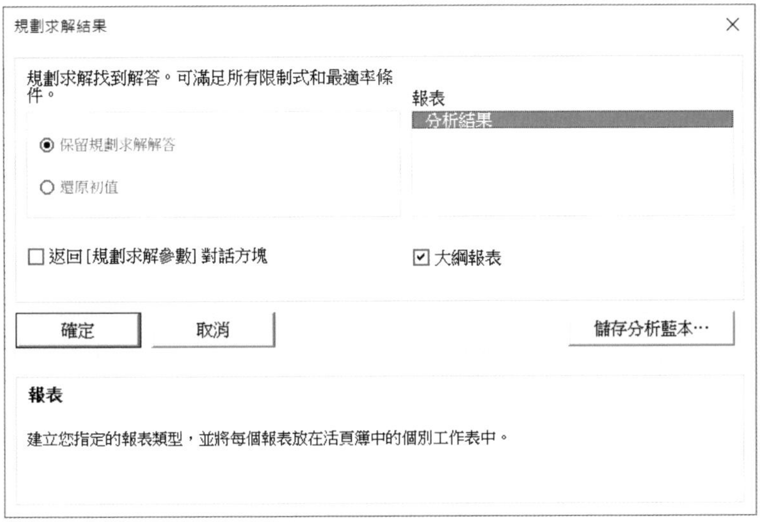

▲ 圖 7-7

Step 05 從計算的結果來看，這個人員分佈並不令人滿意，尤其是最後一個 4 小時的時段，人員明顯偏多。在實際的實習生人員調度過程中，可以根據已經求解出之實際需要的實習生人數進行調整，如圖 7-8 所示。

	A	B	C	D	E	F	G	H	I
1	全職人員	6							
2									
3									
4		時段	最小需求人數	實習生最小需求人數	實際需要實習生人數		倒班	實習	
5		09:00-10:00	6	0	0		1	0	
6		10:00-11:00	12	6	6		2	6	
7		11:00-12:00	14	8	8		3	2	
8		12:00-13:00	11	5	8		4	0	
9		13:00-14:00	15	9	9		5	1	
10		14:00-15:00	18	12	12		6	9	
11		15:00-16:00	16	10	10		合計	18	
12		16:00-17:00	13	7	10				
13		17:00-18:00	10	4	9				

▲ 圖 7-8

一般情況下，會繼續根據實際的調度與配置的需要，對現有模型進行最佳化，找出一些備選最佳解。針對這個例子的模型最佳化問題，有興趣的讀者可以定義額外的限制條件，嘗試使最初的目標函數最小化，從而找到一個備選的最佳解。

以下是規劃求解的運算結果報告。大家可以針對運算結果對現有的模型進行最佳化，如圖 7-9 所示。

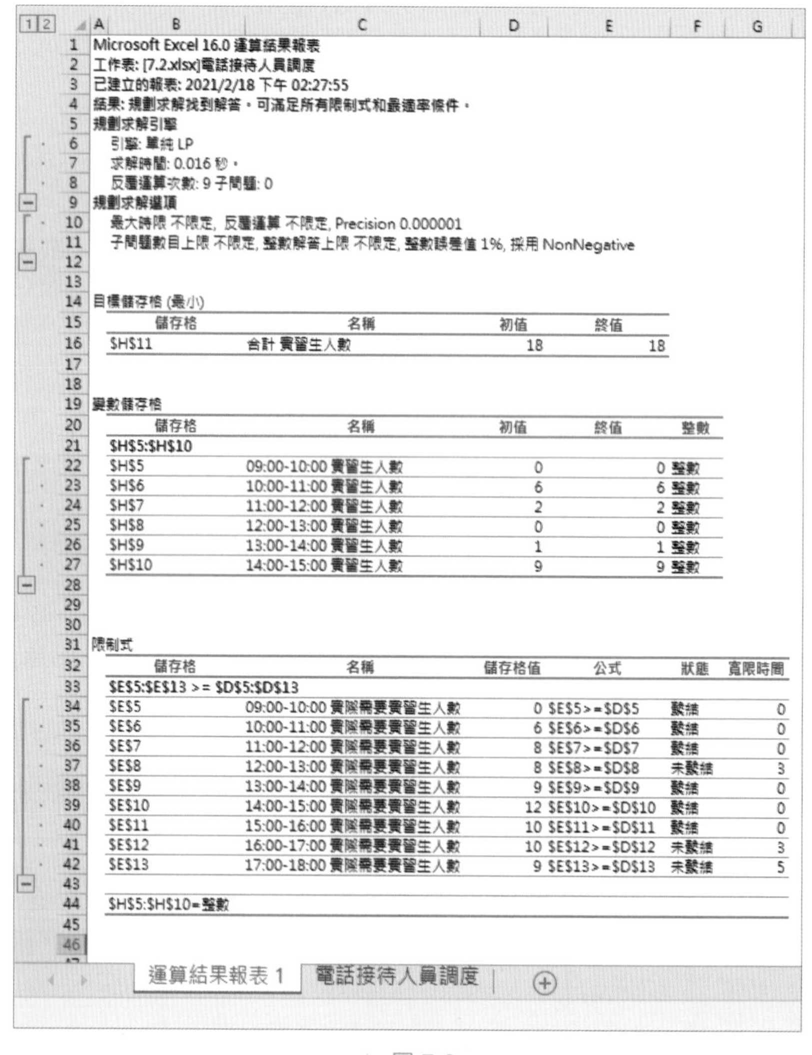

Microsoft Excel 16.0 運算結果報表
工作表: [7.2.xlsx]電話接待人員調度
已建立的報表: 2021/2/18 下午 02:27:55
結果: 規劃求解找到解答。可滿足所有限制式和最適率條件。
規劃求解引擎
引擎: 單純 LP
求解時間: 0.016 秒。
反覆運算次數: 9 子問題: 0
規劃求解選項
最大時限 不限定, 反覆運算 不限定, Precision 0.000001
子問題數目上限 不限定, 整數解答上限 不限定, 整數誤差值 1%, 採用 NonNegative

目標儲存格 (最小)

儲存格	名稱	初值	終值
$H$11	合計 實習生人數	18	18

變數儲存格

儲存格	名稱	初值	終值	整數
$H$5:$H$10				
$H$5	09:00-10:00 實習生人數	0	0	整數
$H$6	10:00-11:00 實習生人數	6	6	整數
$H$7	11:00-12:00 實習生人數	2	2	整數
$H$8	12:00-13:00 實習生人數	0	0	整數
$H$9	13:00-14:00 實習生人數	1	1	整數
$H$10	14:00-15:00 實習生人數	9	9	整數

限制式

儲存格	名稱	儲存格值	公式	狀態	寬限時間
$E$5:$E$13 >= $D$5:$D$13					
$E$5	09:00-10:00 實際需要實習生人數	0	$E$5>=$D$5	繫結	0
$E$6	10:00-11:00 實際需要實習生人數	6	$E$6>=$D$6	繫結	0
$E$7	11:00-12:00 實際需要實習生人數	8	$E$7>=$D$7	繫結	0
$E$8	12:00-13:00 實際需要實習生人數	8	$E$8>=$D$8	未繫結	3
$E$9	13:00-14:00 實際需要實習生人數	9	$E$9>=$D$9	繫結	0
$E$10	14:00-15:00 實際需要實習生人數	12	$E$10>=$D$10	繫結	0
$E$11	15:00-16:00 實際需要實習生人數	10	$E$11>=$D$11	繫結	0
$E$12	16:00-17:00 實際需要實習生人數	10	$E$12>=$D$12	未繫結	3
$E$13	17:00-18:00 實際需要實習生人數	9	$E$13>=$D$13	未繫結	5

$H$5:$H$10=整數

運算結果報表 1　電話接待人員調度

▲ 圖 7-9

實戰 Excel 人力資源管理工作現場

作　　者：劉必麟（@小必）
審　　校：許郁文
企劃編輯：莊吳行世
文字編輯：江雅鈴
設計裝幀：張寶莉
發 行 人：廖文良

發 行 所：碁峰資訊股份有限公司
地　　址：台北市南港區三重路 66 號 7 樓之 6
電　　話：(02)2788-2408
傳　　真：(02)8192-4433
網　　站：www.gotop.com.tw
書　　號：ACI034600
版　　次：2021 年 09 月初版
建議售價：NT$450

國家圖書館出版品預行編目資料

實戰 Excel 人力資源管理工作現場 / 劉必麟原著. -- 初版. -- 臺北市：碁峰資訊, 2021.09
面；　公分
ISBN 978-986-502-735-3(平裝)
1.EXCEL(電腦程式)　2.人力資源管理
312.49E9　　110001205

讀者服務

- 感謝您購買碁峰圖書，如果您對本書的內容或表達上有不清楚的地方或其他建議，請至碁峰網站：「聯絡我們」\「圖書問題」留下您所購買之書籍及問題。（請註明購買書籍之書號及書名，以及問題頁數，以便能儘快為您處理）
  http://www.gotop.com.tw
- 售後服務僅限書籍本身內容，若是軟、硬體問題，請您直接與軟體廠商聯絡。
- 若於購買書籍後發現有破損、缺頁、裝訂錯誤之問題，請直接將書寄回更換，並註明您的姓名、連絡電話及地址，將有專人與您連絡補寄商品。